EDICIONES CIENTÍFICAS UNIVERSITARIAS

SERIE TEXTO CIENTÍFICO UNIVERSITARIO

VIRGINIA GARCÍA ACOSTA

Los sismos en la historia de México

TOMO II: EL ANÁLISIS SOCIAL

ESTUDIOS DE CASO:

IRENE MÁRQUEZ MORENO
AMÉRICA MOLINA DEL VILLAR

UNIVERSIDAD NACIONAL AUTÓNOMA DE MÉXICO
CENTRO DE INVESTIGACIONES Y ESTUDIOS SUPERIORES EN ANTROPOLOGÍA SOCIAL
FONDO DE CULTURA ECONÓMICA

MÉXICO

Primera edición, 2001

Agradecemos al Archivo General de la Nación
por habernos proporcionado para la presente edición
las ilustraciones correspondientes a las páginas 39 y 41.

ISBN 968-16-6411-6

Impreso en México

Prefacio

Cinna Lomnitz

DESDE LA ANTIGÜEDAD más remota, los sismos fueron atribuidos a esfuerzos, tensiones o rupturas en el interior de la tierra. Los relatos acerca del origen de tales eventos podrán parecernos fantasiosos desde una perspectiva actual, pero no debemos olvidar que la ciencia occidental moderna es uno de tantos sistemas ideológicos para explicar la realidad. La ciencia mexicana antigua también generó un marco explicativo del universo, que evidentemente satisfizo las necesidades de la sociedad mesoamericana de su época, y lo mismo puede decirse de la ciencia novohispana.

Sobreviven algunos relatos o interpretaciones de los mitos creacionistas mesoamericanos, que atribuyen a dichas culturas ideas muy razonables acerca del origen de los temblores. Se suponía, por ejemplo, que el sol y los demás cuerpos celestes caminaban bajo tierra a partir del momento en que se ponían en el horizonte oeste y hasta reaparecer en el horizonte oriental. Esta creencia de un camino subterráneo era coherente con el marco de la cosmogonía vigente, y fue compartida por otras culturas, ya que resultaba natural pensar que los astros regresaban de alguna manera, a su punto de origen cuando se aceptaba que la tierra era plana. De ahí a explicar los sismos como los efectos de tropezar el sol y los planetas en su camino subterráneo no había más que un paso.

El término *tlalollin*, equivalente a terremoto en nahua, era también consistente con esta creencia ya que *ollin* se refería sobre todo al movimiento de los astros, y su símbolo parece representar al sol entre dos horizontes. Después de la conquista se popularizó en Nueva España la teoría de Aristóteles sobre la presión del viento en las cavernas, que fuera expuesta en forma jocosa en *Enrique IV*, de Shakespeare:

> Natura cuando indispuesta suele irrumpir en extraños meteoros: una especie de cólico padece, que retuerce a la anciana y populosa tierra al atorarse algún viento travieso en sus entrañas, y luego si se expande estremece a doña Tierra y es por eso que caen las espiras y las mohosas torres. (Parte 1, acto 3, escena 1.)

Vemos que ya en el siglo XVII, al menos en Inglaterra, hubo mentes libres que se burlaban de las ideas consagradas por la filosofía escolástica. Por otra parte, el sector más conservador de la Iglesia tendía a rechazar todas las teorías naturalistas, al considerar que los sismos en general, y no solamente los que menciona la Biblia, eran castigos divinos. Existe otra herejía que opina que los terremotos no se deben a la justa indignación de Dios sino que proceden de los propios elementos de la naturaleza. (San Filastrio de Brescia, *Sobre las herejías*, siglo V.)

Mientras, los chinos desarrollaron un sistema eficiente para reportar y documentar las observaciones sísmicas en todas las provincias del Imperio. Es probable que tal preocupación con los temblores se debía a la creencia generalizada de que estos fenómenos anunciaban cambios políticos radicales. Fue así como el astrónomo real Chang Heng (78-139) diseñó por orden imperial un instrumento capaz de registrar los sismos. Este instrumento, hoy considerado como el primer sismógrafo, permitía detectar la dirección inicial de un movimiento sísmico.

Reportan los anales que Chang Heng informó oportunamente al soberano que se había registrado un sismo proveniente de la parte oriental del Imperio. Pese a que nadie lo había sentido en la corte imperial, el soberano anunció que había soñado con un sismo lejano, el cual no ocasionaría consecuencias políticas para su reinado. En efecto, tres días más tarde arribaron los mensajeros con la noticia de un espantoso temblor que había afectado una región remota al este del Imperio.

En épocas más recientes, el gobierno de China ha hecho un esfuerzo especial para erradicar las supersticiones relacionadas con los temblores, hasta que ocurrió el gran sismo de Tangshan (1976) que mató a más de 300 000 personas. Pocas semanas más tarde, falleció el presidente Mao, lo cual pareció confirmar la antigua creencia acerca de los vuelcos políticos que anunciaban los temblores.

El progreso de la sismología en Occidente fue mucho más lento. Así, el gran Francis Bacon opinaba en 1625 que no temblaba en América, "pues los terremotos son raros en esas comarcas". En cambio, pensaba que Europa y Asia Menor eran las regiones más sísmicas del planeta. Hoy sabemos que no hay ninguna región de la tierra que esté a salvo de los temblores, si bien más del 90% de ellos ocurren en los bordes de las placas tectónicas.

A partir del siglo XIX, los grandes viajeros científicos y especialmente Alejandro von Humboldt impulsaron la geografía. Con el auge del racionalismo, surgieron dudas acerca de la explicación del origen divino de los sismos hasta en el seno de la propia Iglesia. En 1822, después de un violento temblor que destruyó la ciudad de Valparaíso, el jesuita Camilo Henríquez publicó un comentario protestando que Dios no debía ser imaginado como un ser irracional al grado de derribar sus propios templos. En esa misma época, el descubrimiento de fósiles anteriores al hombre y a otros animales suscitó dudas acerca de la cronología de la Biblia. Fue el comienzo de la geología, con Hutton y Lyell, y de la geofísica con Poisson, Lamé y Laplace.

Sin embargo, los sismos presentaban dificultades observacionales extraordinarias por originarse a profundidades subterráneas que el hombre hasta hoy no ha podido alcanzar. El conocimiento que tenemos del origen de los temblores se basa en mediciones indirectas, y principalmente en el análisis del registro de las ondas sísmicas en la superficie terrestre. Hoy existen miles de estaciones sismológicas en todos los continentes y en algunos puntos del fondo oceánico. Cada registro sísmico nos da alguna información nueva acerca de la estructura interna de la tierra y al proceso de ruptura que originó el temblor.

Algunos filósofos de la ciencia proponen que habría diferencias fundamentales en el modo de pensar de las ciencias físicas y de la tierra. Así, Frodeman afirma que la geología no puede derivarse de la física ya que ésta es netamente experimental y atemporal, es decir, sus resultados no dependen del tiempo ni de las ideas del observador. En cambio, la geología sería una ciencia esencialmente interpretativa e histórica.

En lo personal, me permito dudar de tales distinciones supuestamente radicales entre disciplinas científicas, ya que todas las ciencias, aun la física, se basan necesariamente en la interpretación de la realidad. Además, la propia física enseña que todas las observaciones ocurren en el continuo espacio-tiempo y por lo tanto dependen del tiempo. Parece más probable que las ciencias de la tierra, incluyendo la sismología, se diferencien de disciplinas físicas tales como la acústica por su objeto de estudio, que es el planeta Tierra. Se trata de un objeto físico muy particular, diferente de otros planetas conocidos, y por lo tanto se justifica que nuestras disciplinas hubieran generado enfoques y métodos de investigación propios y diferentes de los de otras ciencias.

Octubre de 1999.

Agradecimientos

Como ocurre con cualquier trabajo de investigación, en éste también existen deudas con personas e instituciones que apoyaron, estimularon y alentaron este libro que empecé a preparar hace ya varios años. Sus capítulos fueron discutidos en diferentes momentos y con diversos colegas; estos intercambios sin duda los enriquecieron. A Luis Reyes, el siempre querido maestro, quien hace ya tiempo leyó una de las primeras versiones del capítulo uno, le agradezco lo mucho que de él y de sus escritos he aprendido. Al sismólogo Gerardo Suárez, con quien compartí inquietudes como las que desarrollo en el segundo capítulo, a Teresa Rojas Rabiela que conoció y revisó lo que hace tiempo fue su primera parte, así como a los compañeros del área de Etnohistoria del CIESAS, un reconocimiento por sus sugerencias.

El prefacio que amablemente accedió a preparar Cinna Lomnitz da cuenta no sólo de diversas interpretaciones que la historia ha registrado relacionadas con el origen de los sismos, sino también de la estrecha relación que puede y de hecho existe entre ciencias que aparentemente están muy alejadas.

América Molina e Irene Márquez aceptaron incluir sus estudios de caso para aterrizar muchas de las ideas que se presentan en la primera parte de este libro. Además, América y Luis Aboites ayudaron a contextualizar y mejorar su presentación.

En la recta final fue muy importante la ayuda de Ma. del Carmen León, quien revisó todo el volumen, hizo correcciones puntuales y aportó ideas valiosas sobre la estructura del libro, sus contenidos y los apoyos gráficos. Hay que reconocer la importancia que tienen las ilustraciones que acompañan este tipo de libros no sólo para «adornarlos» o hacerlos más atractivos, sino porque las imágenes también son documentos históricos no siempre bien explorados por la historiografía mexicana. Algunas de las que ilustran este libro fueron obtenidas por Beatriz Dávalos, Lourdes Cruz y Roberto Martínez del equipo de servicio social que colaboró con nosotros entre 1998 y 1999 en el CIESAS, y que elaboró un fichero iconográfico para facilitar la localización de imágenes relativas a desastres, mismo que esperamos sea el germen de un archivo de imágenes del CIESAS.

Al igual que en el volumen I, Raimundo García Álvarez, paciente y acuciosamente, reprodujo los pictogramas procedentes del *Códice Telleriano-Remensis* que aparecen al inicio de cada capítulo y al interior de algunos de ellos. Su amorosa participación resulta particularmente significativa.

A Ma. del Carmen Farías, coordinadora de la colección de «Ediciones Científicas Universitarias» del Fondo de Cultura Económica, debo reconocerle su paciencia y, sobre todo, su confianza en que este libro sí saldría. Ella, como muchas otras personas que estuvieron cerca, compartieron las angustias por el retraso en su terminación debido a múltiples factores que ocuparon mi tiempo y mi mente a lo largo de los últimos años. Entre ellos debemos mencionar a los dos Directores Generales del CIESAS que han ocupado este cargo a lo largo de la elaboración de este libro: Teresa Rojas Rabiela y Rafael Loyola Díaz; de ambos recibí apoyos en diferentes momentos y de distintas maneras.

Mi gratitud a Ana Ivonne Díaz y a Gabriel Salazar por su auxilio en la cuidadosa corrección de estilo y en la restauración de las ilustraciones.

Quisiera mencionar y agradecer, aunque un poco tardíamente, la participación de Pedro Rojas, a quien por un olvido absurdo e inmerecido no mencionamos en el primer volumen de *Los sismos en la historia de México* en el que colaboró eficientemente con las ilustraciones, tomando fotos hermosas en los fondos del Archivo General de la Nación.

De Natalia y José Manuel, a quienes les robé muchas horas para poder dedicarlas a pensar y a escribir, espero que el resultado de ello les ayude a entender un poco más lo que ha ocurrido y ocurre en su país. De ellos y de Manuel, espero seguir contando con sus comentarios e ideas y, sobre todo con su cariño, que son el alimento de mi trabajo y mi vida cotidiana.

Introducción general

La investigación histórica de los sismos ocurridos en el territorio mexicano puede recorrer diversos caminos, explorar variadas vetas, escudriñar por distintos rumbos. Quienes colaboramos en este segundo volumen de la serie *Los sismos en la historia de México*, antropólogas, etnohistoriadoras e historiadoras, decidimos tratar sólo algunos de los temas que la enorme cantidad de material ofrecía. Las opciones eran variadas y múltiples las inquietudes, pero finalmente elegimos cuatro temas. El primero responde a la posibilidad de dar cuenta de las formas sociales adoptadas a lo largo del tiempo para registrar los temblores, para posteriormente estudiar, desde dos ópticas distintas, las respuestas de diversos sectores ante su ocurrencia: por un lado cómo los estudiosos, en diferentes momentos históricos, trataron de explicar sus orígenes a la luz de las influencias recibidas y, por otro, cómo respondía la sociedad civil y cuáles eran las condiciones para que se dieran ciertos tipos de respuesta y sus cambios con el paso del tiempo. Por último, y con objeto de ilustrar dos ejemplos específicos, se presentan sendos estudios de caso. Si bien se trata de cinco capítulos que responden a una lógica propia y por lo mismo pueden considerarse independientes, en ellos existe un hilo conductor que es la propia historia de los sismos en México que permite estudiar determinados procesos relacionados con el tema específico que se desarrolla en cada capítulo.

Los tres primeros temas son tratados en los capítulos que conforman la primera parte de este volumen titulados "Las formas de registro sísmico", "El pensamiento científico sobre el origen de los sismos" y "Respuestas y toma de decisiones ante la ocurrencia de sismos". La bibliografía que aparece al final de esta primera parte corresponde a la utilizada y citada en estos primeros tres capítulos. El cuarto tema relativo a los estudios de caso, conforma la segunda parte del libro, e incluye los capítulos cuatro y cinco, que tratan sucesos ocurridos a finales de la época colonial (8 de marzo de 1800) y en los inicios de la segunda mitad del siglo XIX (19 de junio de 1858), respectivamente. En estos casos, cada capítulo ofrece su propia bibliografía.

La mayor parte de la información documental en que están basados estos cinco capítulos procede del primer volumen de la serie *Los sismos en la historia de México*,[1] razón por la cual éste es citado en múltiples ocasiones. Sin embargo, fue necesario recurrir a otros materiales que permitieran abundar en los temas que se tratan en cada uno de los capítulos, para poder alcanzar las metas propuestas en cada uno.

Dentro de la primera parte, el primer capítulo referido al registro sísmico cubre particularmente las épocas prehispánica y colonial, si bien ofrece alguna información relativa al siglo XIX. En él se hace referencia a las fuentes utilizadas que, lejos de constituir una repetición de lo que aparece en el estudio introductorio del primer volumen de la serie, ofrece una profundización sobre algunas de ellas que fue omitida en el mencionado estudio introductorio, y que consideramos necesaria para que el lector pudiera adentrarse en algunos detalles que permitieran enriquecer su comprensión tanto de ese capítulo, como de los restantes que constituyen el total de este volumen.

El segundo capítulo, si bien se remonta a los primeros documentos que logramos identificar relativos a las concepciones existentes sobre el origen de los sismos, se centra particularmente en un periodo que cubre la segunda mitad del siglo XVIII y la primera del siglo XIX. Esta periodización responde a que fue justamente en ese lapso que se dieron los cambios más importantes en dichas concepciones, a raíz de la intromisión y asunción de las ideas ilustradas primero en la Nueva España y, más tarde, en el México independiente. Esta periodización formal de la historia mexicana se diluye a lo largo del capítulo, debido a que la evolución de las ideas científicas en general, y de las relativas al origen de los sismos así como de otros fenómenos de la naturaleza, no se ajustan a ella, como suelen no hacerlo muchas otras manifestaciones de la sociedad.

El tercer capítulo es el que ofrece una periodización más amplia, a la vez que pretende mostrar los diferentes tipos de respuesta y la toma de decisiones de parte de la sociedad mexicana y su evolución, sin procurar seguir un camino estrictamente cronológico. Respuestas tipificadas como sociales, económicas y religiosas, actitudes y estrategias adaptativas adoptadas y adaptadas por la sociedad mexicana ante la ocurrencia de los sismos, son revisadas tratando de entender por qué se dieron de ésa y no de otra manera, respondiendo a un determinado contexto histórico. Partiendo de la problemática específica derivada del estudio histórico de los sismos en particular, y tratando de ampliar las posibilidades de análisis a un marco más general, hacia el final de este mismo capítulo, se incluye una propuesta metodológica y teórica para el estudio histórico de los desastres.

Como se mencionó, la segunda parte del volumen incluye dos estudios de caso, producto de investigaciones más amplias,[2] a lo largo de los cuales se reflejan algunos de los asuntos tratados en los tres primeros capí-

[1] Virginia García Acosta y Gerardo Suárez Reynoso, *Los sismos en la historia de México,* vol. I, Fondo de Cultura Económica/CIESAS/UNAM, México, 1996. Cabe mencionar que en este volumen también tuvieron una participación especial Irene Márquez y América Molina.

[2] Ambos han sido objeto de sendas tesis de licenciatura en Etnohistoria de la Escuela Nacional de Antropología e Historia.

tulos. Para explicar los cambios y las continuidades que la presencia de este tipo de fenómenos provocaban en la sociedad, sus efectos materiales y las respuestas en casos específicos, sus autoras seleccionaron dos sismos importantes ocurridos en diferentes momentos históricos. Así, el primer estudio se refiere al que se presentó hacia finales de la época colonial, uno de los más documentados para ese periodo que fue el del 8 de marzo de 1800. El segundo corresponde al ocurrido el 19 de junio de 1858, sólo poco más de medio siglo después del anterior y que, sin embargo, permite observar cambios importantes que fue posible documentar en especial con respecto a la percepción y respuesta de los diversos sectores sociales.

Vale mencionar que los estudios de caso han constituido una importante vía a través de la cual ha sido posible profundizar en el conocimiento de los procesos sociales y culturales derivados y asociados con la ocurrencia de fenómenos como los sismos. Sin embargo, conviene distinguir entre al menos tres tipos de estudios de caso referidos a temblores históricos. En el primero podríamos ubicar aquellos elaborados exclusivamente por sismólogos, cuyo interés central es el de recuperar la información que da cuenta en particular del fenómeno natural como tal; se limitan a considerar las pérdidas materiales con el objeto de calcular intensidades y, en su caso, magnitudes de sismos del pasado. En ocasiones, este tipo de descripciones acompañan a algunos de los muchos catálogos existentes sobre sismicidad histórica, la mayoría de los cuales han sido elaborados directamente por sismólogos.

Dentro del segundo tipo pueden considerarse los estudios de caso cuya finalidad es llevar a cabo análisis que van más allá del interés puramente sismológico. Elaborados con frecuencia en estrecha colaboración entre sismólogos e historiadores, trabajo interdisciplinario que resulta absolutamente necesario en este tipo de estudios,[3] imprimen un mayor énfasis a asuntos de orden social, económico o político, es decir, analizan la ocurrencia de un sismo en particular, o bien de una secuencia sísmica, con parámetros temporales y espaciales bien definidos y ubicándolos en el contexto mayor en que se presentaron. Estos estudios se basan en documentación de archivo de procedencia civil, diplomática o parroquial y hemerográfica; si bien en su mayoría no parten de presupuestos teóricos bien definidos derivados de las ciencias sociales, en algunos casos constituyen verdaderas propuestas novedosas de análisis que, para quienes nos interesamos en estudiar aquellos asuntos, constituyen lo que en inglés se denomina *food for thought.* Sin pretender abarcar toda la gama existente, veamos a continuación algunos ejemplos provenientes de estudios europeos.

Como ejemplo de este segundo tipo de estudios de caso podemos citar la publicación que bajo el título de *Les tremblements de terre en France* fue dirigida por J. Vogt;[4] incluye varias calificadas por el mismo Vogt de "monografías de algunos sismos antiguos" ocurridos entre los siglos XIV y XVIII

J. Vogt destaca las virtudes de este trabajo compartido, largamente desdeñado por los sismólogos J. Vogt, *Les tremblements de terre en France*, Bureau de Recherches Géologiques et Minieres, Orléans, 979:9-10).

Véase nota anterior.

en Francia. Se trata de descripciones cortas que incorporan dos elementos: un estudio crítico de fuentes y una descripción del sismo en cuestión, manteniendo siempre la visión y el interés sismológico. También entrarían dentro de esta segunda clasificación algunos de los estudios de caso aparecidos en los dos volúmenes titulados *Historical Investigation of European Earthquakes*,[5] y en el segundo volumen de *Macrosísmica*.[6] En el volumen dos de *Historical Investigation...*,[7] varios de los estudios fueron elaborados por historiadores en colaboración con geofísicos de diferentes instituciones europeas y cubren variadas regiones de Europa occidental a lo largo de diversos periodos históricos. Partiendo de la metáfora de que los registros históricos pueden ayudar a protegernos de los temblores, llevan a cabo un examen y crítica de fuentes y analizan algunos aspectos de índole social o política derivada de la información obtenida. De los aparecidos en *Macrosísmica*, quisiera destacar dos trabajos: el relativo al sismo de 1767 en las islas Jónicas,[8] en el cual Albini parte de enmarcar su dependencia del dominio veneciano y los cambios posteriores para poder entender la producción documental en su contexto, así como las características de cada documento según su procedencia; lo anterior le permite ubicar y explicar el sismo estudiado, siempre confrontando el momento histórico con el tipo de fuente utilizada, los datos obtenidos y los efectos producidos. El segundo trabajo es el elaborado por las historiadoras Moroni y Grillo,[9] quienes se dedican a estudiar la relación entre temblores e intervención estatal a partir de casos ocurridos en el siglo XIX dentro del área toscana, insistiendo en la necesidad de conocer la estructura de gobierno en la época para comprender mejor tanto el carácter y la potencialidad informativa de los documentos localizados, como para lograr analizar cabalmente la intervención de las autoridades en un momento histórico específico.

Si bien ninguno de los estudios mencionados son tan exhaustivos en términos del énfasis en los aspectos sociales, ni llevan a cabo el rico vaciado de datos en planos de la época que ofrecen los elaborados por Márquez Moreno y por Molina del Villar, sí constituyen importantes antecedentes de estos trabajos.

El tercer tipo de estudios de caso incluye a aquéllos que imprimen un mayor acento en la perspectiva social para analizar los desastres que, asociados con sismos, ocurrieron en el pasado. Éstos son de reciente aparición, por lo general se enmarcan en perspectivas teóricas desarrolladas por

[5] Massimiliano Stucchi, ed., vol. I, 1993 y Paola Albini y Andrea Moroni, eds., vol. II, 1994 de *Historical Investigation of European Earthquakes*, ambos editados por Istituto di Ricerca sul Rischio Sismico, Consiglio Nazionale delle Ricerche, Milán.

[6] Paola Albini y Maria Serafina Barbano, coords., *Macrosísmica*, Gruppo Nazionale per la Difesa dai Terremoti, Consiglio Nazionale delle Ricerche, Boloña, 1991.

[7] El primer volumen está dedicado fundamentalmente a asuntos metodológicos y a las posibilidades existentes para este campo en repositorios europeos, mientras que el segundo incluye básicamente estudios de caso específicos.

[8] Paola Albini, "Datazione e prima stima degli effetti dei terremoti nelle Isole Ionie nell'anno 1767 da documenti veneziani", pp. 111-124.

[9] Andrea Moroni y Paola Grillo, "Terremoti e intervento tatale in Toscana nel XIX secolo", pp. 15-154.

las ciencias sociales en las ultimas décadas para el análisis social de los desastres, y se refieren en particular a algunos lugares que se ubican en lo que hoy es América Latina. Se trata de estudios que tratan de ir más allá de la simple descripción de hechos, de rebasar el tratamiento meramente monográfico, para reconstruir historias en las cuales los desastres, en estos casos asociados con la ocurrencia de temblores, constituyen el resultado de procesos sociales y económicos más amplios, de ahí que el estudio diacrónico del contexto en el que se presentan los sismos resulte determinante en el análisis. Entre ellos podemos ubicar a los dos estudios de caso que Márquez y Molina elaboraron para ser publicados en el presente volumen, así como algunos más, pocos aún, dentro de los cuales quisiera mencionar tres que, relativos a temblores ocurridos en diferentes momentos históricos, ofrecen interesantes estudios de caso para el Perú colonial y decimonónico. Se trata de los publicados en los dos volúmenes de *Historia y Desastres en América Latina*, elaborados por Aldana, Oliver-Smith y Núñez-Carvallo.[10]

En los tres casos, los sismos ocurridos en 1687, en 1746 y en 1868 constituyen el tema central, el hilo conductor, a través del cual se exploran las condiciones sociales, políticas y económicas del contexto mayor mostrando que sólo a partir del análisis de este último es posible entender y aprehender los procesos desastrosos resultantes. En particular Oliver-Smith, en su estudio referido al terremoto limeño de 1746 (que, junto con el de 1687, es también tratado por Aldana) muestra, a partir de una perspectiva ambiental, política, económica y demográfica, que sus funestos efectos estuvieron asociados con el modelo colonial y el desarrollo urbano que se llevó a cabo en la ciudad de Lima a partir de su fundación y a lo largo de su evolución. A estos mismos elementos, que continuaron acumulándose a lo largo de la historia peruana en calidad de vulnerabilidades que se asociaban a la presencia permanente del riesgo físico, atribuye el mismo autor el desastre peruano de 1970, a raíz de la ocurrencia de un sismo altamente destructivo; a éste el mismo Oliver-Smith lo ha bautizado como "el sismo de los 500 años", producto de la continua "desestructuración de la sociedad andina, como efecto de la conquista y de los nuevos patrones de asentamiento impuestos por la Colonia y la República".[11]

La acumulación de evidencias empíricas sobre la ocurrencia de desastres a lo largo de la historia, asociadas con temblores o bien con otras amenazas naturales, ha permitido avanzar y profundizar en la comprensión de los desastres, a la vez que ha evidenciado que constituyen procesos

[10] Estos dos volúmenes fueron coordinados por Virginia García Acosta, y salieron publicados por CIESAS e ITDG en Bogotá, 1996 y Lima, 1997, respectivamente. Los títulos de cada uno de los aquí citados y las páginas correspondientes son: Susana Aldana Rivera, "¿Ocurrencias del tiempo? Fenómenos naturales y sociedad en el Perú colonial", vol. I:167-194; Anthony Oliver-Smith, "El terremoto de 1746 en Lima: el modelo colonial, el desarrollo urbano y los peligros naturales", vol. II:133-161 y Rodrigo Núñez-Carvallo "Un tesoro y una superstición. El gran terremoto peruano del siglo XIX", vol. II:259-285.

[11] Anthony Oliver-Smith, "Perú, 31 de mayo, 1970: quinientos años de desastre", en: *Desastres & Sociedad*, 1994, 2:9. El mismo autor dedicó un amplio estudio a este sismo ocurrido el 31 de mayo de 1970 (véase Anthony Oliver-Smith *The Martyred City. Death and Rebirth in the Andes*, University of New Mexico Press, Albuquerque, 1986).

que deben analizarse en su dimensión diacrónica, resultando ineludible su estudio desde una perspectiva histórica.

La historiografía mexicana y mexicanista, si bien hasta hace poco más de una década no había producido una literatura que pudiera enmarcarse de manera estricta dentro del campo de los desastres en particular, había generado cierto tipo de productos que podrían ubicarse dentro del mismo. Desde trabajos de tipo informativo, tales como los catálogos y compilaciones con recuentos cronológicos de ciertas amenazas naturales ocurridas en el pasado (sismos, erupciones volcánicas, sequías, etc.), o trabajos de índole meramente descriptiva que incluyen narraciones, reseñas o monografías sobre ciertos desastres, hasta estudios que pueden calificarse de propiamente analíticos, resultados de investigaciones que, por diferentes vías y a partir de intereses diversos, constituyen el antecedente más rico y sustancioso en la creación de una nueva línea de investigación sobre los desastres en perspectiva histórica.[12]

Hasta hace una década, la mayoría de los trabajos existentes se enmarcaban dentro de los clasificados como informativos y entre ellos había una predominancia de aquéllos referidos a temblores. Se trata en gran parte de catálogos que proliferaron particularmente a partir de la ocurrencia de los sismos de 1985 en México, aunque varios datan de la primera mitad del siglo XIX; incluso algunos de estos últimos eran hasta hace poco considerados como los más completos, a los cuales podemos ahora añadir el primer volumen de la serie *Los sismos en la historia de México*, así como las dos versiones que lo antecedieron: *Y volvió a temblar* y "Cronología de los sismos en la Cuenca del Valle de México".[13]

Por su parte, los trabajos sobre temblores calificados de descriptivos que, a pesar de ello, ofrecen múltiples datos que constituyen fuentes importantes para llevar a cabo análisis más acuciosos, aparecieron desde el último cuarto del siglo XIX y fueron elaborados por geólogos o ingenieros, razón por la cual imprimen un mayor énfasis al fenómeno natural como tal que a sus orígenes o efectos sociales. Sólo encontramos uno anterior, el cual se remonta a mediados del siglo XVIII, producto de la observación y subsecuente descripción que el ilustrado José Antonio Alzate hiciera del temblor ocurrido el 4 de abril de 1768.[14]

[12] Para más detalles sobre el tipo de estudios que la historiografía mexicana o mexicanista ha desarrollado dentro de los tres tipos mencionados, así como las referencias a la bibliografía correspondiente, véase el capítulo II de la tesis doctoral de Virginia García Acosta titulada "Los sismos en la historia de México. Análisis histórico-social: épocas prehispánica y colonial", UNAM, México, 1995.

[13] Teresa Rojas Rabiela, Juan Manuel Pérez Zevallos y Virginia García Acosta, coords., *Y volvió a temblar... Cronología de los sismos en México (de 1 pedernal a 1821)*, Cuadernos de la Casa Chata núm. 135, CIESAS, México, 1987; Virginia García Acosta, Rocío Hernández, Irene Márquez, América Molina, Juan Manuel Pérez, Teresa Rojas y Cristina Sacristán, "Cronología de los sismos en la cuenca del Valle de México", en: *Estudios sobre sismicidad en el Valle de México,* Departamento del Distrito Federal/ Programa de las Naciones Unidas para el Desarrollo, México, 1988:409-498.

[14] José Antonio Alzate y Ramírez, "Observaciones físicas sobre el terremoto acaecido el cuatro de abril del presente año [1768]", en: *Gacetas de Literatura de México*, reimpresas en la oficina del hospital de San Pedro a cargo del ciudadano Manuel Buen Abad, Puebla, 1831, vol.IV:27-35. Esta breve pero sustanciosa descripción, publicada en las *Gacetas* el mismo año de 1768, constituye uno de los materiales centrales del capítulo segundo del presente volumen.

Los estudios que hemos dado en identificar como analíticos aparecidos entre 1950 y fines de la década de los ochenta, si bien han constituido como señalaba antes un apoyo fundamental para el desarrollo de esta línea de investigación social sobre desastres, atendieron en particular las sequías, las crisis agrícolas y las inundaciones, es decir, se centraron en aquellos que calificamos como desastres agrícolas asociados con amenazas climáticas. Prácticamente no había sido atendido el caso de los temblores como amenazas asociadas con desastres.

El presente volumen trata de llenar ese vacío, partiendo de diversos análisis que los científicos sociales pueden llevar a cabo de este tipo de desastres, con base en el enorme cúmulo de material que al respecto se dio a conocer en el volumen de documentos sobre sismos en la historia de México que antecede al presente. En estos poco más de 10 años que hemos dedicado a la recopilación de información, así como al estudio de los desastres desde una perspectiva histórica, se ha producido una enorme gama de trabajos informativos, descriptivos y analíticos, particularmente con el impulso del CIESAS,[15] los cuales dan cuenta de un esfuerzo continuo y sistemático en la construcción de perspectivas de análisis en nuevos campos de investigación que deben ser atendidos por las ciencias sociales y humanísticas.

Esperamos que el libro que tiene ahora el lector en sus manos constituya una nueva contribución para el estudio holístico de los desastres y de los escenarios de riesgo,[16] que permita revisar los modelos existentes para el análisis de los desastres a partir de las evidencias que la historia ofrece, y que ayude a profundizar y a consolidar esta nueva línea de investigación tanto en México como en otras latitudes de ewste que ha demostrado ser un desastroso planeta.

Pretender que un trabajo como el que ahora damos a conocer al público interesado constituya un verdadero resultado final, sería no reconocer que tanto la historia sísmica de este país como las posibilidades de analizarla en su dimensión histórica, social y cultural constituyen vetas inagotables que requieren de nuevas investigaciones que, por un lado, continúen explotando el enorme cúmulo de material ya localizado y registrado, y mucho más que aún espera a ser explorado en nuestros acervos y repositorios, y por otro, amplíen las perspectivas de análisis y desarrollen su imaginación sociológica para proseguir y profundizar en el conocimiento de lo que hemos dado en denominar el estudio histórico de los desastres en México.

[15] La larga lista que conforma el anexo que aparece al final del presente volumen incluye libros y artículos publicados, así como ponencias y tesis de licenciatura, maestría y doctorado presentadas, todos los cuales son resultado de las investigaciones que sobre desastres históricos en México se han desarrollado bajo el auspicio del CIESAS a partir de 1987, y particularmente a lo largo de la década de los noventa.

[16] Véase Andrew Maskrey, ed., *Navegando entre brumas. La aplicación de los sistemas de información geográfica al análisis de riesgo en América Latina*, ITDG/LA RED, Bogotá, 1998:20ss.

PARTE 1

Ensayos sobre el estudio histórico-social de los sismos en México

Al sexto año del reinado de este rey (Axayácatl) tembló la tierra y fue tan recio el temblor que no sólo se cayeron muchas casas, pero los montes y sierras y en muchas partes se desmoronaron y deshicieron. Después de este espantoso terremoto, venció (Axayácatl) a los de Malacatepec y Coatepec.

Fray Juan de Torquemada, *Monarquía Indiana*

Glifo *tlalollin* o temblor de tierra. Año de 1542.

"Este año de once conejos y de 1542 hubo temblor de tierra" (*Códice Telleriano-Remensis*, folio 46r).

La ilustración muestra el cuadrante cronológico once conejo, unido con un lazo gráfico a una figura con un largo palo y con el topónimo de México-Tenochtitlan y en la parte inferior con un *tlalollin*. Este último muestra al glifo *ollin* dentro de *tlalli*, con el ojo de la noche al centro. De acuerdo con Fuentes (1987:189) la "lectura pictográfica sería: en el año 11 conejo hubo un temblor de tierra durante la noche".

Las formas de registro sísmico del siglo XV a principios del siglo XIX

El REGISTRO SÍSMICO, así como el de cualquier otro fenómeno natural recurrente, incluye tres aspectos: el fechamiento, la medición y la descripción. Fechar, es decir, indicar el momento, tiempo y lugar en que se hace u ocurre algo, es diferente que medir, lo cual implica mensurar o calcular una determinada cantidad, si bien en ambos casos se trata de una correlación con cierta unidad. Esta última, que en realidad constituye un marco de referencia, puede corresponder a una experiencia empírica que tiene que ver "con la vida diaria y las dimensiones humanas como referentes", o bien al uso de medidas específicas: en el caso del fechamiento, un calendario, y en el de la medición alguna herramienta *ad-hoc*, como los relojes.[17] Tanto el fechamiento como la medición constituyen uno de los vectores de la historia social y cultural que, junto con la descripción del fenómeno como tal, son un reflejo de una determinada época, de una cierta sociedad. De esta manera, el modo de fechar, medir y describir los sismos se relaciona, por no decir que depende directamente, del momento histórico, de las concepciones de la sociedad en cuestión, de su cosmovisión, del avance del conocimiento científico tanto general como particular del fenómeno específico. Pero, al mismo tiempo, las características de estos registros varían notablemente uno de otro dependiendo del tipo de fuente en el cual han sido localizados.

Este capítulo es una revisión de la manera en que evolucionó el registro sísmico a lo largo de cerca de 400 años, esto es, de mediados del siglo XV a las primeras décadas del XIX.[18] Para ello inicia con un examen del tipo de fuentes que ofrecieron información al respecto para,[19] posteriormente, pasar revista a los cambios identificados en dicho registro a lo largo del periodo seleccionado. El corte temporal que se ha dado a este último

[17] Véase, Elias 1989:15ss, 23ss, 58ss.

[18] La información catalográfica completa, que incluye más de seis mil registros de los sismos ocurridos desde el siglo XV hasta principios del XX, se encuentra en en el volumen que antecede al presente, véase García Acosta y Suárez Reynoso, 1996.

[19] Algunos geofísicos dedicados a la sismología histórica han denominado a estas fuentes sismógrafos "alternativos" (véase Guidoboni y Stucchi 1993:201).

responde al tipo de fuentes existentes, pues a partir de la publicación permanente de periódicos en México, la cual se inició entre la tercera y cuarta décadas del siglo XIX, el registro sísmico sufrió cambios importantes. Fue a partir de entonces que, aunado a los avances científicos desarrollados particularmente en la segunda mitad de ese siglo, que implicaron una observación sistemática y ya cuantitativa de los sismos, dichos registros se tornaron más detallados y específicos. En este ensayo revisaremos la evolución del registro sísmico y las fuentes que dan cuenta del mismo, hasta antes de la aparición formal y constante del periodismo en México.

Fuentes y registro sísmico[20]

Época prehispánica

Las noticias de los sismos ocurridos antes de la invasión española han llegado hasta nosotros a partir de relatos tanto de quienes los vivieron, como de recuentos producto de la rica tradición oral plasmada en escritos. A las primeras las distinguimos como fuentes primarias, de primera mano, a las segundas como fuentes secundarias.

Los códices y anales escritos tanto antes como después de la conquista española, fueron el medio que utilizaron los antiguos habitantes de México para relatar los eventos más relevantes. Entre ellos aparecen con frecuencia las catástrofes, dentro de las que se encuentran precisamente los sismos. En algunos códices pictográficos, la información aparece acompañada de glosas escritas por autores anónimos en castellano o en náhuatl, con caracteres latinos, las cuales muchas veces constituyen una interpretación más que una lectura fiel de los glifos, razón por la cual deben ser tomadas con cuidado. Estos "libros pintados" representan la primera fuente de nuestra historia antigua;[21] relatan hechos ocurridos desde el siglo XII hasta principios del siglo XVII, fecha a partir de la cual disminuyó considerablemente la escritura indígena tradicional al ser sustituida cada vez más por la latina.[22]

Estos relatos de acontecimientos históricos estuvieron presentes entre los nahuas, mixtecos, mayas y quizá entre otros pueblos mesoamericanos que llegaron a dominar tanto sistemas de escritura propios, como conocimientos astronómicos que les permitieron elaborar calendarios sumamente precisos. De hecho, dos de los códices utilizados, el *Telleriano-Remensis* y el *Aubin*,[23] se componen de dos partes: una cronológica y una histórica

[20] En el estudio introductorio del primer volumen de la serie *Los sismos en la historia de México*, apareció un recuento general de las fuentes utilizadas en el conjunto de esa investigación; por ello ahora sólo presentamos una síntesis de aquellas que corresponden al periodo del cual da cuenta el presente capítulo, es decir, de la época prehispánica a principios del siglo XIX, ofreciendo en algunos casos información complementaria que no apareció en el mencionado estudio introductorio.

[21] Chavero 1984:IV.

[22] Algunas excepciones parecen ser los códices o manuscritos conocidos como *Techialoyan* que se remontan al siglo XVIII, sobre cuya autenticidad aún existe polémica.

[23] Ambos deben su nombre a sus antiguos poseedores: el arzobispo de Reims Le Tellier y M. Aubin; este último fue un ávido coleccionista de manuscritos y códices antiguos (*Códice Telleriano-Remensis* 1964 y *Códice Aubin* s/d).

que, en ambos casos, se inicia con la peregrinación azteca y continúa con la historia de Tenochtitlan, señalando ciertos eventos lacerantes y destructivos como guerras, hambres, eclipses, y también temblores.

Otras fuentes de tipo primario que dan cuenta de sismos ocurridos a mediados del siglo XV y las dos o tres primeras décadas del XVI, corresponden a las que nos legaron cronistas tempranos como el texcocano Fernando de Alva Ixtlixóchitl (1500-1531) y el franciscano Juan de Torquemada (1557/1565-1624).[24] En varias de las obras del primero, descendiente de los gobernantes del Acolhuacan y de Tenochtitlan, aparece el temblor más antiguo localizado, fechado en el año "uno pedernal". Torquemada, por su parte, se valió de los datos proporcionados tanto por sus contemporáneos como por informantes indígenas, muchos de ellos ancianos, para hacer una especie de historia oral en la que se encuentran los relatos más extensos que conocemos sobre sismos del periodo mencionado, relacionándolos siempre con algún evento de tipo político.

Los documentos de archivo son otra de las fuentes primarias por excelencia, sin embargo sólo se localizaron datos para esa época en el Archivo Paucic que, a pesar de su ubicación, está conformado por fuentes secundarias.[25] El resto de fuentes de tipo secundario en las cuales se registraron datos para dicho periodo, provienen de historiadores y científicos coloniales tales como Francisco Javier Clavijero (1731-1787) y Joaquín Velázquez de León (1732-1786),[26] así como de catálogos y cronologías sobre sismos, algunos de los cuales datan de fines del siglo XIX. Si bien se trata de información obtenida de segunda mano, la mayor parte de los temblores ocurridos en la época prehispánica y registrados por estas fuentes coinciden con aquéllos provenientes de fuentes primarias, con sólo tres excepciones.[27]

Siglo XVI *a principios del* XIX

Si bien es evidente que por lo que toca a la ocurrencia de sismos como tal no podemos hacer una división entre la época prehispánica y los siglos siguientes, la forma que adoptó el registro sísmico sí responde de alguna manera a esta división cronológica. La invasión española suscitó cambios radicales en todos los órdenes de la vida mesoamericana; el proceso de conquista y colonización implantó, en algunos casos, nuevas formas de organización y, en otros, aprovechó las ya existentes. Bajo el velo de un mestizaje étnico, social, político y económico, provocó el surgimiento de

[24] Alva Ixtlixóchitl 1985, Torquemada 1969.

[25] Se trata de una serie de fichas mecanoescritas, elaboradas y compiladas en 900 tomos a lo largo del segundo cuarto del siglo XX por el Ing. Alejandro Paucic, estudioso de Guerrero, quien casi nunca indicó la fuente de donde obtuvo sus datos. El Archivo Paucic, originalmente ubicado en Acapulco, se encuentra actualmente en Chilpancingo, Guerrero. Para mayor información sobre el Ing. Paucic y el archivo que lleva su nombre, véase Catalán 1986.

[26] Clavijero 1974. Sobre Velázquez de León, Roberto Moreno llevó a cabo estudios y publicó varias de sus obras, en las cuales se encontró información sobre sismos (véase Moreno 1977).

[27] Estas tres corresponden a los temblores de 1487, registrado exclusivamente por Clavijero, y los de 1507 y 1510 que se localizaron en la extensa cronología aún inédita, que elaboró Manuel Martínez Gracida hacia fines del siglo XIX y que se localiza en la Biblioteca Pública de Oaxaca, en la sección denominada "Asuntos Oaxaqueños" (Martínez Gracida 1890).

una nueva realidad. La intervención de conquistadores y colonos, de sus formas de gobierno, de su jerarquización social, de sus técnicas agrícolas y ganaderas e incluso de su cosmovisión cristiana, permearon la nueva sociedad en formación.

Tanto las fuentes como los registros localizados en ellas y que dan cuenta de los sismos ocurridos a partir de la dominación española, e incluso de los primeros años de vida independiente ya en el siglo XIX, así como de la forma de enfrentarlos, de concebirlos y de entenderlos, presentan enormes variantes de importancia. Éstas, en buena parte, reflejan justamente los cambios ocurridos y la nueva forma de entender y de encarar estos fenómenos. Al respecto, el material proveniente tanto de fuentes primarias como secundarias resultó rico y variado, en particular las primeras dado que ofrecen, como he mencionado, una mayor confiabilidad al constituir registros del momento mismo en que ocurrieron los hechos. Las fuentes primarias que dan cuenta de los sismos ocurridos entre las primeras décadas del siglo XVI y los inicios del XIX incluyen códices, anales y documentos de archivo; crónicas, diarios de sucesos notables y relatos de viajeros; los pocos periódicos aparecidos en ese tiempo y, por último, escritos de historiadores y científicos del periodo considerado. Hemos señalado ya los elementos que caracterizan y distinguen a los códices y anales que, para este periodo, ofrecen información escueta que llega hasta el siglo XVII.

Los documentos de archivo, por su parte, brindaron abundante y rica información, a partir del siglo XVII, si bien la mayor cantidad de esta índole se obtuvo para el siglo XVIII y primeras décadas del XIX.[28]

Algunos de estos archivos cuentan con ramos o secciones específicamente relacionados con el tema en cuestión.[29] Ciertos ramos con información sobre la Colonia resultaron útiles, como el de *Correspondencia de virreyes* del Archivo General de la Nación,[30] que incluye información periódicamente rendida por los virreyes sobre los acontecimientos más relevantes ocurridos en su jurisdicción, con datos muy completos sobre daños, heridos y muertos, organización de novenarios y procesiones, bandos u ordenamientos relacionados con el sismo en cuestión. Otro ejemplo de este tipo son las *Actas de Cabildo* emanadas de las reuniones de dicho cuer-

[28] Para el siglo XVII se obtuvo información en el Archivo Histórico del Distrito Federal y en el Archivo General de la Nación. Para el XVIII y principios del XIX, además de los dos anteriores, en el Archivo General de Indias (Sevilla), en el Archivo General de Centro América (Guatemala) y en cerca de una docena de archivos municipales y locales, que fueron: Chiapas: Archivo Diocesano (San Cristóbal de las Casas); Jalisco: Archivo Histórico del Arzobispado, Archivo Municipal de Guadalajara e Instituto Dávila Garibi (Guadalajara) y el Archivo Histórico de Zapopan (Zapopan); Michoacán: Archivo Histórico Manuel Castañeda Ramírez (Casa de Morelos), Archivo Municipal de Morelia (Morelia); Oaxaca: Archivo General del Estado de Oaxaca (Oaxaca), Archivo Municipal de Huajuapan de León (Huajuapan de León); Puebla: Archivo Municipal de Puebla (Puebla); Veracruz: Archivo de Notarías de Orizaba (Jalapa).

[29] Entre ellos están el ramo *Historia. Temblores* del Archivo Histórico del Distrito Federal antes denominado de la Ciudad de México (en adelante AHDF) parte de cuya información fue publicada textualmente por Concepción Amerlinck en 1986, así como los denominados *Temblores y terremotos*, *Terremotos y temblores*, *Manifestaciones violentas de la naturaleza* y *Hechos debidos a manifestaciones violentas de la naturaleza* del Archivo Paucic. Este último debe tomarse con las reservas mencionadas anteriormente.

[30] En adelante AGN.

po y localizadas tanto en el AHDF como en varios archivos municipales, en las que se da cuenta particularmente de lo ocurrido en el área dependiente del ayuntamiento respectivo y ofrecen desde declaraciones del asentista de cañerías en funciones sobre los desperfectos causados en la infraestructura hidráulica (acueductos, arquerías, cañerías, etc.), las zonas afectadas y los requerimientos,[31] hasta referencias sobre la participación directa y efectiva de los ayuntamientos en la organización y conducción, en estrecha relación con las autoridades eclesiásticas locales, de procesiones e, incluso, elecciones de santos patronos que los protegieran contra dichas eventualidades. Ramos como los de *Obras Públicas* y *Templos y Conventos* del AGN ofrecen información muy similar entre sí, relacionada con los daños sucedidos en edificaciones, fueran éstas públicas o eclesiásticas, los fondos necesarios para su reconstrucción, detalles sobre las reparaciones, etc. Por su parte el ramo *Edificios Ruinosos* del AHDF, si bien brinda material similar al anterior, se enfoca en especial a las casas y edificios propiedad de particulares y a los ordenamientos relacionados con su necesaria reconstrucción, cómo debía hacerse ésta y a cargo de quién. En el mismo sentido aparece la información procedente del ramo *Inquisición* del AGN, en cuyo caso los datos, si bien no son muy abundantes, sólo hacen referencia a los daños resentidos por el edificio sede de dicho Tribunal.

En los archivos del interior del país se localizaron dos tipos de datos. Por un lado, y en casi todos ellos registrados de manera muy similar, el recuento a veces muy pormenorizado de los daños ocurridos, del alcance del sismo y de las posibilidades de autosolventar las erogaciones necesarias. Por otro lado, y en algunos casos afortunadamente de manera minuciosa, se relatan ciertos temblores que, gracias a ello, pueden ahora ser documentados en detalle. El fondo *Real Intendencia de Oaxaca* del Archivo General del estado de Oaxaca, en este caso, además de proveer información sobre daños, costos, avalúos y gastos requeridos y erogados, nos habla del origen de los recursos empleados, incluyendo tanto dinero efectivo como trabajo personal y gratuito de la población indígena local.

Si bien la información proveniente de los archivos de cierta forma puede considerarse como más "oficialista", proveyó de los recuentos más pormenorizados sobre los daños ocasionados por los sismos calle por calle e, incluso, casa por casa, sobre todo para la ciudad de México. Esta información procede de la especie de censos que se mandaban levantar para conocer en detalle lo ocurrido.

La información para este periodo obtenida en el Archivo General de Indias de Sevilla,[32] brindó información abundante y, en algunos casos, de naturaleza muy diferente a la encontrada en México. Por lo general, los diversos tipos de documentos que se enviaban al Consejo de Indias eran para notificar, en ocasiones de manera muy pormenorizada, los daños provocados por los sismos, así como para solicitar ayuda particularmente de tipo pecuniario. En estos casos resultaron útiles las decisiones reales sobre ciertas solicitudes de apoyo a poblaciones damnificadas, sobre lo cual co-

[31] Datos de este mismo tipo aparecen en el ramo *Ayuntamientos* del AGN.

[32] En adelante AGI.

nocíamos la petición (por ejemplo, en el ramo *Reales Cédulas* del AGN), pero no siempre la resolución respectiva.

Por último debo mencionar otro tipo de fuentes que, si bien fueron publicadas, se pueden considerar como documentos de archivo. En primer lugar tenemos las *Relaciones Geográficas del siglo XVI*,[33] que constituyen las respuestas dadas a fines del siglo XVI por ciertos pueblos de españoles e indios, a una serie de 50 preguntas solicitadas por el rey de España en la denominada "Instrucción y memoria de las relaciones que se han de hacer para la descripción de las indias que su majestad manda hacer, para el buen gobierno y ennoblecimiento dellas"; son, sin duda, uno de los documentos de tipo primario más completo sobre la situación general de la Nueva España en ese momento. En segundo lugar se encuentra un documento similar, aunque referido específicamente a Oaxaca y su contorno; se trata de las respuestas al cuestionario que en el siglo XVIII envió el obispo de Antequera, Antonio Berganza y Jordán, a los curas de su diócesis.[34]

Otro tipo de fuentes primarias son las crónicas, a las cuales hemos caracterizado como relaciones de hechos que siguen una rigurosa cronología, es decir, que relatan historias consecutivas en forma narrativa. Entre las que brindaron información para este periodo y con datos en general para toda la Nueva España, se encuentra de nuevo la obra de fray Juan de Torquemada y el *Tratado curioso y docto de las grandezas de la Nueva España*, escrito en 1598 por Antonio de Ciudad Real (1551-1617) en su calidad de secretario del visitador Alonso Ponce cuando estuvo en la Nueva España, publicado hasta 1872 en Madrid.

El resto de crónicas empleadas se refieren a ciertas regiones específicas: los franciscanos españoles Alonso Ponce (siglo XVI) y Antonio Tello (siglo XVII), así como el abogado e inquisidor Matías de la Mota y Padilla (siglo XVIII), dieron cuenta del occidente de México, de la Nueva Galicia en particular; por su parte, el fraile dominico Francisco Ximénez (1666-1722/1723), estudioso de las lenguas de Chiapas y Guatemala, relató lo ocurrido en esa región en su trabajo escrito a fines del siglo XVII. La obra de Pedro de Fonseca (?-1622), quien fuera notario de bienes confiscados desde que se fundó en México el Tribunal de la Santa Inquisición, da cuenta entre sus narraciones de una serie de acontecimientos acaecidos en la Ciudad de México entre 1606 y 1617.

De esta manera, la información proveniente de estas crónicas cubre, de alguna manera, los tres siglos coloniales, si bien se concentra particularmente en el primero de ellos. Además, la mayoría de ellas son crónicas de tipo religioso, por lo que buena parte de la información que proveyeron está plagada de elementos de esta índole.

Por su parte, los denominados *Diarios de sucesos notables*, con una sola excepción, ofrecen documentación sólo para el periodo colonial.[35] Aparecieron publicados a mediados del siglo XIX dentro de la serie *Documentos*

[33] Éstas fueron editadas por René Acuña en 10 volúmenes y publicadas por la UNAM entre 1982 y 1988. Antes de ello las había dado a conocer Fernando del Paso y Troncoso en sus *Papeles de Nueva España.*

[34] *Cuestionario,* 1984.

[35] La excepción corresponde a la obra de José Ramón Malo titulada *Diario de sucesos notables*, que trata lo sucedido entre 1832 y 1864.

para la historia de México, todos ellos bajo el título de *Diario de sucesos notables*, y son: el de José Manuel de Castro Santa-Anna (siglo XVIII), el de José Gómez (siglo XVIII) y el de Antonio de Robles (siglos XVII-XVIII). Los diarios de Gregorio Martín de Guijo (1606-1676) y de Francisco Sedano (1742-1812), si bien incluyen el mismo tipo de datos que los anteriores, no formaron parte de la colección mencionada. La única diferencia de importancia la encontramos en Sedano, quien registró información cotidiana de manera cronológica al igual que los demás, pero tuvo la iniciativa de organizarla por temas y, para fortuna nuestra, de haber seleccionado como uno de sus temas de interés justamente a los temblores.

Otro tipo de fuentes primarias es la correspondiente a los relatos de viajeros extranjeros que estuvieron en lo que hoy es México y que dejaron constancia de sus impresiones. Su presencia y sus obras se remontan sobre todo al siglo XIX, aunque algunas como la del italiano Giovanni Francesco Gemelli Careri (1651-1725) se refiere a la época colonial. Eran viajeros o encargados de negocios de sus respectivos países, muchos de ellos ingleses, que en su paso por México dieron cuenta, entre otros sucesos, de temblores ocurridos tanto en su época como en los siglos anteriores, información esta última que debe considerarse de tipo secundario.

Aún cuando, como mencionamos antes, el periodismo en México no se desarrolló a plenitud sino hasta bien entrado el siglo XIX, durante la época colonial y durante el siglo XVIII y primeras décadas del XIX existieron algunas gacetas y periódicos en los que se localizó información sobre sismos históricos. El periodismo mexicano, cuya aparición prístina se encuentra íntimamente ligada a la llegada de las primeras imprentas a la Nueva España,[36] se inició con la publicación en 1541 de una "hoja volante", que constituía una descripción de los efectos provocados por un terremoto en Guatemala.[37] Habría de pasar más de un siglo para que aparecieran otras publicaciones editadas de manera periódica que, tomando su nombre de las venecianas del siglo XV, que a su vez se denominaron "gazetas" debido a que se compraban por medio de una moneda así llamada,[38] circularon en Nueva España desde 1722 hasta 1821. Sin embargo, durante un periodo prolongado a lo largo del siglo XVIII (de 1723 a 1727 y de 1743 a 1783) estas gazetas no ofrecieron, inexplicablemente, información sobre la ocurrencia de sismos. Esto último, como se señaló, no volvió a suceder a lo largo del XIX, cuando la producción hemerográfica fue más constante, en particular a partir de la tercera década de ese siglo y prácticamente siempre incluyó lo que sucedía cuando temblaba.

[36] Una breve historia de la prensa mexicana se encuentra en: García Acosta y Suárez Reynoso 1996:48-53.

[37] Se trata de la *Relación del espantable terremoto que agora nuevamente ha acontecido en las Yndias en una ciudad llamada Guatimala, es cosa de grande admiración y de grande exemplo para que todos nos enmendemos de nuestros pecados y estemos apercibidos para quando Dios fuere servido de nos llamar.* El original de esta "hoja volante" fue localizada en la Hemeroteca Nacional de la Ciudad de México. Fue reproducida y paleografiada en: Carrasco Puente 1962:24-28.

[38] Las *gazetas* venecianas llevaban ese nombre debido a que se compraban por una moneda así llamada; incluían "notas y precios de los productos en los distintos mercados, advertencias a los navegantes y noticias de sucesos sensacionales, tales como batallas, muertes de príncipes, naufragios, incendios, etc." Sus copias eran reducidas hasta que, a partir del feliz éxito de Gutemberg, fue posible hacer cuantas copias se requiriesen (Agüeros 1910:359).

¶ Memoria de lo acaescido en guatimala.

abbado a diez de setiembre de mil y quinientos y quarenta y vn años a dos oras dla noche auiendo llouido jueues ⁊ viernes no mucho, ni mucha agua el dicho sabbado le aseguro como dicho es: y dos oras de la noche huuo muy gran tormenta de agua de lo alto del vulcan que esta encima de guatimala y fue tan supita que no huuo lugar de remediar las muertes y daños que le recrescierõ, fue tanta la tormenta dela tierra, q traxo por delante del agua y piedras y arboles que los que lo vimos q̃damos admirados / y entro por la casa del adelãtado dõ pedro de aluarado q̃ aya gloria / y lleuo todas las paredes / ⁊ tejados como estaua mas de vn tiro de vallesta / y a la sazon estaua en la recamara vn comendador capellan del adelãtado / ⁊ otro capellan de doña beatriz dela cueua su muger: ⁊ queriendo se acostar entro el golpe del agua que aun no era venida la piedra / y leuantolos en alto: ⁊ fue con tanta fuerça que estaua vna ventanica peq̃ña abierta vn estado del suelo: ⁊ casi muertos los arrojo grãde trecho enla plaça / ⁊ quiso dios que como estaua la casa del obispo cerca fueron remediados aun que con gran trabajo enla dicha casa no auia hombre ninguno porque ya la tormenta los auia echado muertos / ⁊ la desdichada de doña beatriz que estaua cõ sus dõzellas y dueñas: ⁊ como oyo el ruydo, y turbillino fuele dicho como el agua llegaua a la recamara donde dormia y leuanto se en camisa cõ vna colcha / y llamo sus dõzellas que se metiessen en vna capilla que ella hazia y ellas hizieron lo assi / y ella se subio encima de vna altar / encomendandose con mucha deuociõ a dios / ⁊ abraçosse con vna ymagen / y con vna hija del adelantado niña y la grã tormenta que vino de piedra a dar derecho a la misma capilla / ⁊

Relación del espantable terremoto que ahora nuevamente ha acontecido en Las Indias en una ciudad llamada Guatemala, es cosa de grande admiración y de grande ejemplo para que todos nos enmendemos y estemos apercibidos para cuando Dios fuere servido de nos llamar

ANÓNIMO, 1541

"Relación del espantable terremoto que agora nuevamente ha acontecido en la ciudad de Guatimala. Es cosa de grande admiración y de grande exemplo para que todos nos enmendemos de nuestros pecados y estemos apercibidos para cuando Dios fuere servido de nos llamar". Hoja volante, Anónimo, siglo XVI, 1541.

Los primeros sismos registrados por fuentes hemerográficas, correspondieron a la serie de eventos que afectó a la Ciudad de México entre el 16 y el 28 de enero de 1729, incluyendo no sólo la información respectiva, sino también una explicación científica, característica de ese momento histórico, sobre el origen y causas de los temblores.

Entre los historiadores y científicos que vivieron los sismos que registraron, describieron o incluso analizaron profusamente, destaca José Antonio Alzate y Ramírez (1737-1799) quien, además de haber sido editor de varias publicaciones de tipo literario y científico, relató algunos sismos además de estudiar, por primera vez en México, sus causas y orígenes.[39] Completan la lista historiadores como Mariano Fernández de Echeverría y Veytia (1718-1770), quien escribió una historia sobre la fundación de Puebla y dio cuenta de algunos sismos ocurridos en esa zona, y naturalistas como José Antonio de Villaseñor y Sánchez (siglo XVIII), cosmógrafo de Nueva España que, compilando algunas de las Relaciones Geográficas de 1742-1743, informó sobre muy diversos aspectos del virreinato en el mismo siglo XVIII.[40] Las demás obras de este tipo fueron producto de las observaciones y descripciones que llevaron a cabo científicos de la época como resultado de la introducción de las ideas ilustradas en Nueva España y, con ellas, de la nueva visión que se fue adoptando sobre los fenómenos naturales. En este caso están el franciscano Pedro de Buzeta (1675-?), famoso por sus trabajos subterráneos para dotar de agua a la ciudad de Guadalajara, y el ya citado Velázquez de León, astrónomo y matemático autodidacta, considerado como uno de los hombres notables y decisivos en el desarrollo de la minería mexicana.[41] El último trabajo de esta índole es, más que un libro, una carta que el Bachiller Joaquín de Ausogorri escribió al Obispo de Michoacán desde *La Guacana*, Michoacán el 19 de octubre de 1759, en la cual describió la situación de varios pueblos de esa zona después de la erupción del volcán del Jorullo, la cual provocó sismos y destrucción.[42]

Por lo que toca a las fuentes secundarias que brindaron información para el periodo ahora considerado, así como a aquéllas que hemos denominado fuentes mixtas (que mezclan material tanto primario como secundario),[43] constituyen alrededor de una centena de obras históricas o científicas, novelas o poesías, efemérides, almanaques o calendarios y catálogos o cronologías.

La mayoría de ellas fueron obras escritas por historiadores y científicos exactos o naturales durante la segunda mitad del siglo XIX, lo cual debe relacionarse, con toda seguridad, con el espíritu intelectual y científico

[39] Importante en este sentido es su ensayo titulado "Observaciones físicas sobre el terremoto acaecido el cuatro de abril del presente año [1768]" (Alzate 1831b y 1980:36-43).

[40] Fernández de Echeverría, 1931; Villaseñor y Sánchez, 1980.

[41] Buzeta 1739 y Moreno 1977.

[42] Ausogorri 1920.

[43] Un ejemplo de las denominadas fuentes mixtas lo encontramos en la obra de Paul Waitz, a quien retomaremos más adelante. Como ingeniero y geólogo (principios del siglo XX), participó en diversas expediciones científicas a zonas volcánicas y sísmicas; publicó varios trabajos, en uno de los cuales reeditó tanto el testimonio de un testigo presencial de la erupción del Jorullo en 1859 –fuente primaria–, como la lista de los principales temblores sentidos entre 1800 y 1858 –fuente secundaria– (véase Waitz 1920).

que se despertó a partir de fines del siglo XVIII. Dada su abundancia, sólo mencionaremos ciertas características de índole general.[44] Algunos de estos textos cubren todo el país,[45] mientras que otros se refieren a una región o a una ciudad en particular y, por lo tanto, sólo dan cuenta de los sucesos, entre ellos los temblores, ocurridos en ellas.[46] Algo similar sucedió con las obras que, si bien fueron escritas por historiadores a partir del segundo cuarto del siglo XX, ofrecen información para el periodo que ahora nos interesa; la mayoría de ellas dan cuenta de lo ocurrido en alguna región, ciudad o pueblo mexicano, entre las que predominaron, de manera lógica, aquéllas referentes a zonas de alto riesgo sísmico.

Los textos de científicos naturales o exactos, producidos durante el siglo XIX y las primeras décadas del XX, como se mencionó antes, están en buena parte dedicados a un tema específico. Tal es el caso de los escritos por geólogos, ingenieros y mineros, la mayoría de los cuales formaron parte de los diversos institutos o sociedades científicas que surgieron a lo largo del siglo pasado y que, como parte de sus estudios, trataron de recuperar la información existente sobre sismos del pasado.[47] Entre estos trabajos científicos vale la pena mencionar los realizados por José Gómez de la Cortina (1799-1860), fundador del Instituto de Geografía y Estadística en 1833. Mejor conocido como Conde de la Cortina, este autor escribió sus "Observaciones sobre el electromagnetismo" en 1859, a raíz de advertir la imantación de una pluma en el momento de un sismo; dicho trabajo, a su decir, sería un avance de una obra más general intitulada *Memoria sobre los terremotos (Ensayo de una Seismología del Valle de México),* la cual desconocemos si se llegó a publicar, ya que murió al año siguiente de haber escrito sus "Observaciones"; en éstas expuso un cuadro sobre los "terremotos más considerables" ocurridos en México desde el siglo XVI hasta 1858.[48]

Por su parte, los trabajos científicos de este corte aparecidos en el presente siglo y que dan cuenta de sismos anteriores, son más escasos. Destacan entre ellos los elaborados por Paul Waitz (siglo XX), que en su mayoría fueron resultado de sus estudios geológicos, dedicados a la sismología de una manera consistente y sistemática.[49]

Nos quedan, dos obras que, escritas a manera de novela una y de poesía la otra, brindan información sobre sismos ocurridos en la Nueva Espa-

[44] Véase nota 20.

[45] Como las de Lucas Alamán (1849a, 1849b), Carlos María de Bustamante (1837), Antonio García Cubas (1904), entre otros.

[46] Por ejemplo, Manuel Rivera Cambas (1883) y José María Marroquí (1968) sobre la Ciudad de México, José Antonio Gay (1982) sobre Oaxaca, José G. Romero (1861, 1972) sobre Michoacán o Joaquín Arroinz (1959) y José María Naredo (1898) sobre Orizaba.

[47] Pedro L. Monroy (1888) consultó a Humboldt y otros ingenieros geólogos anteriores a él, a raíz de lo cual propuso ciertas explicaciones científicas sobre las detonaciones y los denominados "ruidos subterráneos" que acompañaban a los temblores y que tanto preocuparon a los científicos decimonónicos. Similar es el informe rendido por tres reconocidos ingenieros geólogos a raíz de la exploración que llevaron a cabo en 1877 con motivo de la erupción del Ceboruco, y que la acompañaron de un listado de los principales temblores sentidos en Guadalajara entre 1750 y 1875 (Iglesias, Bárcena y Matute 1877).

[48] Gómez de la Cortina 1859. Otro de sus trabajos publicados fue la *Carta escrita a una señorita* (1840), en el cual estableció, entre otras, una curiosa analogía "entre un terremoto y una mujer hermosa".

[49] Waitz 1920, Waitz y Urbina 1919.

ña: la primera proviene del literato decimonónico Joaquín Herrera; la segunda es el *Romancero de Jalisco*, escrito por Jesús Acal a principios del siglo XX en forma de poemas, basándose en documentos de archivo, anales y cronistas locales.[50]

Por último tenemos las efemérides, los almanaques y los calendarios (fuentes secundarias) y los catálogos o cronologías (fuentes mixtas). Todos ellos constituyen registros, inventarios o listas de sucesos ocurridos a lo largo de un determinado periodo. Los elementos distintivos que caracterizaron a los así denominados "calendarios" a lo largo del siglo XIX, podría servir como definición general tanto de éstos como de las efemérides y los almanaques, pues incluían "los días del año [...] con indicaciones astronómicas, fases de la luna, santoral, fechas cívicas [...] contenían artículos sobre historia, geografía y religión; poemas, ensayos literarios, recetas de cocina [etc.]" El más conocido de todos ellos es el *Calendario del más antiguo Galván*, fundado por Mariano Galván Rivera en 1826 y que continua hasta nuestros días.[51]

Con características similares, sólo que especializados en el recuento de algún tema en particular, tenemos los denominados catálogos o cronologías sobre sismos, el más antiguo de los cuales fue dado a conocer en 1837.[52] La información que éstos ofrecen aparece en estricto orden cronológico, constituyendo series o inventarios. La mayoría de catálogos existentes sobre sismos históricos contienen registros que se remontan al siglo XVI y, cuando más, al XV; tomaron como base los existentes hasta el momento de elaborar el propio, incluyendo los errores y omisiones que pudieran contener. Sin duda el más completo, y no sólo para el periodo que ahora nos ocupa, es el intitulado por su autor Juan Orozco y Berra *Efemérides sísmicas mexicanas*,[53] mismo que ha sido ya corregido, completado y ampliado.[54]

Un problema que se encuentra en este conjunto de obras es la omisión de sus fuentes de obtención de información lo cual, en términos estrictos, obliga a mantener cierto escepticismo con respecto a la veracidad y exactitud de muchos de los registros que ofrecen, sin dejar por ello de reconocer la trascendente y agobiante labor que llevaron a cabo estos compiladores.

La evolución del registro sísmico

La revisión que haremos a continuación relativa a la evolución del registro sísmico la dividiremos en dos partes, mismas que se derivan del tipo de fuentes consultadas. En una primera parte veremos las características de los registros provenientes de fuentes pictográficas, mismas que casi de manera exclusiva cubren básicamente del siglo XV a las primeras décadas del XVI. Si bien este tipo de fuentes incluyen también información para los siglos

[50] Herrera 1889, Acal 1901.

[51] *Enciclopedia de México* 1987,II:1160 y Galván 1950, respectivamente.

[52] Bustamante 1837.

[53] Orozco y Berra 1887-1888.

[54] Véase García Acosta y Suárez Reynoso, 1996.

posteriores, ésta está complementada y proviene básicamente de fuentes descritas en el apartado anterior. Esta primera parte revisa los tres aspectos que, como señalamos al principio de este ensayo, conforman el registro sísmico: fechamiento, medición y descripción del fenómeno. La información es escueta ya que se deriva de la que brindaron las fuentes disponibles.

La segunda parte está dedicada a la evolución del registro sísmico a lo largo de los 300 años que corren desde las primeras décadas del siglo XVI a las correspondientes en el XIX. La información es más abundante y detallada, de ahí que los incisos que le corresponden sean más específicos. De esta manera si bien el primer inciso se refiere al fechamiento que, como veremos, fue cada vez más preciso, en los siguientes es posible profundizar y hablar por ejemplo de hora, duración e intensidad en el caso de la medición de los sismos, así como de tipo y dirección del fenómeno por un lado, y de origen y alcance geográfico por otro, en el caso de la descripción del mismo, aspectos que es imposible documentar para los primeros 60 ó 70 años de información.

En la primera de las dos partes que siguen (siglo XV-inicios XVI) hemos agregado un inciso más, que corresponde a los efectos y respuestas sociales ante los sismos. No existe su correspondiente en la segunda parte (inicios XVI-inicios XIX), dado que lo abultado de la información fue utilizada para elaborar otro ensayo, también incluido en el presente volumen.

El registro sísmico en el siglo XV e inicios del XVI

En los códices y anales los temblores se registraron a través de glifos asociados. El glifo temblor de tierra que aparece en este tipo de fuentes, se forma con la conjunción del glifo *ollin* que significa movimiento y el glifo *tlalli* o tierra. El primero de ellos se representa con un círculo alrededor del cual aparecen cuatro aspas que dan idea de movimiento,[55] todo ello en diversos colores.[56] El glifo *tlalli*, por su parte, se representa por una o varias franjas de terreno, sobre las cuales aparecen una serie de puntos que simulan granos o semillas. De esta manera *tlalli* asociado a *ollin*, *tlalollin*, significa movimiento de tierra o sismo.[57]

En el resto de fuentes que dan cuenta de los sismos ocurridos en el siglo XV y primeras décadas del XVI escritas, como ya se mencionó, en

[55] Esta figura compuesta de cuatro vértices que confluyen en un centro, parece relacionarse directamente con los principios organizativos que tenían los nahuas del espacio cósmico. Éste se dividía en cuatro partes que se unían al centro formando una cruz latina y estaban asociadas con los cuatro puntos cardinales y los cuatro rumbos del universo. Estos principios organizativos se reproducían en la vida terrena: la superficie terrestre estaba dividida en cuatro segmentos, así como también el espacio urbano de México-Tenochtitlan tenía una división cuatripartita, con cuatro *calpullis* o unidades más pequeñas identificadas como cuatro barrios, con cuatro entradas al recinto urbano y cuatro calzadas que conducían a los cuatro puntos cardinales que, a su vez, coincidían con los cuatro rumbos cósmicos (véase Florescano 1987:23-30).

[56] Cada uno de los cuatro puntos cardinales, de los cuatro segmentos del universo y de la superficie terrestre estaban identificados con un determinado color: el negro con el norte, el blanco con el oeste, el azul con el sur y el rojo con el este. El verde correspondía al centro.

[57] Un estudio plástico sobre el glifo temblor de tierra a partir de los códices *Telleriano-Remensis* y *Aubin* puede consultarse en: Fuentes Ayala, 1987.

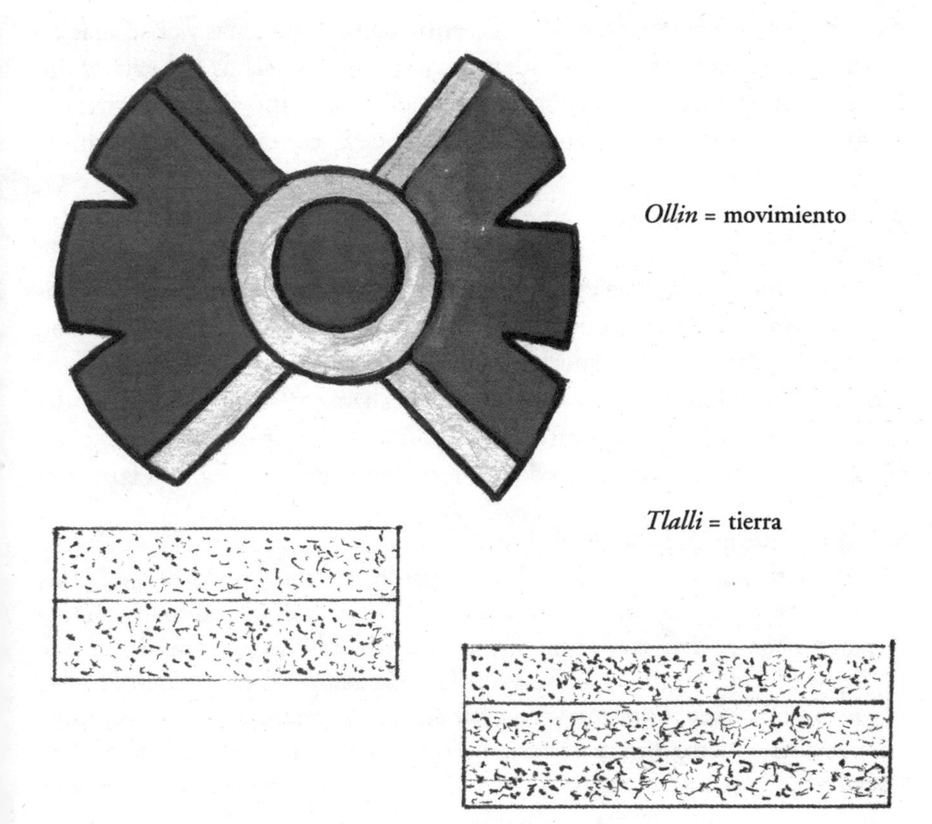

Dibujos de representaciones pictográficas de los glifos *ollin* (movimiento) y *tlalli* (tierra)

castellano o en náhuatl utilizando caracteres latinos o bien combinando glifos con prosa náhuatl, como en el *Códice Aubin*, la información es sumamente lacónica. No se menciona la hora, la duración ni la dirección del movimiento. Se señala que tembló, se menciona el año del evento, se asocia con ciertos fenómenos naturales previos o posteriores y, sólo en contados casos, se da cuenta de los daños humanos y materiales así como de los efectos y respuestas sociales ocurridos como consecuencia. Respecto a los datos que podrían servir como medida de intensidad, actualmente utilizada para catalogar y cuantificar los temblores de acuerdo a su poder destructivo,[58] además de los pocos recuentos de daños con que contamos, algunos pictogramas parecen indicar una cierta gradación. A continuación detallaremos cada uno de estos elementos.

Fechamiento.- En la mayoría de estos registros encontramos exclusivamente el año en que sucedió el temblor. En ocasiones éste aparece de manera explícita y, en otras, relacionado con algún acontecimiento de tipo político-militar, lo cual es reflejo evidente del tipo de organización política predominante de la época. En el caso de los glifos, *tlalollin* se asocia con un

[58] Suárez y Jiménez, 1987:17. Más adelante aparecen varias referencias sobre las formas actuales para medir la intensidad de los sismos.

cuadrete cronológico que da cuenta del año en la cuenta indígena, cuyo equivalente con el calendario cristiano ha sido en algunos casos ya establecido, si bien dichas correspondencias entre fechas indígenas y cristianas no son del todo precisas. Se han identificado algunas fechas del calendario indígena en que ocurrieron sismos, por ejemplo, el año siete pedernal corresponde a 1460 de la cuenta nahua, el nueve conejo a 1462, el nueve caña a 1475, el ocho casa a 1513 y así sucesivamente. En ocasiones, estas correspondencias, aparecen en escritura latina al lado del cuadrete cronológico.[59]

El establecimiento de estos fechamientos constituye una tarea complicada, ya que diferentes grupos étnicos llevaban cuentas que se iniciaban en momentos distintos. Al respecto, el matemático, físico y astrónomo Antonio de León y Gama, en el estudio que realizó en la segunda mitad del siglo XVIII sobre las que él mismo denomina las "dos piedras": el calendario azteca y la *Coatlicue*, recién descubiertas en aquella época, nos comenta

> Aunque este método de contar los años por periodos de a cincuenta y dos era general en todos los Reynos y Provincias de este Imperio Mexicano, y los símbolos y orden de figurarlos eran también unos mismos, no todos comenzaban a contar el Ciclo por un mismo año: los Tultecas lo empezaban desde *Tecpatl*; los de Teotihuacan desde *Calli*; los Mexicanos desde *Tochtli*; y los Tezcocanos desde *Acatl*, con lo cual había alguna diferencia entre unos y otros en cuanto al tiempo en que hacían la corrección, con que igualaban los años civiles con los solares trópicos [...] no siendo uno mismo el tiempo en que todos ataban el Ciclo, había variedad de algunos días en la cuenta de unas naciones respecto de las otras, más todos sabían bien cuánta era la diferencia y la computaban en sus tratos y comercios.[60]

Los métodos prehispánicos de fechamiento eran el resultado de la combinación de números y signos; los primeros iban del uno al 13 y se representaban con igual número de círculos, al lado de los signos que eran cuatro: casa *calli*, pedernal *tecpatl*, carrizo *acatl* y conejo *tochtli*. Dado que la información con que contamos procede del centro de México, generalmente se ha utilizado la cuenta nahua y tolteca, según corresponda.

Si bien el fechamiento de los sismos así registrados constituye, una difícil tarea, resulta aún más complejo tratar de establecer el día y la hora en que ocurrió el evento. El pictograma *tlalollin*, en ocasiones, muestra dentro del círculo central una especie de ojo que se corresponde al "ojo de la noche", o bien está coloreado en rojo lo cual representa al sol, *tonatiuh*. En el primer caso, el pictograma demuestra que el sismo ocurrió durante la noche, mientras que en el segundo significa que se trató de un sismo

[59] Por ejemplo, en el *Manuscrito de 1553*, que utilizaron Kirchhoff, Güemes y Reyes para comparar las cronologías que aparecen en la *Historia Tolteca-Chichimeca*, a las fechas calendáricas indígenas las acompañan textos de este tipo que dicen "ocurrió hace [tantos] años", lo cual correlacionan tomando en cuenta que dicho manuscrito se escribió el 11 de agosto de 1553 y calculan el año del calendario occidental al cual corresponde (cfr. Kirchhoff, Güemes y Reyes 1976:17). Desgraciadamente, los autores de este maravilloso documento, a diferencia de otras obras similares, no registraron fenómenos naturales como los temblores.

[60] León y Gama 1978:17.

Dibujo de *tlalollin* con acontecimiento político-militar. "Año de tres cañas y de 1495, sujetaron los mexicanos al pueblo de Tepoztlán, que era la cabecera de la provincia de Oaxaca. Este año hubo un temblor de tierra". *Códice Telleriano - Remensis,* (folio 40 v).

Dibujos de cuadretes cronológicos que representan los años uno casa o 1441, dos conejo o 1442, tres caña o 1443 y cuatro pedernal o 1444.

diurno.[61] Desafortunadamente, no siempre aparecen estos símbolos en los glifos localizados.

Los sismos de este periodo relatados por los cronistas, si bien están fechados con base en el calendario europeo, corresponden a aquellos que aparecen asociados con algún evento político-militar, o bien se mencionan en relación con acontecimientos del gobernante en turno. Dicha información permite cotejar la fecha anotada para el sismo con la de los sucesos que aparecen asociados con él. Como ejemplo podemos citar dos referencias acerca del temblor ocurrido en 1475, cuya intensidad parece haber sido considerable y que fue registrado, en el primer caso por Chimalpahin para la zona de Chalco-Amecameca, y en la segunda por Torquemada en el Valle de México:

> En este año fueron atacadas las gentes de *Tolloca*, los matlatzincas. Fue *Axayacatzin* quien atacó. Hubo por entonces fortísimos temblores de tierra.Al sexto año del reinado de este rey (*Axayacatl*) tembló la tierra y fue tan recio el temblor que no sólo se cayeron muchas casas, pero los montes y sierras, y en muchas partes se desmoronaron y deshicieron. Después de este espantoso terremoto, venció (*Axayacatl*) a los de Malacatepec y Coatepec.[62]

En todos estos registros se desconoce el día y aún el mes en que sucedieron los temblores. No se menciona siquiera la época del año en que tuvieron lugar. Sólo, en el caso de los códices como mencionamos antes, sabemos si el sismo ocurrió durante el día o la noche (cuando el glifo *ollin* lo manifiesta en su círculo interior); sólo en un caso, el del temblor de

[61] Fuentes Ayala 1987:192.
[62] En: García Acosta y Suárez Reynoso 1996:71 y 73.

COLUNAS DE LOS CICLOS CIVILES. TULTE CO I MEXICANO.

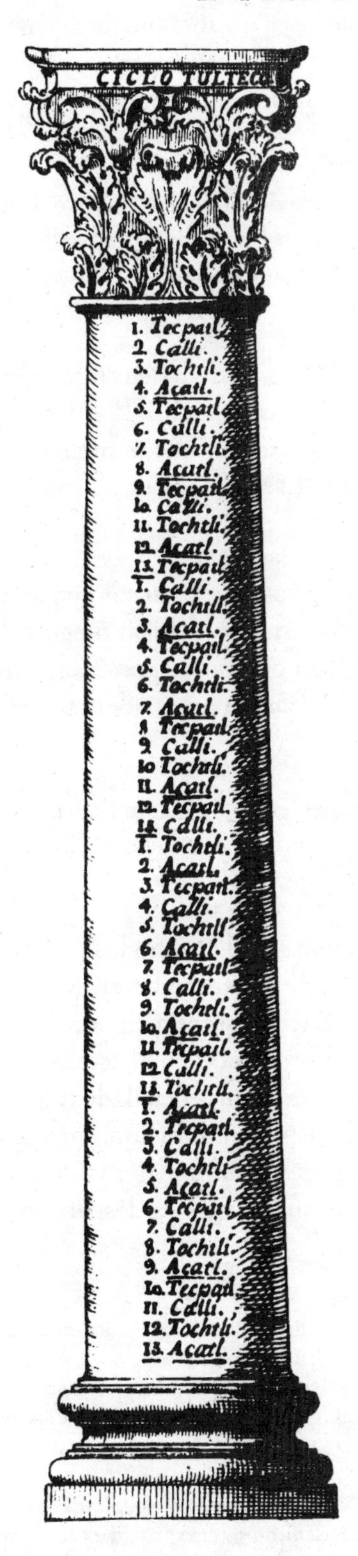

Lámina representando "Las columnas de los ciclos civiles tulteco y mexicano" (AGN. Indiferente General, 398 No. 3 Doc.1).

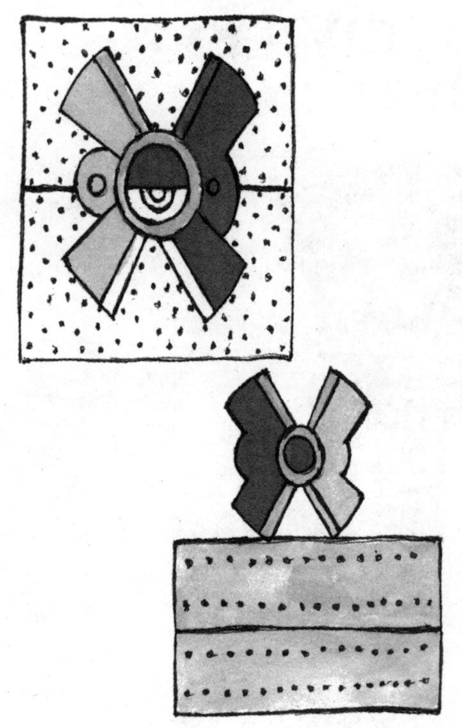

Dibujos de *tlalollin* de día y de noche.

1489 en el *Códice Aubin*, se manifiesta con algún detalle el momento: "En 10 *calli* hubo fuerte temblor cuando apareció la luna".[63]

Medición.- El único aspecto que es posible medir de alguna manera en este periodo es la intensidad de los temblores. Conviene recordar que en la actualidad esta última se mide con base en escalas,[64] las cuales

> representan únicamente una medida del poder destructivo de un temblor o de los efectos que éste tuvo sobre seres humanos y edificaciones en un lugar determinado [...] la intensidad es una medida relativa que nos da una idea de la severidad con que se manifiestan los sismos en diversos sitios.[65]

Según la definición anterior, es posible determinar la intensidad de los sismos ocurridos entre mediados del siglo XV y principios del XVI exclusivamente en aquellos casos en que se mencionan los efectos en los tres criterios que incluyen dichas escalas: seres humanos, edificaciones y el terreno.[66]

Por lo que corresponde a daños humanos sólo encontramos dos menciones. En una de ellas, con motivo del sismo ocurrido en 1469, se habla de "desgracias personales". La otra corresponde al sismo registrado por Alva Ixtlixóchitl en el año *ce tecpatl* o uno pedernal,[67] en el cual se dice que

> los *quinametin*, gigantes que vivían en esta [...] Nueva España [sintieron un] gran temblor de tierra, que los tragó y mató [...] muchos de los tultecas murieron y los chichimecas sus circunvecinos.[68]

En cuanto a daños materiales, que son de hecho los únicos que considera la escala de intensidades utilizada actualmente en México, la información es un poco más abundante. Encontramos menciones de derrumbes en general y específicamente de cerros; grietas en el terreno, destrucción de casas y edificios.[69] Algunos de los textos más detallados dan datos como los siguientes, que corresponden al mismo temblor antes mencionado ocurrido según Alva Ixtlixóchitl en *ce tecpatl* o uno pedernal, cuando ocurrió un: "gran temblor de tierra [...] de suerte que se destruyeron todos sin

[63] En: García Acosta y Suárez Reynoso 1996:73.

[64] A fines del siglo XIX se usaba en México la escala de intensidades de "Cancani", que fue posteriormente sustituida por la de "Mercalli Modificada", propuesta en 1902 por el sismólogo italiano que le dio nombre. Incluye 12 valores de intensidad o grados, representados en números romanos para evitar confundirlos con los grados de magnitud (medida logarítmica de la cantidad de energía liberada por un sismo); van del I ("No sentido") al XII ("Daño prácticamente total").

[65] Suárez y Jiménez 1987:17.

[66] Cabe aclarar que las escalas de intensidad existentes (Mercalli Modificada en México, MSK en Europa, etc.) incluyen en su clasificación ciertos elementos, como materiales de construcción, cuyas características han variado con el paso del tiempo y, por tanto, no siempre resulta fácil aplicarlas a edificaciones antiguas (véase, Goguel y Vogt 1979:6).

[67] Con respecto al fechamiento de este sismo, véase García Acosta 1995:149-160.

[68] En: García Acosta y Suárez Reynoso 1996:71.

[69] Lo anterior, de acuerdo a la escala de Mercalli Modificada, correspondería a intensidades entre XVII y X.

RUEDA DE LOS CICLOS CIVILES INDIANOS.

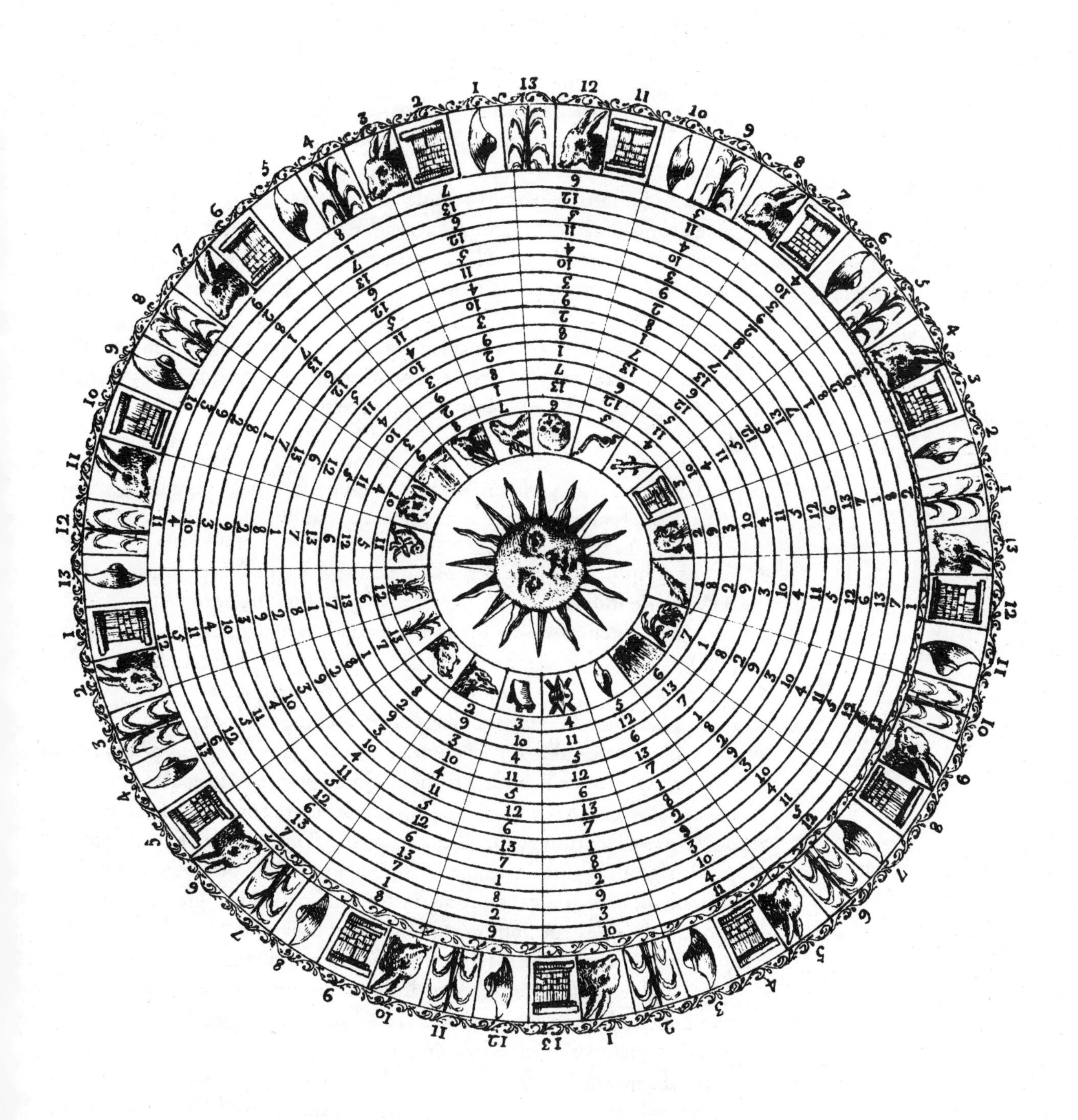

Lámina representando la "Rueda de los ciclos civiles indianos"
(AGN. Indiferente General, 398 No. 3 Doc. 1).

escapar ninguno, y si escapó alguno fue de los que estaban más hacia la tierra dentro".[70]

Otra referencia, proveniente de los *Anales de Tlatelolco,* correspondiente a 1455 (año tres casa), muestra la presencia de elementos que, como en la anterior, dan cuenta de una elevada intensidad: "hubo también terremoto y la tierra se agrietó y las chinampas se derrumbaron".[71] Si bien en la escala de intensidades mencionada no existe indicación alguna a las chinampas, un sistema agrícola típicamente mesoamericano constituido por "terrenos de cultivo 'hechos a mano' [...] en áreas pantanosas y lacustres de poca profundidad",[72] el que se mencione que se derrumbaron, se desbarataron o se vinieron abajo, a la vez que se presentaron grietas en este tipo de suelo de características húmedas, es muestra de un valor de intensidad muy alto (VIII).

El sismo con mayor cantidad de información relativa a intensidades resulta ser el de 1475, al parecer un macrosismo ocurrido en la ciudad y valle de México el cual, según diversas fuentes:

> destruye diversos edificios [...] muchísimos cerros se dislocaron y aplastaron casas [...] se arruinaron casi todas las casas y edificios de esta ciudad, se abrió en algunas partes la tierra y se hundieron las cumbres de algunos cerros [...].[73]

La conjunción de elementos para este evento podría permitir asignarle un valor de intensidad aún mayor que el de 1455, de entre VIII y X.

Otros intentos de medir la intensidad se han basado en las fuentes pictográficas sobre sismos. A través de las variantes en las diferentes representaciones del glifo *tlalollin*, los especialistas han querido "leer" grados de intensidad. Siendo que este pictograma se compone, como dijimos en un principio, de dos glifos asociados *tlalli* y *ollin*, la conjunción de ambos no siempre aparece de la misma manera. En ocasiones *ollin* aparece por encima de *tlalli*, dentro de éste o inclusive totalmente enterrado en él. Partiendo de que la escritura pictográfica es muy precisa y que una pequeña variante puede significar grandes diferencias entre uno y otro pictograma, la ubicación de *ollin* podría expresar algún tipo de medición: ¿grado de intensidad, nivel de destrucción, profundidad del movimiento?

Otra variante entre los diferentes *tlalollin* es la manera en que se representa el glifo *tlalli*. Éste puede aparecer como una sola franja rectangular, salpicada de puntos, o bien dividida en dos o más franjas. Esta subdivisión permite, plantear la hipótesis de que representa grados de intensidad, o quizá alcance del sismo, es decir, que se sintió con mayor profundidad o en varios lugares. Las variantes en este sentido son múltiples, pues encon-

[70] En: García Acosta y Suárez Reynoso 1996:71.

[71] En: García Acosta y Suárez Reynoso 1996:71. La traducción que aparece en el original dice textualmente "las chinampas se derrumbaron"; el verbo *xixiti* que aparece en el original en náhuatl significa, según el especialista Luis Reyes, "se desbarataron" o "se vinieron abajo", de acuerdo al clásico vocabulario de Fray Alonso de Molina *xixitica* es "desmoronarse o deshacerse alguna cosa" (Molina 1977:170).

[72] Rojas Rabiela 1995:54.

[73] En: García Acosta y Suárez Reynoso 1996:71 y 73.

ESCALA DE CANCANI

Grados	Límites de aceleración en milímetros por segundo		Sacudida
	DE	A	
I	0	2.5	Temblor instrumental, registrado sólo por los sismógrafos.
II	2.5	5.0	Muy ligero.
III	5.0	10	Ligero.
IV	10	2.5	Sensible para las personas o mediano.
V	25	50	Fuerte.
VI	50	100	Bastante fuerte.
VII	100	250	Mucho muy fuerte.
VIII	250	500	Ruinoso.
IX	500	1 000	Desastroso.
X	1 000	2 500	Muy desastroso.
XI	2 500	5 000	Catástrofe.
XII	5 000	10 000	Gran catástrofe.

tramos también, por ejemplo, dos o tres *ollin* por encima de una o varias franjas de tierra, lo cual podría leerse como diversos movimientos en un mismo año,[74] que podrían referirse a precursores, sismo principal y réplicas. Estas hipótesis requieren de estudios especializados que, centrados en el tema, permitan resolver tal tipo de incógnitas.

Relacionado con la intensidad y el tipo de datos en que pueda estar basada, se encuentra otro elemento relacionado con la medición: el alcance geográfico del fenómeno. La intensidad puede variar notablemente de un lugar a otro, dependiendo de la distancia al epicentro y de las condiciones geológicas locales. Sin embargo, nuestros registros sólo mencionan en términos generales que tembló en México, en el valle de México o en uno u otro poblado en particular, pero de manera tan aislada que es imposible sacar conclusiones definitivas al respecto. Solamente en un caso encontramos mención de un alcance más amplio, que fue durante el temblor de 1507; de él da cuenta una fuente secundaria, la cronología de Martínez Gracida elaborada a fines del siglo XIX. Este autor señala que ocurrió en el valle de México, sintiéndose también "con estrépito" en las regiones mixteca, zapoteca, mazateca, chinanteca y en la Chontalpa. Seguramente el

[74] Así lo interpreta Fuentes (1987:184).

Dibujos con *ollin* en diferente posición con respecto a *tlalli* y éste con una o varias franjas.

epicentro se ubicó en la costa de Oaxaca y se extendió hacia el valle y Ciudad de México, donde "causó gran espanto".[75] Estos datos deben tomarse con reserva, pues ni Martínez Gracida señala su fuente de información, ni en nuestra amplia búsqueda en documentos de la época, incluso en los mismos acervos de Oaxaca, encontramos mención alguna que permita corroborar este alcance geográfico que refiere el ilustre oaxaqueño.

Descripción del fenómeno.- Las posibilidades de describir los sismos registrados en este periodo se limitan a dos aspectos: su asociación frecuente con otros fenómenos naturales y su recurrencia.

a) Asociación con otros fenómenos naturales: La costumbre de asociar los temblores con otros fenómenos naturales constituyó una práctica que se mantuvo por varios siglos, a pesar de las variaciones que sufrió la cosmovisión de los mexicanos después de la invasión española. Estas asociaciones no siempre implicaban que de la ocurrencia de uno dependiera la del otro. Si bien resulta ser una práctica frecuente entre sociedades que no cuentan con instrumentos o herramientas para fechar o medir estos fenómenos y que por ello los registran en asociación con otros fenómenos o eventos naturales o sociales,[76] entre los pueblos mesoamericanos que sí contaban con marcos de referencia específicos como los calendarios, el registro asociado fue también una práctica común debido, en particular, a que los documentos que nos legaron y que dan cuenta de este periodo, constituyen recuentos anuales o periódicos de los hechos más relevantes sucedidos durante el lapso en cuestión:

[75] En: García Acosta y Suárez Reynoso 1996:73.
[76] Elias 1989:11ss.

y es de saber que como ellos temían que se había de perder el mundo otra vez por temblores de tierra, iban pintando todos los años los agüeros que acaecían.[77]

En los documentos pictográficos encontramos, con frecuencia, al glifo *tlalollin* asociado a la presencia de fenómenos atmosféricos o astronómicos que podían ser heladas, nevadas o vulcanismo "humo de piedras que se eleva al cielo", o bien eclipses y cometas, algunos de los cuales eran identificados como presagios. En otros registros del periodo, escritos ya en lengua latina, la asociación en este último sentido aparece de forma más directa, responsabilizándolos de males por venir, entre ellos los temblores. Torquemada señala que:

> Al cuarto año del reinado de Ahuizotl [1490] dicen que tembló reciamente la tierra y apareció un fantasma que llamaron *toyohualytohua* y debió de ser anuncio de algunas muertes (como lo suelen ser algunas cosas prodigiosas).[78]

Fray Bernardino de Sahagún, misionero-cronista del siglo XVI, quien obtuvo la información que vació en su *Historia General de las cosas de Nueva España* de informantes indígenas, describió acuciosamente las propiedades atribuidas a estos fenómenos, mismas que relata en su libro séptimo dedicado a la "Astrología Natural". De los eclipses de sol nos dice:

> Cuando (esto) ve la gente luego se alborota y tómales gran temor, y luego las mujeres lloran a voces y los hombres dan gritos, hiriendo las bocas con las manos; y en todas partes se daban grandes voces y alaridos [...] Y decían, si del todo se acababa de eclipsar el sol: "¡nunca más alumbrará, ponerse han perpetuas tinieblas y descenderán los demonios y vendránnos a comer!"[79]

Cuando ocurrían eclipses de luna "las preñadas temían de abortar, tomábales gran temor que lo que tenían en el cuerpo se había de volver ratón". Por su parte, la aparición en el firmamento de un cometa o *citlalin popoca,* que en náhuatl significa "estrella que humea" y la cual se concebía como "pronóstico de la muerte de algún príncipe o rey, o de guerra, o de hambre; la gente vulgar decía esta es nuestra hambre". [80]

Dichas creencias, a cinco siglos de distancia, están aún vivas en algunas regiones y grupos indígenas. En un sondeo realizado en la zona nahua de Guerrero, después de los sismos de 1985, los entrevistados señalaron que en 1910 apareció una estrella grande con cola de humo (*popoca zitlalin, niman hueyac ycuitlapil*) en el sentido de un aviso de que "algo malo estaba por llegar", y como tal sucedió: los temblores de 1906 se repitieron en la zona en 1913 con mucha más fuerza, después de lo cual

> vinieron hambrunas (*mayantli*) en 1915, la peste (*cocoliztli*) en la que murió más de la mitad de nuestro pueblo en 1917. Pocos fuimos los que sobrevivi-

[77] Año de 1460, 7 pedernal: *Códice Telleriano-Remensis* 1964, lám. IX.

[78] En: García Acosta y Suárez Reynoso 1996:73.

[79] Sahagún 1979, Lib. 7, cap. I:431.

[80] Obsérvense con cuidado en las ilustraciones los glifos de cometas que, efectivamente, muestran estrellas que humean. Los textos proceden de Sahagún 1979, Lib. 7, cap. I:435.

Dibujos de *tlalli* con dos y tres *ollin*

mos, muchos murieron [...] dicen que en estos meses otra vez está por llegar la estrella grande con cola larga, por eso ya empezaron los temblores, vendrán otros más fuertes. Quién sabe cuántos quedarán vivos.[81]

El interés de los pueblos indígenas por dejar constancia de los sismos y asociarlos con otros fenómenos naturales, se deriva de sus concepciones cosmogónicas, caracterizadas por una visión cíclica y apocalíptica. Según éstas, desde el origen del universo la humanidad había pasado por diferentes eras o edades, con cierto número de ciclos de 52 años cada uno. Los representantes de cada era habían sido diversos soles creados por los dioses, en su intento por crear y recrear el universo, y cada una había sucumbido a causa de alguna desgracia. La cantidad de eras y el orden de los soles varían según diferentes versiones; no obstante existe un cierto acuerdo en

[81] Matías y Medina 1985:2-3.

Helada y vulcanismo asociados con *tlalollin.*"Año de siete naranjas y de 1512. En este año sujetaron los mexicanos al pueblo de Quimithintepec y Nopala, que son hacia la provincia de Tutepec. En este año les parecía que humeaban las piedras tanto que llegaba el humo al cielo". (La glosa no menciona el o los temblores en este año sino en el anterior de 1511.)
(Códice Telleriano - Remensis f 42v.)

Dibujo de eclipse y *tlalollin.* Fragmento de lámina correspondiente al año dos caña 1507 cuya glosa menciona: "Hubo un eclipse de sol y tembló la tierra". (*Códice Telleriano - Remensis.* f 42r)

que se habían creado cuatro soles, mismos que fueron destruidos por diluvio ("sol de agua", destruido el día cuatro agua),[82] tigres feroces ("sol de tigre", destruido el día cuatro tigre), vientos ("sol de viento", destruido el día cuatro viento) y lluvias de fuego ("sol de lluvias", destruido el día cuatro lluvia).

Los *Anales de Cuauhtitlán* cuentan que durante la primera edad, la del "sol de agua", "sucedió que los hombres fueron inquietados y ahogados, lo mismo que lo fueron los peces". Durante la segunda edad, la del "sol de tigre", "el sol se oscureció a la mitad de su carrera; luego fue devorado por las tinieblas". La tercera era, o "sol de lluvias" llegó a su fin cuando "hubo una lluvia de fuego, que el incendio se extendió y [...] hubo una lluvia de piedras y de arena, que la lava hirvió interiormente". En la cuarta o penúltima era, la del "sol de vientos", "los monos fueron arrebatados por los torbellinos y fueron arrojados a los montes; y los hombres y los monos quedaron allí tendidos".[83]

Cuando la cuarta era llegó a su fin, se llevó a cabo la creación del quinto sol, el "sol de los movimientos", edad en la cual aún nos encontramos.[84] De acuerdo a la cosmogonía nahua, el fin de este quinto sol ocurrirá a causa de terremotos que destruirán el mundo, de ahí que se le haya llamado "sol de movimientos": "que esos movimientos tiene que haberlos, lo mismo que los terremotos y los desvanecimientos, y que por ellos tendremos que ser destruidos".[85] Seguramente, de esta concepción se deriva la preocupación de gran parte de los habitantes del México prehispánico por registrar estos eventos y de hacerlo, como hemos visto, en asociación con otros fenómenos premonitorios.

b) Recurrencia: Medio centenar de registros que cubren el periodo considerado dan cuenta de más de una veintena de eventos sísmicos, lo cual impide hablar, en términos estrictos, de una determinada recurren-

[82] También la cuenta de los días entre los nahuas resultaba de la combinación de números y signos, pero en este caso si bien se mantienen los 13 numerales, se asocian con 20 pictogramas, en el siguiente orden: *cipactli* (lagarto), *ehecatl* (viento), *calli* (casa), *cuetzpallin* (lagartija), *cohuatl* (víbora), *miquiztli* (muerte), *mazatl* (venado), *tochtli* (conejo), *atl* (agua), *izcuintli* (perro pelón), *ozomatli* (mono), *malinalli* (hierba torcida), *acatl* (caña), *ocelotl* (tigre), *quauhtli* (águila), *temetatl* o *cozcaquautli* (metate o zopilote), *ollin* (movimiento), *tecpatl* (pedernal), *quiahuitl* (lluvia), *xochitl* (flor). Si observamos con cuidado, encontraremos que se repiten los cuatro que corresponden a la cuenta anual: *calli, tochtli, acatl* y *tecpatl*, añadiéndose 16 más. Nótese que uno de los glifos utilizados es justamente el de *ollin*.

[83] *Anales de Cuauhtitlán*, 1885:9-10. Hemos usado en este caso la traducción al español realizada por Faustino Galicia Chimalpopoca, Gumersindo Mendoza y Felipe Sánchez Solís.

[84] La descripción de esta parte del origen del universo en la cosmogonía nahua aparece en una gran diversidad de textos. Para un buen resumen moderno, que reúne los textos existentes, consúltese el libro de Florescano de 1987, reeditado por el Fondo de Cultura Económica en 1994.

[85] *Anales de Cuauhtitlán* 1885:10.

cia. Una tercera parte de los eventos ocurrieron con una separación menor a un año a lo largo de esas seis o siete décadas; un porcentaje similar representa a aquéllos que se presentaron con una separación de tres y cinco años y el 20% ocurrieron con una distancia de dos años entre uno y otro. El resto, que constituyen poco más del 20% del total, se presentaron con diferencias de cuatro, seis, siete y ocho años (un evento en cada caso). Estos elementos, como es evidente, no permiten hablar de una determinada recurrencia o bien fijar un cierto periodo de retorno.

Aunado a lo escaso de los registros, debemos mencionar varios factores que limitan dicha posibilidad. En primer lugar, no podemos afirmar que los eventos registrados y localizados constituyan la totalidad de los ocurridos en el centro de México, que es de donde provienen todos ellos. En segundo lugar, estamos conscientes de que el fechamiento puede ser impreciso y que ello provoca inexactitudes debido a las diferencias entre las cuentas calendáricas de los pueblos prehispánicos mismos, a las correspondencias entre el calendario indígena y el cristiano, y a otros problemas de fechamiento. En tercer lugar, desconocemos el epicentro exacto o aproximado de cada sismo, lo cual permitiría hablar de recurrencia a partir de determinados focos, pues no todos los que se sienten en el valle de México tienen el mismo origen.

En suma, consideramos que si bien los registros sísmicos con que contamos para el periodo inmediatamente anterior a la conquista de México son pocos y revisten algunos problemas que impiden llegar a conclusiones definitivas, constituyen una fuente novedosa e invaluable, hasta ahora prácticamente desconocida, sobre la sismicidad en nuestro país, que deberá complementarse con estudios arqueológicos profundos.[86] Además, lejos de limitarse a señalar cuándo y cómo tembló, permiten añadir aspectos interesantes al conocimiento de las culturas precolombinas.

El preguntador. **Dibujo indígena de un español del siglo XVI que preguntaba a los aborígenes sobre sus costumbres, plantas y antigüedades. Algunos autores han sospechado que este retrato pudiera representar a Francisco Hernández. Autor anónimo. Siglo XVI.**

Efectos y respuestas sociales

Las correlaciones que se pueden hacer entre sismicidad y respuestas sociales y políticas para la época prehispánica son realmente mínimas. Hemos mencionado que con frecuencia se asocian los sismos con determinados eventos político-militares, guerras, muertes, ascenso al trono o caída de ciertos gobernantes. Estos elementos, si bien auxilian en el fechamiento del fenómeno, no constituyen consecuencias directas del mismo.

En particular sobre los efectos sociales o económicos derivados de los temblores, la información es limitada. Por ejemplo, con motivo del sismo ocurrido en 1455 los *Anales de Tlatelolco* mencionan que escaseó el maíz y "la gente se alquilaba a otra a causa del hambre".[87] No obstante, tanto la falta de bastimentos como el hambre y el desempleo provocados fueron seguramente, el resultado de las heladas que se presentaron en los años

[86] Los trabajos recientes de Linda Manzanilla muestran de qué manera la conjunción de diferentes técnicas permiten no sólo fechar, sino incluso documentar desastres ocurridos en el pasado (Manzanilla 1992, 1993, 1997a, 1997b).
[87] En: García Acosta y Suárez Reynoso 1996:71.

previos al sismo, y no producto de este último. El temblor incrementó el desastre, pero no fue la causa original del mismo.

El padre Sahagún menciona algunas actitudes, calificadas por él de supersticiones, que tenían los indígenas con respecto a los temblores y que pueden tomarse como respuestas de la sociedad ante tales eventos:

> cuando temblaba la tierra rociaban con agua todas sus alhajas, tomando el agua en la boca y soplándola sobre ellas, y también por los postes y umbrales de las puertas y de la casa; decían que si no hacían esto que el temblor llevaría aquellas casas consigo; y los que no hacían esto eran reprendidos por los otros; y luego que comenzaba a temblar la tierra comenzaban a dar gritos, dándose con las manos en las bocas, para que todos advirtiesen que temblaba la tierra.[88]

Fray Bernardino de Sahagún (1499-1590).

En el mismo sondeo, antes citado, sobre la actitud social de los actuales nahuas del alto Balsas ante los sismos mexicanos de 1985, encontramos algunas menciones sobre actitudes y respuestas esgrimidas después del temblor, tales como la siguiente:

> Los niños también deben ser levantados de las sienes varias veces para que tengan un buen crecimiento, para que no queden chaparros. Si la tierra no se los tragó, deben de crecer fuertes y robustos.[89]

Al respecto, el mismo Sahagún menciona, entre "las abusiones que usaban estos naturales", que

> cuando temblaba la tierra luego tomaban a sus niños con ambas manos, por cabe las sienes, y los levantaban en alto; decían que si no hacían aquéllo que no crecerían y que los llevaría el temblor consigo.[90]

La evidencia de una correspondencia entre ambas actitudes resulta, aparentemente, evidente. Las reacciones contemporáneas mencionadas pueden en algún grado, estar reproduciendo respuestas de los antiguos mexicanos, mismas que se han conservado a través de generaciones. Se trata de casos ilustrativos, aunque hemos de señalar que de ninguna manera pretendemos aseverar cosas que el rigor científico no permite afirmar.

Otro tipo de actitudes de los nahuas del alto Balsas, resultado también de la permanencia de las tradiciones prehispánicas, se refleja en el siguiente relato que reproducimos no sólo por su directa correlación con los sismos, sino también por resultar ilustrativo de las concepciones nahuas en diversos contextos, en este caso, del rol que se adjudica a los niños en términos de constituir, dada su natural inocencia, una especie de "freno" a la destrucción que pueda ocasionar el fenómeno:

> En el momento del temblor y cuando éste se prolonga, acuestan a los niños o niñas boca abajo, en posición de abrazar a la tierra (*quipalehuiya tlaltipactli*),

[88] Sahagún 1979, ap. del Lib. 5, XII:281.

[89] Matías y Medina 1985:4.

[90] Sahagún 1979, ap. del Lib. 5, XII:281.

con las manos extendidas como tratando de ayudarla, de sujetarla a que ya no se mueva más. Tiran a todos los niños boca abajo, los mayores los observan, creen que entre más niños estén en esa posición, mayor fuerza tendrán y el temblor cesará [...] Cuando el temblor está a punto de culminar, si la tierra no se agrietó, quiere decir que los niños sujetaron bien la tierra, la pararon para que ya no se siga moviendo.[91]

Es posible que manifestaciones o prácticas de este tipo hayan sido frecuentes antes de la invasión y conquista españolas, sin embargo poco de ello ha podido documentarse.

El registro sísmico de inicios del siglo XVI a inicios del XIX

El impacto de los cambios ocurridos a lo largo de todo el periodo colonial se manifestaron en las formas de concebir y entender los fenómenos naturales que se reflejan, entre otros, en los tipos y sistemas de registro. La introducción de la religión cristiana, en este caso, resultó determinante

El sistema de las creencias religiosas influye en la visión del mundo que los hombres poseen. Esta influencia era particularmente profunda en el medioevo y perduró con gran fuerza durante toda la edad moderna. Así, teología y ciencia se hallan durante todo el siglo XVI y hasta el XVIII íntimamente imbricadas y las ideas acerca de Dios, de sus atributos y perfecciones marcaban profundamente la concepción científica del mundo natural.[92]

Partiendo de que todo lo que existe y se muestra a través de la naturaleza constituía una manifestación divina, la conciliación entre razón y fe resultaba a todas luces imposible. El denominado "voluntarismo" dominaba el ambiente, basado en un recelo por aceptar que la razón pudiera explicar o simplemente aclarar, cualquier asunto relacionado con la fe y el mundo divino. Los fenómenos naturales destructivos, en particular, se consideraban como evidencias de la ira divina y como tal eran enfrentados: con abnegación, paciencia y pasividad. El mismo Concilio de Trento, en el siglo XVI, condenó

a quien, confiando en su propia ciencia, osara en las cosas de la fe y de las costumbres concernientes al fundamento de la doctrina cristiana alterar, según su propio parecer, los textos sagrados y explicarlos en contra del sentido que ha aceptado y acepta la Santa Iglesia o contra el concorde juicio de los padres.[93]

Hasta el siglo XVIII, a raíz del triunfo y expansión de las ideas racionalistas de la Ilustración, se logró romper con la tradición aristotélica y se adoptaron, cada vez con mayor fuerza, métodos de investigación basados en la observación y en la razón. En la llamada época de las luces se desarrolló lo que se ha calificado de un optimismo contagioso, basado en la razón

[91] Matías y Medina 1985:3,4.
[92] Capel 1985:9.
[93] Capel 1985:27.

y, con ello, en la posibilidad de organizar a la sociedad partiendo de principios racionales, de manera que

> en la esfera social y política aplicaría la fórmula general del despotismo ilustrado, en la científica y filosófica programará [...] el conocimiento y dominio de la naturaleza, y en la esfera de lo moral relegará al Dios cristiano y lo sustituirá por una religión natural, por un deísmo que hará meramente de Dios un primer motor o creador.[94]

Si bien no se abandonó la idea, derivada de las Sagradas Escrituras, de que los fenómenos naturales destructivos y en particular los sismos, constituían manifestaciones de la ira de Dios ante los actos ilícitos de los humanos e incluso agüeros de otros males por venir, incluyendo el fin del mundo, la naturaleza se convirtió cada vez más en objeto de estudio, de observación y comprobación.

La evolución de estas ideas a lo largo de 300 años, junto con el desarrollo de la ciencia y la técnica se reflejarán en las maneras de registrar los sismos.

Fechamiento.- Las fechas de los sismos de este periodo localizadas en códices y anales ofrecen menos problemas que las de aquéllos prehispánicos, a cuya intrincada problemática nos referimos ya. La correspondencia entre ambas después de la conquista española, resulta ser más confiable debido a que las varias cuentas calendáricas prehispánicas, producto de que cada pueblo iniciaba la suya en diferente momento, fueron unificadas.[95] Además, gracias a la existencia de otros documentos que dan cuenta de los mismos temblores, sus fechas han podido ser corroboradas.

Vimos cómo en la época prehispánica la mayoría de los fechamientos indican únicamente el año en que ocurrió un sismo. Este registro, con el tiempo, fue siendo cada vez más preciso. Los primeros eventos coloniales para los cuales sabemos día y mes, fueron los sucedidos el primero de abril y el 11 de octubre de 1523. Se trata de una fecha considerablemente temprana: a sólo dos años de consumada la conquista; sin embargo, dicho registro proviene de fuentes secundarias para la época.[96] La presencia constante de dichos elementos se dio a partir de la segunda mitad y, sobre todo, desde el último cuarto del siglo XVI. En ocasiones se agrega también la referencia al día de la semana.

Algunas excepciones que podrían obstaculizar un fechamiento preciso, pueden soslayarse gracias a la abundancia de registros y de elementos que permiten determinar la fecha. Por ejemplo, un documento de archivo consignó el sismo ocurrido el 20 de enero de 1665 de la siguiente manera:

> Que el año de 1665 día miércoles (en que se celebraba San Sebastián) a las tres de la mañana reventó con gran estrépito un cerro [...] y estando encendido, hizo un extraño movimiento en la tierra [...][97]

[94] Ortega y Medina 1985:20.
[95] Viqueira 1987:30.
[96] Los registros mencionados aparecieron en Gómez de la Cortina 1859:58 y en Sedano 1880:168.
[97] En: García Acosta y Suárez Reynoso 1996:94.

Con el dato del santoral de la época y un registro más proveniente de los *Anales de Puebla y Tlaxcala núm. 3*,[98] sabemos que ese sismo ocurrió justamente el día 20 de enero a causa de una erupción del *Popocatzin* o Popocatépetl.

La presencia de la religión y de la Iglesia como rectores de toda actividad humana resulta evidente en el registro de los sismos durante este periodo. En efecto, en los fechamientos es notable la referencia constante al santoral católico. Así, en lugar de decirnos que el temblor ocurrió tal día de tal mes, se informa que fue en la pascua de Navidad de 1545 o el día de Pentecostés de 1564, el de San Antonio de Padua de 1691, o bien el viernes de Dolores de 1787. Esta forma de fechar se mantuvo casi constante durante todo el periodo, si bien en algunos lapsos parece abandonarse, para más tarde regresar de nuevo. De hecho, algunos sismos acaecidos tanto en la Colonia como durante el siglo XIX, pasaron a la historia con el nombre del santoral correspondiente.

Este tipo de registro también determinó, en ocasiones, la elección de un determinado patrono defensor contra este tipo de catástrofes, como fue el caso de San José a raíz de los sismos ocurridos en 1682, justamente el día en que se festeja aún, el 19 de marzo. Este temblor afectó Oaxaca y Guerrero, así como la Ciudad de México y al respecto nos dice el diarista Antonio de Robles:

> tembló horriblemente, duró como seis credos, fue a las tres de la tarde; éstos son los famosos temblores del señor San José que causaron mucho daño en Oaxaca, por lo que lo pusieron por patrono de ellos.[99]

Cuarenta años más tarde, en 1727, ocurrió otra serie de temblores en el mes de marzo, incluyendo el día de San José, lo cual reforzó su elección como advocación contra estos eventos. En esta ocasión, la población de Oaxaca solicitó

> la protección de señor San José, cuya fiesta celebraba la iglesia en el día [...] la muchedumbre [...] llevó en procesión a catedral a la venerada imagen. Después del novenario fue jurado solemnemente patrono de la ciudad contra tan terrible azote, el Santo Patriarca José, a cuya protección se debía que en tantas ruinas de edificios y en tan peligrosas hendiduras de otros, ninguno hubiese muerto.[100]

Otro similar se presentó con el temblor del 7 de septiembre de 1611, en cuyo caso el cabildo de la Ciudad de México eligió el santoral más cercano a ese día para escoger santo patrono:

> que el día del bien aventurado San Nicolás Tolentino que es a diez de este mes se guarde fiesta por haberle elegido por abogado para los temblores que en esta ciudad ha habido y hay y este santo se tome como abogado e intercesor de los

[98] En: García Acosta y Suárez Reynoso 1996:94.
[99] En: García Acosta y Suárez Reynoso 1996:97.
[100] En: García Acosta y Suárez Reynoso 1996:117.

temblores. Que esta ciudad,[101] pida al arzobispo le nombre como tal, y se haga su procesión solemne.[102]

Con menor énfasis que en la época prehispánica, pero aún presente en algunas ocasiones particularmente en aquéllas en que los registros provienen de códices y anales, encontramos la asociación de fechamientos con eventos de tipo político. Por ejemplo, para los ocurridos en 1570 y en 1615, nos dicen los *Anales de Puebla y Tlaxcala*:

> Fue reelecto gobernador don Buenaventura Nazurio, se estrenó la muralla de *Aitítihuetzian* de *Tlaxcallan*; tembló seis veces en el día y llegó el Virrey don Luis de Velasco Gobernador don Gregorio Nacianceno. Tembló la tierra mucho.[103]

Algo semejante encontramos en los relatos del sismo chiapaneco acaecido el 24 de diciembre de 1545, pues la mayoría de los registros, si bien no lo asocian directamente, sí lo relacionan con la llegada del nuevo obispo de Chiapas a Ciudad Real (hoy San Cristóbal de las Casas), fray Bartolomé de las Casas; nos dice al respecto fray Francisco Ximénez:

> aquella noche antes que el obispo entrase, o dos noches antes que de esto no nos acordamos bien, hizo un tan grande temblor de tierra, que pensamos que se hundía el mundo [...][104]

o en los del mes de agosto de 1611, en que Lucas Alamán nos dice que

> En el corto tiempo que gobernó [el virrey fray García Guerra] no hubo otro suceso notable que un violentísimo temblor [que] causó la ruina de varios edificios [en la ciudad de México].[105]

Lo que importa destacar, en todo caso, es que el fechamiento de los sismos a lo largo de este periodo resultó desde muy temprano, ser bastante preciso, lo cual favorece de manera notable los estudios tanto históricos como sismológicos. En el caso de estos últimos, en particular, facilita el cálculo de la recurrencia que, aunada a otros elementos como la detección del epicentro y los cálculos de intensidad, permiten apoyar predicciones mucho más aproximadas.

Medición.- La preocupación por medir los sismos, desde diferentes ópticas, tuvo una evolución mucho más lenta, relacionada directamente con los avances tecnológicos. Como parte de estas mediciones, veremos las que se refieren a hora, duración e intensidad de los temblores.

[101] En los documentos coloniales localizados en los archivos municipales, es frecuente encontrar que se menciona a "la ciudad" como sujeto-actor, en cuyo caso se refiere al Cabildo o al Ayuntamiento de la Ciudad de México.

[102] En: García Acosta y Suárez Reynoso 1996:88.

[103] En: García Acosta y Suárez Reynoso 1996:80 y 90.

[104] En: García Acosta y Suárez Reynoso 1996:75.

[105] En: García Acosta y Suárez Reynoso 1996:87.

a) Hora: El registro de la hora exacta en que ocurrieron los temblores fue algo que, en términos generales, no encontramos sino hasta la segunda mitad del siglo XVII. Antes de ello se menciona que sucedieron de día o de noche. Hacia la segunda mitad del XVI se especifica un poco más, señalando que fue en la tarde, a mediodía, en la madrugada o en la mañana.

Fueron quienes se dedicaron a escribir los denominados *Diarios de sucesos notables* los que ofrecieron los informes más tempranos sobre la hora en que acaeció determinado temblor. Es frecuente encontrar en ellos menciones de que fue a las cuatro de la tarde, a las diez de la noche o bien entre nueve y diez de la mañana. Como decíamos, este dato aparece esporádicamente durante el siglo XVI y la primera mitad del XVII. Para este lapso de cerca de 150 años contamos con alrededor de 15 registros con esta información, lo cual constituye un porcentaje muy bajo en comparación con el conjunto de sismos sucedidos.

Reloj del siglo XVIII.

Después de esas fechas, se especifica la hora en términos de cuartos o medias horas y es sólo un siglo más tarde que encontramos múltiplos menores (de diez minutos). Hacia la segunda mitad del siglo XVIII, algunos registros toman ya al minuto como unidad de medida. El primero de este tipo, procedente de fuentes primarias, corresponde al sismo ocurrido el cuatro de abril de 1768; al respecto nos dice Joaquín Velázquez de León que se manifestó "a las 6 y 47 minutos de la mañana." De manera similar, un documento de archivo da cuenta del sucedido el 10 de octubre de 1777 en Veracruz, el cual se presentó la "noche del 9 al 10 como a las 12 y 18 minutos".[106] No obstante, esos datos son esporádicos y lo más frecuente es encontrar la hora medida en múltiplos de cinco o diez minutos.

Resulta lógico que se haya relacionado este tipo de avances con el progreso que se dio a partir de 1675 en los relojes de bolsillo, a partir del invento del muelle en espiral, lo cual aumentó la regularidad del movimiento en las manecillas de ese tipo de relojes.[107]

Sin embargo, los datos sobre sismos que hemos mencionado parecerían mostrar que este progreso no alcanzó a la Nueva España de manera generalizada sino hasta mucho más tarde. Una prueba de ello radica en la enorme discrepancia que encontramos en los registros horarios, una vez que éstos fueron más frecuentes, es decir, a partir de la segunda mitad del siglo XVIII. Por ejemplo, para el del 26 de junio de 1785 la *Gazeta de México* señalaba:

> De Puebla, Cholula y Chilapa escriben haberse sentido el mismo terremoto aunque variando la hora de los dos últimos lugares; a lo que tal vez daría motivo o el desarreglo de los relojes o la falta de perfecto cálculo [...][108]

[106] En: García Acosta y Suárez Reynoso 1996:137 y 149.
[107] Viqueira 1987:33.
[108] En: García Acosta y Suárez Reynoso 1996:156.

El interés creciente por determinar una hora exacta en la ocurrencia de los sismos estuvo relacionado, de nuevo con la influencia de las ideas ilustradas, en la observación más precisa de los fenómenos naturales y la preocupación por explicarlos y entenderlos. Algo similar sucedió con el resto de las mediciones sísmicas.

b) Duración: Estrechamente relacionada con la precisión horaria se encuentra aquélla sobre cuánto duraba un sismo. Al no contar con, o no haberse generalizado el uso de instrumental adecuado, la duración de los temblores se hizo, por varios cientos de años, de manera cualitativa: duraban "mucho" o "poco", o fueron de "corta" o de "larga duración". De hecho hacia mediados del siglo XVIII, cuando ya era común calcular la duración en minutos, se mantuvo aquella costumbre particularmente, en eventos que acontecían durante la noche.

En general se tendía a magnificar su duración, valiéndose para ello tanto de adjetivos para calificarlos como de cálculos en ocasiones exagerados. Algunos de los ejemplos más notables son por ejemplo el del 16 de agosto de 1711 que, según varias fuentes, duró "casi media hora" y el del 11 de febrero de 1668, uno de cuyos registros señala que "duró casi una hora": ¡una hora!;[109] ahora sabemos que ningún sismo puede alcanzar tal duración. Los casos anteriores, extremos sin duda, reflejan que con frecuencia el cálculo de la duración de un sismo era directamente proporcional al miedo experimentado. Contamos con registros que permiten afirmar lo anterior, y que corresponden a casos que van desde fechas tempranas hasta principios del siglo XIX. Uno de ellos, proveniente de otra posesión española vecina a la Nueva España, en donde los registros son muy similares, la debemos a Antonio de Herrera quien, al referirse al temblor ocurrido en Panamá el 2 de mayo de 1621, señalaba que:

> lo que duró este movimiento, *según lo que a cada uno pareció conforme a su disposición y temor sería mucho*, pero a mí me pareció haber durado lo que tardé en bajar de un cuarto alto en que moraba, de longitud de tres lumbres, a otro bajo, para salir a la calle [...][110]

Mientras que el *Diario de México*, al dar cuenta del sismo del tres de diciembre de 1805, cerca de 200 años después del registrado por Herrera, mencionaba que

> se sintió en Guadalajara pocos minutos antes de las 8 [...] y duró poco más de un minuto, sin embargo de que hubo quien lo extendió a 22; otros más moderados a 15, y otros algo menos, *a proporción del terror de cada uno* [...][111]

Algunos registros que podrían agregarse a los anteriores, seguramente reflejan la presencia de un sismo y de réplicas instantáneas o muy cercanas a aquél. Del que se presentó el 28 de diciembre de 1568 nos dice el Padre Tello que "en breve tiempo tembló muy fuertemente la tierra, espacio de

[109] En: García Acosta y Suárez Reynoso 1996:107 y 95.

[110] Cursivas mías. Antonio de Herrera, *Historia general de Indias occidentales, ca.* 1630, en: Requejo 1908:42.

[111] Cursivas mías; en: García Acosta y Suárez Reynoso 1996:194.

dos horas, por intervalos", y en 1575 "en un paraje nombrado Zacateotlán [Puebla] duró el temblor cuatro días [...] Después volvió a temblar, duró el movimiento de la tierra seis días".[112]

De nuevo, conforme avanzaban los años, los registros sobre duración se hacen más frecuentes y más precisos. En el siglo XVII se "alargaban" hasta por 12 ó 15 minutos; durante el XVIII, la duración máxima registrada, exceptuando los casos extremos mencionados, fue de siete minutos, aunque ya era más común que se hablara de dos o tres. Comparativamente, algunos escritores se muestran claramente exagerados; tal es el caso del diarista José de Castro Santa-Anna, quien siempre mencionaba duraciones superiores a las de otros registros contemporáneos.

El empleo de los segundos como medida de tiempo, si bien la encontramos desde el siglo XVII, proviene de fuentes secundarias para esa época,[113] y sólo en algunos pocos casos de fuentes primarias. Como ejemplo de estos últimos, tenemos la siguiente afirmación de origen hemerográfico, correspondiente al sismo del 26 de junio de 1785:

> se verificó un movimiento de vibración muy fuerte pasados dos segundos comenzaron los movimientos oscilatorios casi en la dirección norte a sur, los que duraron por espacio de siete segundos [...][114]

A pesar de estos ejemplos, esta medida de duración en segundos nunca llegó a ser constante durante la época colonial.

La omnipresencia de la religión se manifiesta de nuevo en estos cálculos pues frecuentemente, e incluso hasta nuestros días aunque de manera más esporádica, se computaba la duración de un sismo utilizando como medida los rezos, en particular el credo y los salmos. Esta práctica fue más constante durante el siglo XVII y principios del XVIII; poco a poco fue desapareciendo en los registros. Los ejemplos de este tipo son múltiples y variados, por lo que a continuación presentaremos una selección ilustrativa.

Fray Francisco Ximénez relató que en San Cristóbal, la noche del 24 de diciembre de 1545 " hizo un tan grande temblor de tierra, que pensamos que se hundía el mundo y duró espacio de tres salmos de miserere que a todos puso en admiración".[115]

Pedro de Fonseca, en su cuaderno de apuntes como ministro de la Inquisición, señaló que el miércoles siete de octubre de 1616:

> como a las dos horas del mediodía, tembló la tierra, y duró más tiempo que en cuanto podían rezar cuatro credos y luego este mismo día volvió a temblar a las doce de la noche, duró como dos credos.[116]

Lo más frecuente es encontrar citas como la del diarista Antonio de Robles, quien afirmó que el cuatro de marzo de 1702 "tembló la tierra

[112] En: García Acosta y Suárez Reynoso 1996:80 y 82.

[113] En este caso tenemos ejemplos provenientes del manuscrito de Martínez Gracida para 1630, 1640, 1655, 1702, 1711, 1714 y 1786 (véase García Acosta y Suárez Reynoso 1996).

[114] En: García Acosta y Suárez Reynoso 1996:156.

[115] En García Acosta y Suárez Reynoso 1996:75.

[116] En García Acosta y Suárez Reynoso 1996:90.

recio por espacio de más de un credo".[117] Es evidente que existía un cálculo de la duración de estas oraciones, y dado que era común rezarlas en esos momentos, su asociación resulta explicable. El mismo Antonio de Herrera, citado antes, al referirse al mismo temblor panameño de 1621 citaba a fray Juan de Fonseca, predicador, custodio y guardián de San Francisco de la ciudad de Panamá, quien afirmó:

> que duró este terremoto en su vigor y fuerza (según el juicio de los más turbados) casi medio cuarto de hora, lo cual computan por el espacio de tiempo que rezaron unos, que huyeron otros, o por acciones semejantes que hicieron en aquel tiempo.[118]

La forma en que se realizaba el rezo y la descripción que de ello se hacía, podía determinar una mayor o menor duración relativa del mismo. El también diarista Gregorio Martín de Guijo mencionaba que el sismo del 17 de enero de 1653 "duró más del tiempo que se puede ocupar en rezar dos credos *con devoción*".[119]

c) Intensidad: La intensidad constituye una medida de los efectos causados por un temblor, para lo cual se utiliza una determinada gradación (Escala de intensidades Mercalli Modificada) que va desde un valor mínimo que corresponde a un sismo no sentido, hasta un valor máximo que implica daño prácticamente total. Los sismólogos han trabajado con los datos localizados sobre sismos históricos y valorar la intensidad de los más importantes,[120] para lo cual se basan en la información relacionada con daños materiales y humanos, la respuesta de cuerpos suspendidos y estáticos, el comportamiento del terreno o bien la de los materiales de construcción, entre aquélla que se incluye en la escala mencionada. La información disponible al respecto para el periodo considerado ahora es abundante, particularmente si la comparamos con la proveniente del periodo previo. No daremos cuenta de toda ella, sólo mencionaremos cómo fue evolucionando este tipo de registro con el paso del tiempo.

Si bien los calificativos de "fuerte", "grande", "enorme", o "catastrófico" constituyen la forma más común y constante de medir la intensidad de los sismos históricos, también en este caso conforme avanzan los años crece el volumen y la precisión de la información. Durante el siglo XVI se mencionan los daños provocados en ciertas construcciones, particularmente en templos y conventos, incluso de algunos pequeños poblados. Sólo en los casos más extremos se llegan a mencionar derrumbes de casas o incluso heridos y muertos, como sucedió en el ocurrido al sur y oeste de la laguna de Chapala en la pascua de Navidad de 1568, a causa del cual se colapsaron numerosas iglesias, conventos y casas en el área vecina.[121]

[117] En: García Acosta y Suárez Reynoso 1996:106.

[118] Antonio de Herrera, *Historia General de Indias Occidentales, ca.* 1630; en Requejo 1908:44.

[119] Subrayado mío en García Acosta y Suárez Reynoso 1996:93.

[120] Este trabajo formará parte del tercer tomo de la serie *Los sismos en la historia de México*, dedicado al análisis sismológico.

[121] Este sismo, dadas sus peculiares características refleja una falla activa desconocida hasta ahora, fue objeto de un estudio multidisciplinario entre científicos sociales y exactos, aunque con énfasis en sus peculiaridades sismológicas. Véase Suárez, García Acosta y Gaulon 1994.

Escala de Intensidades de Mercalli Modificada

Valor de intensidad	Descripción
I.	No sentido.
II.	Sentido por personas en posición de descanso, en pisos altos o en situación favorable.
III.	Sentido en el interior. Los objetos suspendidos oscilan. Se perciben vibraciones como si pasara un camión ligero. La duración es apreciable. Puede no ser reconocido como un terremoto.
IV.	Los objetos suspendidos oscilan. Hay vibraciones como al paso de un camión pesado o sensación de sacudida como de un balón pesado golpeando las paredes. Los automóviles parados se balancean. Las ventanas, platos y puertas vibran. Los cristales tintinean. Los cacharros de barro se mueven en este rango (IV), los tabiques y armazones de madera crujen.
V.	Sentido al aire libre; se aprecia la dirección. Los que están durmiendo despiertan. Los líquidos se agitan, algunos se derraman. Los objetos pequeños son inestables, desplazados o volcados. Las puertas se balancean, abriéndose y cerrándose. Ventanas y cuadros se mueven. Los péndulos de los relojes se paran, comienzan a andar, cambian de periodo.
VI.	Sentido por todos. Muchos se asustan y salen al exerior. La gente anda inestablemente. Ventanas, platos y objetos de vidrio se rompen. Adornos, libros, etcétera, caen de las estanterías. Los cuadros también caen. Los muebles se mueven o vuelcan. Los revestimientos débiles de las construcciones de tipo D se agrietan. Las campanas pequeñas suenan (iglesias, colegios). Árboles y arbustos son sacudidos visiblemente.
VII.	Es difícil mantenerse en pie. Lo perciben los conductores, edificio tipo D, incluyendo grietas. Las chimeneas débiles se rompen a ras del tejado. Caída de cielos rasos, ladrillos sueltos, piedras, tejas, cornisas, también antepechos no asegurados y ornamentos de arquitectura. Algunas grietas en edificio tipo C. Olas en estanques, agua enturbiada con barro. Pequeños corrimientos y hundimientos en arena o montones de grava. Las campanas graves suenan. Canales de cemento para regadío, dañados.
VIII.	Conducción de los coches, afectada. Daños en edificios de tipo C; colapso parcial. Algún daño a construcciones de tipo B; nada en edificios de tipo A. Caída de estuco y algunas paredes de mampostería. Giro o caída de chimeneas de fábricas, monumentos, torres, depósitos elevados. La estructura de las casas se mueve sobre los cimientos, si no están bien sujetos. Trozos de pared sueltos, arrancados. Ramas de árboles rotas. Cambios en el caudal o la temperatura de fuentes y pozos. Grietas en suelo húmedo y pendientes fuertes.
IX.	Pánico general. Construcciones del tipo D destruidas; edificios tipo B con daños importantes. Daño general de cimientos. Armazones arruinadas. Daños serios en embalses. Tuberías subterráneas rotas. Amplias grietas en el suelo. En áreas de aluvión, eyección de arena y barro, aparecen fuentes y cráteres de arena.
X.	La mayoría de las construcciones y estructuras de armazón, destruidas con sus cimientos. Algunos edificios bien construidos en madera y puentes, destruidos. Daños serios en presas, diques y terraplenes. Grandes corrimientos de tierra. El agua rebasa las orillas de canales, ríos, lagos, etc. Arena y barro desplazados horizontalmente en playas y tierras llanas. Carriles torcidos.
XI.	Carriles muy retorcidos. Tuberías subterráneas completamente fuera de servicio.
XII.	Daño prácticamente total. Grandes masas de rocas desplazadas. Visuales y líneas de nivel, deformados. Objetos proyectados al aire.

Posteriormente, las descripciones son un poco más detalladas. A mediados del siglo XVII encontramos ya menciones sobre afectación a determinados muros o paredes de ciertas construcciones, en ocasiones relacionándola tanto con la fuerza del movimiento como con la dirección del mismo.

Cierto tipo de fuentes resultaron muy útiles al respecto, debido a las razones que les dieron origen. Se trata de la documentación emanada de las solicitudes tanto de autoridades locales, como del mismo virrey en turno y de las autoridades eclesiásticas de la Nueva España, que dan cuenta de peticiones de apoyo para reconstrucción de daños. En el primer caso, se trata de solicitudes enviadas al virrey por parte de los corregidores y los alcaldes mayores y, después de las Reformas Borbónicas, de los intendentes. En el segundo caso, existen las solicitudes del virrey al rey de España y, en el tercero, las correspondientes emanadas de obispos y arzobispos, enviadas igualmente al rey. En estos dos últimos casos, se pedía la concesión del empleo de los productos resultantes del cobro de ciertos impuestos como por ejemplo, de la sisa y el vino o de los propios de la ciudad afectada,[122] o bien de los denominados "dos reales novenos",[123] para llevar a cabo determinada reconstrucción y en su caso, dar apoyo a damnificados. Este tipo de documentación fue localizada con particular abundancia en ciertos ramos de archivos mexicanos y en el AGI.[124] En ella encontramos, tanto inventarios de las construcciones dañadas como, a veces de manera muy detallada, la descripción de los deterioros materiales resentidos en ellas; a la vez, se llevaban a cabo recuentos de las ocasiones anteriores en que se solicitaron tales concesiones, a través de los cuales se detectó o se amplió la información sobre otros sismos.

Algo similar aparece, aunque más tardíamente, a partir de las solicitudes de los asentistas o encargados del mantenimiento del servicio hidráulico, de la Ciudad de México. En este tipo de documentos provenientes del AHDF, encontramos los daños en arquerías, acueductos, cañerías, etc., que permiten medir de alguna manera, la intensidad del sismo en cuestión.

La información al respecto es poco a poco más abundante, debido sobre todo a la existencia cada vez mayor de fuentes. Las inspecciones que se mandaban hacer, especialmente por parte de ciertas instancias del ayuntamiento de la Ciudad de México, proporcionaron informes detallados barrio por barrio, calle por calle y hasta casa por casa, lo cual constituye un material inestimable e inexistente, hasta donde nosotros conocemos, en

[122] Los propios constituían aquellos fondos del ayuntamiento provenientes del cobro de algunos rubros, como: arrendamientos de fincas o comercios de su propiedad, del alquiler de puestos en las plazas, del pago de ciertos derechos (introducción de harina a la ciudad, venta de maíz en la alhóndiga, sisa), entre otros. Sus productos servían para gastos del ayuntamiento, entre ellos las obras públicas.

[123] La mitad del total de la gruesa decimal cobrada por las autoridades eclesiásticas, se dividía en nueve partes; dos de ellas correspondían al rey (Wobeser 1994:14 y Mazín 1991: 22 ss.), razón por la cual se les denominaba "dos reales novenos". Con frecuencia se usaban para la construcción inicial de iglesias y en ocasión de su destrucción por temblores, se solicitaba al rey la venia para usarlos en las reparaciones necesarias.

[124] Especialmente importantes en este sentido resultaron los ramos de *Reales Cédulas* y de *Correspondencia de Virreyes* del AGN, así como *Audiencia de México* y *Audiencia de Guadalajara* del AGI.

estudios históricos realizados hasta ahora en diversos países.[125] El primero de este tipo se remonta al sismo ocurrido el cuatro de abril de 1768, en cuyo caso, así como en los similares de fechas posteriores, la Junta de Policía de la Ciudad de México ordenó que

> En precaución a los males que se pueden experimentar, además de los acaecidos: que luego el día de mañana sin embargo de ser feriado, se haga en todos los cuatro cuarteles que compone esta ciudad por sus respectivos jueces y llevando escribano de su confianza y maestro arquitecto, declare los reparos o demolición que necesiten las fincas, y en su vista cada uno de los señores jueces dé las providencias más oportunas y eficaces que corresponden.[126]

Tales inspecciones daban como resultado informes como el rendido a raíz de los sismos ocurridos desde fines de marzo de 1788 en Oaxaca:

> Fco. de Iglesias maestro alarife y Pablo Victoriano de Mendoza por orden del intendente Antonio de la Mora debo pasar a medir, tasar y reconocer las casas arruinadas a causa de los muchos temblores que se han experimentado y se están experimentando. Decimos lo siguiente: Hallamos que las dos esquinas del portal que une la plaza se hallan sumamente maltratadas casi reventadas las juntas de los sillares los que anuncian ruina [...] la capilla de dicha cárcel se halla sumamente maltratada en particular los arcos que tiene enmedio que están al caer [...][127]

Dentro del periodo considerado, el sismo mejor documentado en este sentido fue el que se presentó el ocho de marzo de 1800.[128] Durante el siglo XIX este tipo de recuentos fueron verdaderamente copiosos y ricos.

Ciertos elementos que constituyen indicios de la intensidad de los sismos aparecen en ocasiones en la documentación consultada. Como tal encontramos menciones relacionadas con el comportamiento de cuerpos suspendidos, en particular, de las campanas de las iglesias. La primera referencia al respecto proviene del franciscano Juan de Torquemada, quien observó que durante el sismo ocurrido en 1582

> vimos [en el convento de Tlacopan] el campanario y torre donde están las campanas que es muy grande y bueno, hacer muy grandes movimientos y con ellos se tañeron las campanas mayores que son muy grandes y a cada vaivén que daba la torre, parecía inclinarse más de dos varas, que nos puso grandísimo espanto [...][129]

La intensidad de estos sismos, en términos de constituir una medida de la fuerza con la cual se presentaron, fue objeto de una especie de escala elaborada, sin mayores pretensiones, por Francisco Sedano en la segunda

[125] Conocemos algunos catálogos muy completos para diversos países y regiones de América Latina y en ninguno hemos encontrado este grado de detalle en las descripciones. Véase Colombia: Ramírez 1975, Brasil: Berrocal *et al.*, 1984, Caribe: Grases 1990, Chile: Urrutia y Lanza 1993, entre otros.
[126] En: García Acosta y Suárez Reynoso 1996:137.
[127] En: García Acosta y Suárez Reynoso 1996:166.
[128] A éste se dedica uno de los dos estudios de caso que incluye la segunda parte del presente volumen.
[129] En: García Acosta y Suárez Reynoso 1996:82-83.

mitad del siglo XVIII. Sedano, nos ofrece en la obra que él denominó *Noticias de México*, una recopilación de los principales acontecimientos desde 1756, cuando tendría sólo catorce años de edad, hasta 1800; para los ocurridos antes de esa fecha, empleó los libros de cabildo del Ayuntamiento de la Ciudad de México y otros libros impresos. En la sección denominada por él mismo "Temblores", incluyó la primera clasificación existente de sismos mexicanos, por medio de la cual nos habla de tres tipos fuertes, medianos y tenues. De tal manera, en la descripción que de cada uno de ellos hace este autor nos habla, de sendos temblores de "primera", "segunda" o "tercera clase". Así, del primero que aparece así, ocurrido el 29 de junio de 1753, señala: "Viernes, día de San Pedro a las 7 horas, temblor de 'primera clase' o sea 'fuerte'"[130] y así sucesivamente.

Descripción del fenómeno

Al igual que el resto de los aspectos que constituyen el registro sísmico, el interés por describir los temblores en términos de identificarlos, definirlos y caracterizarlos como fenómenos de origen natural, fue cada vez más amplia y minuciosa. La cantidad y calidad de datos descriptivos existentes sobre sismos históricos se deriva del creciente interés que poco a poco se fue dando por estudiarlos, al reconocerlos como fenómenos naturales como tales, al avance tecnológico que implicó contar con medios o instrumentos y técnicas cada vez más exactas para describirlos, así como a la necesidad de obtener una precisión cada vez mayor.

Como parte de lo que podríamos denominar la descripción física de los sismos, encontramos cuatro elementos que son: el tipo de movimiento, su dirección, el origen y el alcance geográfico.

a) Tipo y dirección del movimiento: Si bien éstos constituyen en términos estrictos dos elementos diferenciados, los registros localizados frecuentemente los confunden y los incluyen de manera conjunta. Mientras que el movimiento de carácter oscilatorio muchas veces aparecía como sinónimo de temblor ("oscilaciones espantosas", "movimiento de oscilación"), con frecuencia se le denominaba también "movimiento de ondulación". Los trepidatorios, por su parte, se describían como "movimientos de abajo a arriba, a modo de salto".

En la mayoría de los registros más antiguos de temblores durante este periodo, las menciones sobre si fueron oscilatorios o trepidatorios provienen de fuentes secundarias. Es decir, se trata de determinaciones llevadas a cabo uno, dos y hasta tres siglos más tarde de su ocurrencia. Lo anterior resulta natural ya que, como sabemos, fue a partir de la segunda mitad del siglo XVIII que se inició el estudio científico de los fenómenos naturales y no sería sino hasta un siglo más tarde que este estudio se haría de manera más sistemática. Así, se dice que ciertos sismos fueron trepidatorios u oscilatorios a partir de análisis llevados a cabo mucho después.

El primero de este tipo corresponde al ocurrido en marzo de 1604 en Oaxaca, sobre el cual Martínez Gracida nos dice, en 1890: "Sobrevino un fuerte temblor de trepidación". De hecho es a este autor a quien debemos

[130] En: García Acosta y Suárez Reynoso 1996:128.

la mayoría de las referencias de este tipo para los dos primeros siglos en que aparecen: el XVII y el XVIII. Aún en este caso la información es escueta: "Terremoto de oscilación" (13 de febrero de 1616), "temblor de tierra que duró trepitando 12 segundos" (21 de diciembre de 1702), "suave temblor de oscilación" (23 de marzo de 1748) y así sucesivamente.

La primera referencia en que se reconoce que un mismo sismo podía presentar agitaciones tanto oscilatorias como trepidatorias proviene del ocurrido el 16 de agosto de 1711, sobre el cual el mismo Martínez Gracida menciona que sucedió en Oaxaca "durando el movimiento trepidatorio cerca de unos 40 segundos y el oscilatorio como 5 minutos".

Es en las descripciones del ilustrado Joaquín Velázquez de León, fue donde encontramos por primera vez una mención al tipo de movimiento proveniente de una fuente primaria, si bien ésta no se utiliza expresamente para indicar el tipo de movimiento como tal sino más bien, como dijimos antes, como sinónimo de movimiento. Tanto para el sismo del 29 de junio de 1753 como para el ocurrido el 30 de agosto de 1754, este prístino geólogo mexicano nos dice que en el primero de ellos "tembló fuertemente [...] una vez a las siete de la mañana [...] y otra a las nueve y media de la mañana [...] aunque menos fuertes las oscilaciones". Para el de 1754 menciona que "tembló también reciamente la tierra como cuatro minutos y oscilando del sureste al noreste".[131]

No será sino hasta veinte años más tarde que encontramos, por primera vez proveniente de un documento de archivo, un registro específico sobre el tipo de movimiento, el cual señala que: "el 21 del corriente [abril de 1776] a las cuatro y cuarto de la tarde que se sintió un temblor bastante fuerte de ondulación y de trepidación".[132] A partir de entonces resulta cada vez más frecuente esta mención en fuentes primarias, al grado que ya a partir de las últimas décadas del siglo XVIII aparece en todos los casos; son igualmente más precisas y provienen en buena parte de los periódicos que circularon a comienzos del siglo XIX. Por ejemplo, el *Diario de México* nos dice que el sismo del 11 de junio de 1806 "principió por tres movimientos de trepidación bien distintos, y con su ligera intermisión, y después siguió el temblor oscilatorio".[133]

La dirección del movimiento, por su parte, constituye un elemento que aparece registrado en fuentes primarias mucho más temprano que el tipo de movimiento. Su asociación frecuente a este último, en términos de considerarlos dos elementos distintivos, aparece más tardíamente.

La dirección de propagación de las ondas sísmicas, al ser algo que resulta más perceptible, es señalada por algunos diaristas de los siglos XVII y XVIII con bastante claridad y precisión. La primera mención al respecto proviene del *Diario* de Guijo, quien nos dice que en 1653 "Jueves en la noche, entre nueve y diez, día de San Antonio Abad a 17 de enero, tembló de oriente a poniente".[134] Más tarde Antonio de Robles, en su copiosa descripción de temblores ocurridos, señala casi siempre la dirección: "co-

[131] En: García Acosta y Suárez Reynoso 1996:128 y 129.
[132] En: García Acosta y Suárez Reynoso 1996:146.
[133] En: García Acosta y Suárez Reynoso 1996:203.
[134] En: García Acosta y Suárez Reynoso 1996:93.

rrió de norte a sur", "fue de oriente a poniente". Ya en el siglo XVIII es Castro Santa-Anna quien ofrece este tipo de datos: "movimiento recio de oriente a poniente", "vaivenes de sur a norte". Hacia fines de ese siglo son los periódicos donde encontramos registrada la dirección del movimiento tanto en la capital del virreinato como en ciudades del interior, con una evidente intención de informar con detalle acerca de un evento que atraía la atención de sus lectores. Particularmente constantes se encuentran en la *Gazeta de México* desde 1787.

La presencia asociada entre tipo y dirección del movimiento aparece en fuentes primarias desde mediados del siglo XVIII. Al respecto encontramos algunas como las siguientes: "oscilaciones que [...] fueron de oriente a poniente", "oscilando del sureste al noreste, según advertí por el agua que a uno y otro lado derramaban las pilas", "movimientos oscilatorios casi en la dirección norte a sur".[135] En fuentes secundarias aparece esta correlación para temblores ocurridos desde el siglo XVII, con referencias como la siguiente: "Terremoto de oscilación de sur a norte".[136] Es evidente que, como siempre, se debe dar mayor credibilidad a la información proveniente de fuentes primarias, escritas por quienes vivieron el evento; ignoramos, por ejemplo, de dónde obtuvo Martínez Gracida información tan precisa como para poder afirmar no sólo el tipo sino también la dirección de movimientos ocurridos 250 años antes de que él escribiera su manuscrito.

Al igual que sucede con los datos sobre dirección del movimiento, aquéllos en que éste aparece asociado al tipo de movimiento resultan ser más frecuentes después de la segunda mitad del siglo XVIII: un mayor avance científico y tecnológico permitía mayor exactitud, aún cuando se tratara de registros que sólo podían ser cualitativos. No obstante, incluso ya en estas fechas, encontramos ciertas discordancias entre dos o más referencias de un mismo evento. Uno de estos casos aparece hacia fines del periodo ahora considerado: para el Conde de la Cortina la dirección de las oscilaciones del sismo del 4 de mayo de 1820 fueron de "noreste a suroeste", mientras que según el periódico *El Siglo Diez y Nueve* este temblor tuvo "tres movimientos: 1o. de trepidación, 2o. de poniente a oriente, y 3o. de norte a sur".[137] En este último ejemplo se puede apreciar, además, cómo se mantenía en ciertos casos la mezcla entre tipo y dirección de los movimientos.

Como parte de la influencia de las ideas ilustradas y en aras de evitar estas subjetividades, algunos científicos del siglo XVIII se preocuparon por encontrar ciertas indicaciones que permitieran obtener descripciones más objetivas. Se valieron de

> diversos objetos a modo de instrumentos de medición, emprendiendo de esta forma el camino que un siglo más adelante desembocaría en la construcción de aparatos destinados a registrar diversas características de los temblores.[138]

[135] Las referencias corresponden a 1753, 1754 y 1785, respectivamente; en: García Acosta y Suárez Reynoso 1996:128, 129 y 156.
[136] Se refiere al sismo del 7 de noviembre de 1630; en: García Acosta y Suárez Reynoso 1996:91.
[137] En: García Acosta y Suárez Reynoso 1996:209 y 211.
[138] Viqueira 1987:38.

Un claro ejemplo lo encontramos en el artículo titulado "Observaciones físicas sobre el terremoto acaecido el cuatro de abril del presente año [1768]",[139] escrito por José Antonio Alzate, quien dice al respecto:

> El terremoto siguió en su movimiento dos direcciones contrarias, lo que se verifica con haber parado dos relojes, cuyas péndulas se movían en direcciones contrarias, la una de norte a sur, la otra de oriente a poniente. Si los movimientos hubieran sido tan solamente de norte a sur, no hubiera parado la que seguía el mismo movimiento. Otra prueba se puede tomar, de haberse hecho pedazos unos con otros los candiles o arañas de cristal de las capillas de nuestra Señora de Loreto de la iglesia de San Agustín, y los del convento de San Francisco en la de San Antonio. Los de la primera estaban de norte a sur, y los de la otra, de oriente a poniente. Es verdad que el mayor número de bamboleos fueron de norte a sur, lo que parece depende de la dirección de las montañas, de que antes hablamos.[140]

Ejemplos similares del empleo de señales objetivas para describir los movimientos, los encontramos años más tarde en el *Diario de México*, en el que se menciona para los sismos del 11 de junio de 1806 y del 10 de febrero de 1811, respectivamente que:

> se sintió en esta capital un terremoto [...] cuya dirección no pudimos determinar por no tener términos de comparación ni péndulo alguno proporcionado [...] su movimiento fue oscilatorio de oriente a poniente, según nos pareció, pues por habernos cogido en la calle, no pudimos observarlo en ningún péndulo [...] A la media hora puntual repitió [...] pero en éste sí aseguramos que la dirección y cantidad del movimiento fueron los expresados.[141]

No abundaremos por ahora en las reflexiones que en este sentido llevaron a cabo algunos ilustrados novohispanos,[142] sólo mencionaremos que al respecto Alzate lanzó ciertas consideraciones generales relacionadas con la dirección de los sismos, que expresó de la siguiente manera:

> La dirección de los terremotos en Nueva España, por lo regular, debe seguir la dirección expresada [norte a sur] porque ésta es la que tienen las cordilleras de sierras y montes.[143]

b) Origen y alcance geográfico: Estos son los dos últimos elementos que incluimos como parte de la descripción física de los sismos. Determinar el foco o el epicentro de los temblores fue un asunto que al parecer,

[139] Este artículo apareció por primera vez en el *Diario Literario de México*, editado por el mismo Alzate, con fecha 26 de abril de 1768, en la compilación publicada en 1831. Fue reeditado por la UNAM en las *Obras* (Alzate 1980:36-43) y en Trabulse 1985:327-331.

[140] Alzate agrega enseguida la siguiente nota: "El que los cuerpos suspendidos tuviesen un movimiento circular depende de los dos movimientos contrarios expresados, lo que se demuestra con una de las reglas del movimiento compuesto, que asienta: que un cuerpo movido por dos potencias que no tienen direcciones contrarias se mueve con una dirección media; la circular es la que resulta de los movimientos norte sur, y oriente poniente" (Alzate 1831b:30,31).

[141] En: García Acosta y Suárez Reynoso 1996:203.

[142] Este asunto se trata en el segundo capítulo del presente volumen, referido a las interpretaciones sobre el origen de los sismos.

[143] Alzate 1831a,IV:381.

estuvo ausente del interés durante este periodo. Había ya una clara inclinación de parte de los ilustrados, por descubrir las causas de estos fenómenos. Partiendo de la teoría entonces en boga de la existencia de fuegos subterráneos, es natural que frecuentemente se asociara a los temblores con erupciones volcánicas, en cuyo caso su origen se ubicaba en el lugar del volcán en cuestión. Aceptando que había otros sismos no asociados con vulcanismo, los estudiosos se dieron a la tarea de explicar sus causas. Sin embargo no encontramos ni en los registros localizados, ni en otros textos científicos de la época, un interés marcado por determinar el foco de emisión de las ondas sísmicas. Seguramente ello se debe a la concepción misma de las causas de estos fenómenos. Las únicas menciones localizadas al respecto, proceden de fuentes secundarias para la época, es decir, de estudios de fines del siglo XIX y principios del XX, en los cuales se analizaron sismos acaecidos antes.

Por lo que toca a la extensión que abarcaban los sismos en la época colonial, si bien tampoco parece haber sido un elemento central en las descripciones localizadas, desde muy temprano encontramos datos de que fueron sentidos en más de un sitio. Es decir, se reconocía que un mismo fenómeno podía afectar varios lugares correlacionándolo, de alguna manera, a un sólo origen, a un sólo fenómeno y no a ocurrencias locales y únicas. Sin embargo, esto último nunca se hace explícito. La búsqueda de un foco, la concepción misma de un origen o epicentro así como de que las ondas seguían un determinado camino, fue posterior.

Los registros localizados señalan, como siempre cada vez con mayor detalle, las poblaciones afectadas por un mismo temblor o por sus réplicas. Es frecuente encontrar menciones de que se trató de un "sismo generalizado", que "se extendió hasta California", o "se expandió desde la capital hasta Oaxaca". Algunas de estas referencias, exageradas según los especialistas, afirman que el movimiento tuvo alcances geográficos enormes, por ejemplo, del de 1653 varias fuentes secundarias señalan que de sur a norte se extendió por toda la costa de Guatemala hasta Nueva Orleans.[144] El del 16 de enero de 1693, también de acuerdo a fuentes del siglo XIX

> se extendió desde las islas Maducos hasta la Islandia, se sintió en toda la costa oriental del nuevo continente y en muchas partes de la occidental del antiguo, especialmente en la Calabria [...] igualmente en las Antillas mayores y menores, y en el Valle de México.[145]

No obstante, ciertos registros, algunos de ellos muy tempranos, ofrecen cálculos aproximados de la extensión que abarcó un sismo. Los *Anales de Tecamachalco* señalan que en el ocurrido en la región poblana el 19 de febrero de 1575 "La grieta de la tierra llegaba [desde Zacateotlán] hasta Nopaluca; así los chichimecas decían [que la grieta era de] dos mil ochocientas 'brazas' *neutzantli*".[146] La *Relación de Ameca*, por su parte, afirma

[144] En: García Acosta y Suárez Reynoso 1996:92-93.

[145] En: García Acosta y Suárez Reynoso 1996:102.

[146] En: García Acosta y Suárez Reynoso 1996:82. Una *braza* es una medida de longitud que equivale a dos varas o 1.6718 metros, por tanto la extensión que da este registro alcanzó cerca de 50 kilómetros.

que con el sismo de 1567 se "abrió una cordillera, de [...] más de 13 ó 14 leguas [...]; en los llanos hizo aberturas muy grandes, y de tanto hondor, que no se veía el suelo".[147] Otras fuentes secundarias para la época dan cálculos de extensión en leguas o kilómetros, seguramente teniendo a la mano los datos sobre los poblados que afectó determinado sismo y realizando cálculos aproximados.

Los prolegómenos del registro sísmico cuantitativo

Hemos visto de qué manera el fechamiento, la medición y la descripción de los sismos llevados a cabo a lo largo de cerca de cuatro siglos, reflejan los cambios y la evolución de pensamientos, ideas y preocupaciones de una determinada sociedad. De una sociedad que, a través de los escritos que produjo, del interés que éstos muestran por los fenómenos naturales-divinos –de acuerdo a su cosmovisión, a sus concepciones naturales y científicas– permite advertir los cambios que fue experimentando. Se trata exclusivamente de registros cualitativos.

A pesar de que los instrumentos más antiguos para registrar los sismos se remontan a la China del siglo II D.C., y de que en Europa los primeros sismoscopios aparecieron en el siglo XVIII, no sería sino hasta las últimas décadas del siglo XIX que, con el empleo de sismoscopios caseros y, posteriormente con la instalación formal de un sismoscopio y un sismógrafo en el Observatorio Meteorológico Central, se iniciaría la observación sísmica instrumental en México y, con ella, el propio registro sísmico cuantitativo. Fue entonces cuando se enlazó la evolución de las ideas científicas con el surgimiento de cambios tecnológicos.

Sin embargo, el fechamiento, la medición y la descripción de esos fenómenos estuvieron presentes desde mucho antes. Siendo cada vez más preciso y detallado, cada vez más abundante y específico, el registro sísmico y sus cambios corrieron de manera paralela a los cambios experimentados en diferentes órdenes. Vimos cómo en los códices y anales, que son las fuentes que permiten de manera más directa, documentar los sismos ocurridos en las siete décadas que transcurrieron desde mediados del siglo XV hasta la invasión española, el registro sísmico si bien está siempre presente, sólo ofrece información a nuestro parecer muy general: año del temblor, si éste se presentó de día o de noche, quizá intensidad o profundidad y, en ocasiones, localización geográfica. Sin embargo, en ellos encontramos un elemento recurrente que resulta ser característico: la asociación con otros fenómenos, generalmente de orden atmosférico, que eran de recordación común. Eclipses y cometas, heladas y granizadas dominan este panorama. ¿Por qué registrar estos acontecimientos y no, como quisieran los sismólogos, datos que permitieran medir la intensidad, calcular la magnitud, conocer el epicentro y la propagación de la onda sísmica?

Las fuentes pictográficas son, sin duda, escuetas, pero permiten llevar a cabo estudios de gran profundidad relativos a los más diversos asuntos. No obstante, no podemos pedirles que nos den más de aquello que intere-

[147] En: García Acosta y Suárez Reynoso 1996:77.

saba a sus autores. Si atendemos a las fuentes como tales, debemos indagar primero cómo era la sociedad que las produjo e intentar entender, en el caso del registro sísmico así como el de cualquier otro evento, la concepción que se tenía del tiempo y el papel que se atribuía a ciertos fenómenos naturales –en este caso los temblores–, de lo cual se derivará el tipo de registro legado.

El interés por fechar, medir y describir con mayor detalle los temblores, aún en términos estrictamente cualitativos, se derivó de un desarrollo en la larga duración que tuvo sus propios ritmos; tal como señala Elías Trabulse, los "ritmos históricos de la ciencia y la tecnología no coinciden por lo general con los otros ritmos del acontecer histórico",[148] sin embargo, no pueden estar del todo desvinculados. Dicho interés, en la época previa a la invasión española, estuvo sin duda relacionado con la concepción que se tenía del tiempo. Contaban con calendarios que constituyen, al decir de Norbert Elias, una "sucesión irrepetible de los años" que es, a su vez, "la secuencia irrepetible de un proceso social y natural".[149] Los códices sólo permiten conocer el año y el momento del día (día/noche) en que ocurrió el temblor porque había un interés puntual en ese tipo de registros; el "cuándo" se limita a ello. Y si bien este tipo de fechamiento implica ya un marco de referencia, como es el calendario, incluye tanto el tiempo físico en sí como el tiempo social, al asociar eventos ocurridos en un mismo año, sean éstos de orden social o político (guerras, muertes, etc.), o bien natural (eclipses, cometas, etc.).[150]

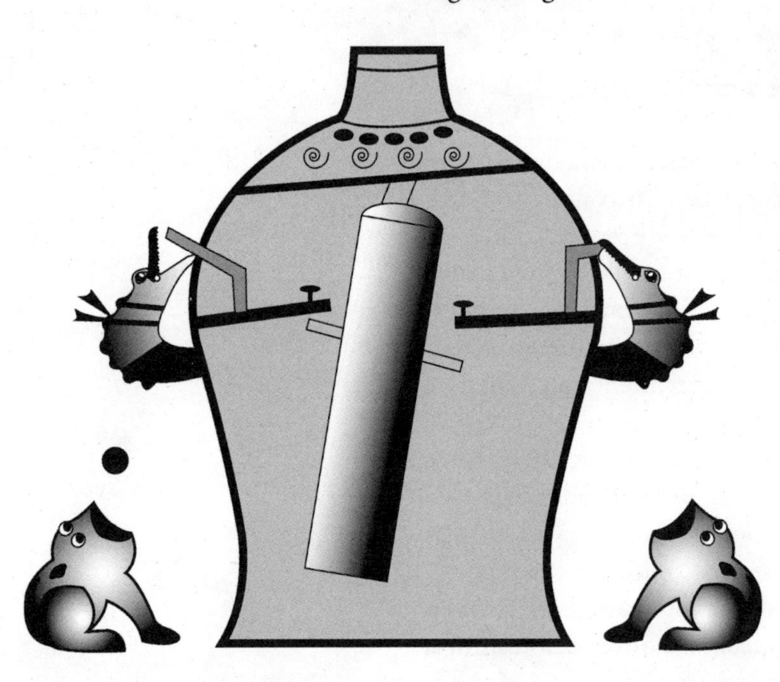

"El matemático, Chang Heng (78-189 a.C.) inventó el primer sismógrafo. En el interior de una vasija colocó una especie de péndulo conectado a ocho brazos móviles, que a su vez movían la cabeza de unos dragones al menor movimiento sísmico, los cuales abrían la boca y dejaban caer una bola en alguno de los ocho sapos situados alrededor del instrumento, con lo cual se registraba también la dirección de la onda sísmica". Dibujo de Rocío Hernández y retocado por Gabriel Salazar a partir de un recorte de revista s/f.

En los registros sísmicos el tiempo físico, particularmente a partir de la aparición de herramientas creadas por el hombre para medir el tiempo como los relojes, fue cada vez más explícito y sustituyó al tiempo social. Si bien se mantuvo la asociación de la ocurrencia de un sismo con otros fenómenos, la posiblidad de fecharlo con mayor exactitud a través del empleo de referentes instrumentales como los relojes, evitó la necesidad de utilizar otros elementos para hacerlo, con los costos que ello pueda representar en términos de ofrecer una información más rica. Convendría al respecto reflexionar en la siguiente idea, brillantemente expuesta por el novelista portugués José Saramago:

[148] Trabulse, 1984:11.

[149] Elias, 1989:15 y 16.

[150] Elias insiste en que "un análisis crítico del concepto 'tiempo' exige entender la relación entre tiempo físico y tiempo social; esto es, determinar el tiempo en el contexto de la 'naturaleza' y hacerlo en el de la 'sociedad'" (Elias 1989:54).

si los segundos y los minutos fuesen todos iguales, como los vemos representados en los relojes, aún así no tendríamos tiempo para explicar lo que pasa dentro de ellos, el meollo que contienen, lo que importa es que los episodios más significativos transcurren en los segundos largos y en los minutos amplios.[151]

La mayor cantidad de documentos existentes a partir del siglo XVI, aunada al interés creciente y al daño producido por los sismos que se presentaban, permite abundar en el conocimiento del momento en que ocurrieron, de su medición (hora y duración), de los efectos provocados (intensidad) y de las características del fenómeno mismo. Si bien la etapa propiamente instrumental de la sismología mexicana debió esperar hasta las últimas décadas del siglo XIX para arrancar de manera formal, los registros cualitativos que permiten documentar nuestra historia sísmica a lo largo de los cuatro siglos que la precedieron.

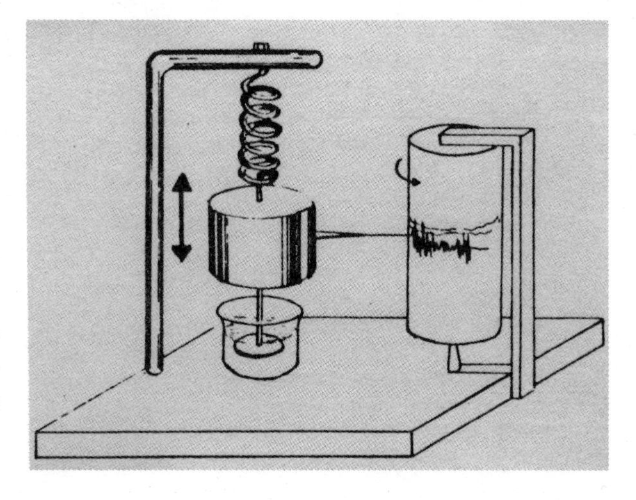

Mecanismo del sismógrafo.

[151] Traducción libre de quien esto escribe. Saramago 1994:213.

El pensamiento científico sobre el origen de los sismos

Para entender bien cuáles pueden ser las causas de esta especie de temblores, es preciso suponer, que todas las materias inflamables, y capaces de esplosion, producen como la pólvora, por la inflamacion, una gran cantidad de aire, que este se halla en una gran rarefaccion, por la violencia del fuego, y que por el estado de compresion, que tiene en el seno de la tierra, debe producir efectos muy violentos.

José Antonio Alzate, *Observaciones físicas sobre el terremoto acaecido el cuatro de abril del presente año*, 1768

Glifo *tlalollin* o temblor de tierra. Año de 1462

"Año de nueve conejos y de 1462 según la nuestra, hubieron una batalla los de Michoacán y Xiquipilco, que es el Valle de Matlatzingo. Este año hubo un temblor de tierra." (*Códice Telleriano-Remensis*, folio 33 v).

La ilustración muestra el cuadrete cronológico nueve conejo, unido con un lazo gráfico al glifo *tlalollin*, y con otro el enfrentamiento entre dos guerreros asociados con sus respectivos topónimos. En este caso el glifo *ollin*, cuyo centro aparece rojo significando al sol o el día, se encuentra encima de *tlalli*, representado éste con dos franjas. De acuerdo con Fuentes (1987: 179) la "lectura pictográfica sería: en el año 9 conejo ocurrió un temblor de tierra durante el día".

El pensamiento científico sobre el origen de los sismos

La gran mayoría de sociedades asentadas en zonas sísmicas han intentado dar alguna explicación al origen de los temblores. Leyenda y mito, tradición oral y conocimiento popular se mezclan y transmiten de generación en generación tratando de buscar las causas que originan los temblores. Aún en la actualidad existen grupos en diferentes partes del mundo que responsabilizan a aquél o a aquéllos encargados de sostener la Tierra de su ocurrencia: diversos animales como una tortuga gigante, un inmenso cerdo, una serpiente o un cangrejo, búfalos o elefantes, o bien criaturas humanoides con características divinas que, por diferentes motivos, al menearse o desplazarse provocan movimientos en la tierra. En algunos casos estas sacudidas son provocadas por seres que, en lugar de sostener la Tierra, están dentro de ella, o bien porque la Tierra misma, a manera de un ser vivo, tiembla de frío o danza.[152]

La idea de atribuir los movimientos sísmicos a agentes externos a la naturaleza misma ha estado presente incluso en la tradición judeo-cristiana. En el Antiguo Testamento y en gran parte de las sociedades cristianas contemporáneas continúa privando la concepción de que se trata de manifestaciones de la ira divina.

Los primeros intentos por reflexionar profundamente sobre la etiología de los sismos se presentaron entre los filósofos griegos. Durante el Renacimiento se recuperaron, entre otras, las concepciones que al respecto desarrollaron algunos de aquéllos, en especial Aristóteles. Éstas se mantuvieron por varios siglos hasta que, con el surgimiento y expansión de las ideas ilustradas, se inició un nuevo camino que llevaría a los interesados en la temática, a desarrollar diversas teorías que poco a poco permitirían acercarse a explicaciones más certeras.

La influencia de estas ideas llegó a América desde los primeros años de la invasión española, por lo cual la visión aristotélica fue por mucho tiempo la predominante para explicar, entre otras cosas, el origen de los tem-

[152] Véase Vitaliano 1987:79ss. Creadora del término "geomitología", la geóloga Dorothy Vitaliano estudia en este libro la asociación entre mitos antiguos y contemporáneos sobre ciertos fenómenos naturales y su origen geológico.

blores. Tuvo una evolución interesante, particularmente a lo largo del periodo ilustrado novohispano, en asociación con las teorías que fueron surgiendo en diferentes partes y que de alguna manera, llegaron a la Nueva España.

La permanencia de las visiones clásicas

La visión de los clásicos griegos sobre el origen y composición de la Tierra incluía ciertas interpretaciones sobre las causas de los temblores. Aristóteles mismo, en los *Meteorológicos*, se refirió a la existencia previa de ciertas teorías que él mismo criticó, elaboradas en los siglos IV y V AC. por Anaxágoras, Anaxímenes de Mileto y Demócrito; Aristóteles lanzó su propia teoría, misma que se mantendría a lo largo de más de 20 siglos. Según ésta, al interior de la Tierra existe un fuego permanente que da lugar a un soplo o *pneuma* y a exhalaciones que, al desplazarse, provocan los temblores. Esta interpretación provenía de una visión netamente organicista y por lo tanto originada en la filosofía de Platón, según la cual existe una correspondencia profunda y un comportamiento análogo entre el mundo terrestre o macro-cosmos y el cuerpo humano o micro-cosmos. De esta manera, el soplo y las exhalaciones profundas de la Tierra tienen una actividad análoga a las palpitaciones producidas en el hombre por el soplo interior.[153]

Las ideas aristotélicas fueron mantenidas, de una u otra forma, por los clásicos que le siguieron y que dedicaron atención al tema entre los siglos III y II AC, como Teofrasto, Estrabón y Epicuro. Más tarde, en la sección dedicada a la física, típicamente epicúrea, del poema *De la Naturaleza de las cosas*, Lucrecio (siglo I AC.) sugirió varias causas que dan origen a los sismos; entre ellas mencionaba la existencia de cavernas al interior de la Tierra cuyo desplome provocaba movimientos de tierra; no obstante, en uno de sus poemas afirmaba

> También pueden causar estos temblores
> un viento impetuoso, un grande soplo
> de fuerza introducido de repente,
> o nacido del seno de la tierra,
> que después que se entró en las cavidades
> del globo, con tumulto anticipado
> entre inmensas cavernas va bramando
> y se revuelve mucho y no se escapa
> por fuera de la tierra hasta que la abre
> y con su gran violencia la divide.[154]

Más tarde la física estoica, a través de Séneca (siglo I), adoptó la teoría aristotélica aunque haciendo especial énfasis en el papel de otro de los cuatro elementos básicos: el aire encerrado en cavernas subterráneas que cuando no encuentra salida, provoca los temblores. Decía Séneca

[153] Capel 1980:37.
[154] Lucrecio 1988:381 (libro VI,576-585).

> La principal causa de los temblores resulta ser el aire, un elemento móvil de la naturaleza, circulando de un lugar a otro [...] Si no puede irse y encuentra una resistencia por otros lados, entonces haciendo bramar la montaña se estremece alrededor de las paredes que lo encierran, les pega, las quebranta y las arroja con una violencia tanto más grande cuanto que tuvo que luchar contra un obstáculo más potente. Luego, cuando recorrió sin poder escaparse todo el lugar que lo encierra, rebota en las paredes contra las que arremete con mayor fuerza y entonces o se pierde en los hoyos secretos que creó la desagregación consecutiva al temblor, o se lanza por la nueva herida que inflingió al suelo. Ninguna construcción lo puede detener, rompe todos los obstáculos, arrebata cualquier carga y, deslizándose por estrechas grietas consigue salir y se libera gracias a la potencia indomable de su naturaleza, sobre todo cuando, violentamente agitado, hizo valer su derecho.[155]

Esta tradición aristotélica-senequista fue también mantenida por el naturalista romano Plinio (siglo I) y continuó dominando la Edad Media y el Renacimiento. Los escritos renacentistas, citando a Aristóteles, a Séneca o a Plinio, difundieron por todo el mundo occidental la tesis de las exhalaciones y del viento subterráneo.

En la difusión de estas teorías, España resultó ser un campo fértil, pues contó con importantes exponentes durante los siglos XVII y principios del XVIII.[156] Sin apartarse totalmente de ellas, con frecuencia agregaban nuevos elementos, como sugerir que el viento interior constituía un agente en la combustión y explosión de las sustancias minerales existentes en las profundidades de la Tierra. Durante la segunda mitad del siglo XVII surgieron algunas interpretaciones globales sobre la formación y estructura interna del planeta, incluyendo entre ellas el origen de los sismos. La publicación en 1665 del *Mundus subterraneus* del jesuita alemán Athanasius Kircher (1602/1610-1680), obra organicista que combinaba elementos artistotélicos con otros en boga por entonces, constituyó un hito en estos temas. Para Kircher, cuya obra fue inspirada por los funestos efectos del terremoto de Calabria de 1638 y las erupciones del Vesubio, aire, agua, viento y fuego se encuentran en las profundidades de la Tierra pero, siguiendo a Descartes, consideró que es el fuego central o "fuego interior" el que constituye el elemento fundamental de dicha estructura y el que provoca los temblores y las erupciones volcánicas.[157]

El esquema de Kircher tuvo importante influencia en la ciencia española de fines del XVII y durante el XVIII. La idea aristotélico-kircheriana que consideraba al aire como agente fundamental y al fuego como activador de las explosiones, estuvo presente en casi todos los trabajos surgidos en esos años y dedicados a estos asuntos.[158]

[155] En: Musset 1996:26-27, nota 26.

[156] Entre ellos se mencionan: la *Phisonomia y varios secretos de Naturaleza* de Jerónimo Cortés (Tarragona, 1609), la *Esphera Comun, Celeste y Terraquea* del padre Joseph Zaragoza (Madrid, 1675), *Los estragos del Temblor, y Subterránea Conspiración* de Anastasio Marcelino Uberte (Nápoles, 1697), la *Filosofía Racional, Natural, Metafísica y Moral* del presbítero Juan Bautista Berni (Valencia, 1736), entre otros, (Capel 1980).

[157] Capel 1980:145s y 1985:106; Sierra Valentí 1981.

[158] Según Capel (1980), esta influencia resulta evidente en las obras de Juan Caramuel; en el *Com-*

"Volcán en erupción". Grabado. Juan Pablo Schor (delineador), Teodoro Mateo (grabador), 1678

El sismo ocurrido en Lisboa en 1755, que destruyó dicho puerto y que fue sentido en diferentes partes de España y Francia, suscitó diversos estudios e, incluso, nuevas interpretaciones.[159] Fue entonces cuando el fraile benedictino Benito Jerónimo Feijoo (1676-1764) escribió sus famosas cinco cartas, que serían publicadas más tarde en forma conjunta bajo el título de *Cartas eruditas* (1756), en las cuales planteaba la relación de los temblores con la electricidad. Feijoo, que recibió la influencia de Kircher a través del catedrático en matemáticas de la Universidad de Salamanca, Diego de Torres y Villarroel (1693-1770),[160] considerando que las tesis existentes resultaban insuficientes para explicar la amplia propagación geográfica que tuvieron esos sismos, propuso un nuevo marco de interpretación. Consideró imposible la existencia de conductos subterráneos intercomunicados a distancias tan largas y sugirió que

pendio Mathematico (Valencia, 1707) del sacerdote valenciano Tomás Vicente Tosca; en el *Viaje fantástico* (Salamanca, 1724) y los *Tratados Physicos y Médicos de los Temblores* (Salamanca, 1748) de Diego de Torres y Villarroel; en la *Explicación Physico-Mechánica de las causas del temblor de tierra* (Sevilla, 1756) de Fray Miguel de Cabrera y en Benito Feijoo. A este último volveremos más adelante.

[159] Voltaire (1694-1778) y el mismo Emmanuel Kant (1724-1804) escribirían sobre este temblor, hasta ahora recordado como uno de los más destructivos. Voltaire publicó en Ginebra, al año siguiente de ocurrido el sismo, sus *Poèmes sur le désastre de Lisbonne et sur la Loi Naturelle avec des Préfaces, des Notes...* y *Poème sur la religion naturelle et sur la destruction de Lisbonne* (Bengesco 1882-1890; véanse traducciones al español, así como del "Cándido" en: Voltaire 1996 y 1995, respectivamente). Estos poemas inspiraron un estudio sismológico elaborado por Kant el mismo año de 1756 (Bascetta 1987:10-11).

[160] Torres y Villarroel utilizó ampliamente las ideas del jesuita alemán; imitó el plan del *Camino Extático* de Kircher (1671) en su *Viaje fantástico* (1724), en el cual describe la estructura del universo y mantuvo las ideas de aquél en su obra sobre los temblores publicada en 1748, citada en nota anterior (Capel 1980:28-34).

en un sitio muy profundo de la Tierra se puede congregar una grande cantidad de materia eléctrica [que] puede agitarse [...] es inmensa la fuerza impelente de las vibraciones o disparos de la materia eléctrica agitada. La fuerza del impulso se debe medir por los obstáculos que vence, por la rapidez del movimiento que imprime, y por la distancia a que se alarga.[161]

"Estado del cielo". Fragmento de reporte del sismo del 1o. de noviembre de 1755

Dado que "la atención a los fenómenos eléctricos estaba en el ambiente intelectual de la época", en Inglaterra, Francia e Italia surgieron al mismo tiempo ideas similares proponiendo la sustitución de las tesis de los fuegos o explosiones subterráneas como causa de los sismos, por la del origen eléctrico de los mismos expuesta por Feijoo.[162] Esta tesis tuvo gran influencia entre los científicos de la época y se difundió ampliamente.

A lo largo del resto del siglo XVIII, surgieron en Europa algunas nuevas interpretaciones antiaristotélicas, a la vez que se mantenían las tesis clásicas enriquecidas o modificadas. El naturalista francés George Louis Leclerc, mejor conocido como el conde de Buffon (1707-1788), al formular su teoría sobre el origen y formación del universo,[163] planteó la tesis de la

[161] En: Capel 1980:66.

[162] Capel menciona como ejemplo de los exponentes de esta línea a los doctores ingleses Stukeley y Hales, al padre Beccaria en Italia y a John Priestley en Francia (Capel 1980:68ss).

[163] Sus obras *Historia Natural* y *Las épocas de la Naturaleza*, que incluyen un total de 29 volúmenes, fueron publicados entre 1749 y 1788, año de su muerte. Existen numerosas reediciones de esta magna obra en diferentes lenguas.

combustión interna como origen de los sismos y del vulcanismo. La explosión de materias inflamables y de sustancias subterráneas fermentables, ocasionada por su exposición al aire o a la humedad, provocaba dichos fenómenos. Varios eruditos, en todo el mundo occidental, siguieron esta tesis.[164] Si bien su origen refleja enfoques mecanicistas, producto de la revolución científica iniciada desde el siglo XVII y que caracterizaría las visiones del mundo físico hasta el fin del denominado Siglo de las Luces, no constituyeron una sustitución definitiva de las ideas organicistas. Estas últimas se mantendrían por más de un siglo, si bien modificadas y adaptadas a los descubrimientos que se iban logrando.

Las nuevas concepciones científicas de corte mecanicista, respondieron al predominio cada vez mayor de la aplicación de la observación y la experimentación como métodos básicos de estudio. En efecto, la mencionada revolución científica a partir del siglo XVII constituyó el inicio de lo que más tarde se conocería como el periodo ilustrado, presente en todo tipo de actividad humana.

Ciencia y sismicidad en Nueva España: siglos XVI y XVII

Para los europeos, la realidad americana suponía un verdadero reto; era necesario entenderla, con sus enormes diferencias y especificidades, a partir de los marcos explicativos desarrollados en el Viejo Mundo. Las ideas organicistas y particularmente las mecanicistas relacionadas con el origen de los temblores, llegaron a la Nueva España y se manifestaron a través de estudios eruditos. Desde el siglo XVI y como efecto de la influencia renacentista y del esfuerzo desarrollado por retomar a los clásicos griegos aparecen dentro de esta línea, si bien de manera aislada, algunos escritos que se refieren a las Indias en general y, en algunos casos, a la Nueva España en particular; no sería sino hasta la segunda mitad del XVIII que las desarrollarían con mayor amplitud, los ilustrados novohispanos.

Tres textos del siglo XVI: López Medel, Acosta y Cárdenas

Información científica relacionada con los sismos existente antes del desarrollo de las nuevas ideas ilustradas al interior de la Nueva España, se encuentra plasmada en tres textos, cuya selección se debe a que además de referirme a las Indias en general, atienden el caso de la Nueva España en particular. Se trata de los elaborados por tres españoles quienes por diferentes motivos y con temporalidades diversas, estuvieron en la Nueva España durante el siglo XVI: Tomás López Medel, José de Acosta y Juan de Cárdenas; estos tres estudiosos si bien con diferente nivel de profundidad, trataron el tema relativo al origen de los temblores manteniéndose, como veremos, en la línea entonces en boga.

[164] A manera de ejemplo podemos citar en Francia al jesuita François Para de Fanjas (*Elementos de Filosofía*); en España al también jesuita Ignacio Molina (*Compendio de la Historia Jeográfica Natural i Civil del Reino de Chile*) y al médico valenciano Andrés Piquer (*Física Moderna y Experimental*); en Alemania al que se considera como uno de los creadores de la moderna geología, G. Werner.

*

EXPLICACION

PHYSICO-MECHANICA

DE LAS CAUSAS DEL TEMBLOR DE TIERRA,

COMO CONSTAN DE LA DOCTRINA DEL PRINCIPE DE LOS PHILOSOPHOS ARISTOTELES:

DADA

POR MEDIO DE LA VENA CAVA. Y SUS LEYES,

CUYO AUXILIO QUITA EL HORROR DE SUS ABSTRACTOS:

MEDITADA

POR EL R. P. Fr. MIGUEL CABRERA, LECTOR Jubilado del Orden de Minimos, Compañero Provincial, Socio de erudicion de la Regia Sociedad Medica de Sevilla, y Examinador Synodal de este Arzobispado.

QUIEN LA DEDICA

A N. Rmo. P. Fr. JUAN PRIETO, LECTOR Jubilado, Socio de la misma Sociedad, Calificador de la Suprema, y General, del Orden de Minimos.

CON LICENCIA:

En Sevilla, en la Imprenta de *D. Diego de S. Román y Codina,* en calle Colcheros.

Portada de la "Explicación Physico-Mechanica de las causas del temblor de tierra" de Miguel Cabrera (Sevilla, 1756).

López Medel (*ca.*1520-*ca.*1582) fue enviado en 1550 como oidor a la Audiencia de Guatemala y en 1557, con el mismo cargo, a la Audiencia del Nuevo Reino de Granada; volvió a España en 1562 para nunca regresar a América. Esta prolongada residencia en diversas partes de América le permitió conocer numerosas provincias. En Guatemala tuvo oportunidad de viajar a algunas regiones de lo que hoy es México como Yucatán, Tabasco y Chiapas, lo cual le permitió referirse a la Nueva España en su tratado sobre los "tres elementos".

Aire, agua y tierra son los tres elementos que ocupan cada una de las partes en que dividió su obra, escrita alrededor de 1570 basándose, al parecer, en los resultados de la visita de Juan de Ovando así como del programa del cual fue responsable, y que lanzó para recopilar la mayor cantidad posible de información sobre las Indias, uno de cuyos resultados fueron las famosas *Relaciones geográficas.*[165] En cada una de dichas tres partes trata todo aquello que a su parecer se relacionaba con el elemento en cuestión. Sin embargo, aunque a primera vista cause extrañeza, no es en el relativo a la tierra que trató el asunto de los temblores, a pesar de que en él habla de los volcanes (particularmente del de Masaya) cuya actividad asocia tanto los vientos como el fuego interior, pero no los temblores de tierra. A estos últimos, tanto en términos generales como en sus particularidades en las regiones que él conoció, se refiere en el capítulo que dedicó al "elemento del aire y de lo que en él en las Indias la naturaleza engendra y produce", al final del capítulo sobre "los aires y vientos de las Indias y especialmente de los huracanes y terremotos". En su aclaración de por qué incluyó la temática en dicho capítulo se evidencia que la tesis del viento subterráneo y de las exhalaciones estaban en el fondo de sus reflexiones. Nos indica al respecto

> No será fuera de la materia que se ha tratado decir y añadir aquí un poco de los terremotos y temblores de tierra de las Indias, mayormente siendo un mesmo principio y una materia la de los vientos de que hemos hablado y la de los terremotos [...][166]

Desde el principio de este capítulo hace la distinción entre dos "regiones" o tipos de aire: terrestre, que es grueso e impuro, y el que está "sobre las nubes", que es un aire "subtil y blando, sin mezcla de terrestricidad".[167] Esta distinción la retoma al referirse a los temblores en general, pues señala que la "materia y exhalación" de los vientos que se relacionan con ellos, "aquélla de donde se causan y fraguan" no es sutil, sino "de lo más grueso e impuro de aquella exhalación seca y fría, que dijimos ser causa material de los vientos".[168]

[165] Para más información sobre este autor, puede verse la tesis doctoral de Berta Ares Queija, *Tomás López Medel: un humanista del siglo XVI ante la sociedad americana*, Facultad de Historia y Geografía, Universidad Complutense, Madrid, 1989, así como el estudio preliminar que hizo a la publicación consultada de la obra de López Medel, publicada en 1990.
[166] López Medel 1990:34 (primera parte, capítulo 5).
[167] López Medel 1990:29 (primera parte, capítulo 5).
[168] López Medel 1990:34 (primera parte, capítulo 5).

Aceptando que "las causas y principios" de los temblores son los mismos en todos lados, encuentra que en las Indias se manifiestan de dos maneras y con base en ello, los clasifica en dos tipos: los "generales" y los "particulares". Los primeros son aquellos "que vienen sin determinado tiempo y lugar [...] como es lo ordinario en todo el mundo". Por su parte los que califica de particulares son aquéllos que ocurren en las Indias, especialmente dice, en Guatemala y México "y en los lugares más marítimos de estas dos provincias", aseveración esta última ligada a la idea de que las costas son más porosas y cavernosas que la tierra continental interior.[169] A estos temblores los distinguió de los anteriores debido a que identificó que se presentan de manera regular cada año, al inicio y término de la temporada de lluvias:

> Y esto es tan cierto que se tiene por regla infalible y cierta señal el querer venir las aguas cuando en el mes de mayo se sienten los temblores, o querer cesar y acabarse cuando por el mes de octubre los tornan a sentir en aquella tierra [...][170]

Lo anterior lo llevó a concluir que "los temblores de tierra en todo aquel país son precursores de las lluvias y aguas y despedidores de ellas." Añade que desconoce el origen de esta particularidad de los temblores en estos lugares, y da fin al asunto con una exhortación: "el examen de lo cual remito a los más desocupados y curiosos".[171]

El jesuita José de Acosta (1540-1600), quien residió en Perú por 14 largos años donde fue primero misionero y al final provincial de la orden, para en 1587 regresar a España. En ese lapso pasó menos de un año en la Ciudad de México. La mayor parte de su obra, que él tituló *Historia natural y moral de las Indias* y que se publicó en Sevilla en 1590, constituyó originalmente el prólogo de su primer trabajo *De procuranda Indorum salute*, escrita en Perú entre 1575 y 1576, misma que amplió ya de regreso a España. Como su nombre lo indica esta obra hoy clásica, a la que el mismo barón de Humboldt calificara como la base de la geografía física, está dividida en dos partes: una "natural" (cuatro primeros libros) y otra "moral" (los últimos tres); es en la primera de ellas y en especial en el libro tercero, el primero que escribió al volver a España, en la que Acosta atiende los temas que ahora nos ocupan.[172]

Conocedor de las obras de Aristóteles, Séneca y Plinio, a quienes cita en varias partes, el padre Acosta constituye un nítido ejemplo de las personalidades renacentistas, con clara y definitiva influencia de los pensadores clásicos en sus reflexiones sobre la naturaleza, mismas que oscilan entre concepciones generales y particulares, estas últimas con mayor énfasis en el caso peruano.

[169] López Medel 1990:123 (tercera parte, capítulo 1).
[170] López Medel 1990:34 (primera parte, capítulo 5).
[171] López Medel 1990:35 (primera parte, capítulo 5).
[172] Hemos utilizado la edición valenciana de 1977 dado que ofrece el facsimilar de la obra de Acosta. Antes de ésta, en 1940, se publicó en México con un excelente estudio preliminar a cargo de Edmundo O'Gorman.

Al igual que López Medel, aunque escrito cerca de 20 años más tarde, el libro tercero de la *Historia natural y moral* está dedicada a los tres elementos:

> Habiéndose pues en los dos libros pasados tratado lo que toca al cielo y habitación de Indias en general, síguese decir de los tres elementos, aire, agua y tierra, y los compuestos de estos que son los metales y plantas y animales.[173]

En su caso, el asunto relativo a los temblores aparece dentro de los últimos nueve capítulos que dedica al tercer elemento, la tierra; se trata de un solo y corto capítulo que sitúa inmediatamente después de dos relativos a volcanes.[174] Sin embargo, y seguramente para evitar confusiones, lo inicia aclarando que no todos los temblores, tan frecuentes en las Indias, se generan a partir de los volcanes, ya que aquéllos también ocurren en zonas no volcánicas. Reconoce que, no obstante, la presencia de ambos tiene semejanza y es aquí donde lanza su concepción sobre el origen de los temblores, de las cavernas subterráneas y de las exhalaciones. Repite, casi en forma textual las concepciones aristotélicas:

> las exhalaciones cálidas que se engendran en las íntimas concavidades de la tierra [...] no hallando debajo de la tierra salida fácil, mueven la tierra con aquella violencia para salir, de donde se causa el ruido horrible que suena debajo de la tierra y el movimiento de la misma tierra, agitada de la exhalación encendida [...][175]

El padre Acosta no abunda más en este asunto, aunque continúa, de nuevo igual que López Medel, afirmando que es en "tierras marítimas", en puertos, playas o costas, donde resultan ser más frecuentes los sismos tanto en Europa como en las Indias. Su explicación al respecto es similar a la de López Medel, aunque más explícita. Consideraba que el agua actúa obstruyendo los "agujeros y aperturas por donde había de exhalar y despedir las exhalaciones cálidas que se engendran". El exceso de humedad en esas zonas provoca que la superficie de la tierra se condense, tal como lo sugeriría el doctor Cárdenas al que nos referiremos a continuación; los aires y humos calientes, ante tal condensación, se encierran y se concentran, terminando por "romper, encendiéndose".[176]

Esta correlación entre agua y mayor frecuencia sísmica conduce a Acosta a explicar por qué la Ciudad de México es tan propensa a ellos, siendo el único de los tres autores elegidos que se refiere a este asunto en especial. La razón la encuentra en "la laguna en que está" la ciudad. Si bien acepta que

[173] Acosta 1977:118 (libro tercero, capítulo 2).

[174] En estos dos capítulos hace referencia a algunos volcanes en particular. Para la Nueva España sólo menciona al Popocatépetl como el "volcán de México, que está cerca de la Puebla de los Ángeles"; llama la atención que no se refiera al volcán de Colima, que justamente en febrero de 1587, cuando Acosta estaba en México, hizo erupción (véase García Acosta y Suárez Reynoso 1996:83).

[175] Acosta 1977:188-189 (libro tercero, capítulo 28). A estas ideas atribuye Musset la petición de las autoridades de la ciudad de Santiago, en Guatemala, de cavar hoyos en sus jardines ante la ocurrencia del temblor de 1651 y así generar válvulas de escape (Musset 1996:55-57).

[176] Acosta 1977:190 (libro tercero, capítulo 28).

en lugares alejados del mar en ocasiones se presentan grandes terremotos, su mayor frecuencia es en las que caracteriza de marítimas.

Por otro lado, Acosta hace referencia a la gran extensión que los sismos llegan a tener en Sudamérica: "desde Chile a Quito, que son más de quinientas leguas, han ido los terremotos por su orden corriendo"; y otro más "terriblísimo", en este caso al parecer estuvo asociado con un tsunami, del cual "dijeron había corrido trescientas leguas por la costa [de Chile] el movimiento que hizo aquel terremoto". Se refiere en concreto al temblor de Arequipa de 1582 y al del 9 de julio de 1586 en la ciudad de los Reyes, que "había corrido en largo por la costa ciento y setenta leguas, y en ancho la tierra adentro cincuenta leguas".[177]

Por último nos referiremos a Juan de Cárdenas (1563-1609), médico sevillano que llegó a México a los 26 años donde finalmente murió. Es Cárdenas quien dedica un mayor espacio al tema que nos ocupa en algunos capítulos de su obra impresa en 1591, dos de los cuales están específicamente dedicados a las causas de los sismos y de los volcanes.[178] Parte de afirmar que en las Indias el clima es húmedo a pesar del fuerte calor que provee el sol en ellas, debido a la gran cantidad de agua contenida en las cavernas y abismos existentes en las profundidades de la Tierra que, por efecto del mismo calor solar, sale a la superficie y humedece el ambiente. Para reforzar su tesis, trata de explicar la razón por la cual existen en estos lugares mayor cantidad de cavernas y concavidades que en otros, misma que asocia de nuevo con que el sol en ellos es más abrasador, el cual

> penetrando con la gran fuerza de sus rayos hasta el propio abismo, va poco a poco [...] dejando todo aquel espacio esponjoso, poroso y contraminado de la misma suerte que el calor del fuego esponja y deja poroso por dentro el pan que se cuece en el horno, dejando la corteza dura, densa y compacta.[179]

El doctor Cárdenas basa sus presupuestos sobre el origen de los sismos en la presencia de estas concavidades internas, cuya mayor cantidad en las Indias provoca que en ellas ocurran con más frecuencia. A este tema dedica uno de sus capítulos, afirmando que no le interesa escudriñar en el asunto del origen de los temblores en general, dado que es algo a su parecer ya suficientemente explicado al grado de no haber "necesidad de añadir un punto" a lo que los que se han dedicado a ello dijeron. Su preocupación gira, de manera similar a como lo expresara López Medel, en torno a "saber qué causa o razón haya porque si en otras provincias del mundo sucede temblar una vez en cien años la tierra, es en las indias tan al revés, que hay tiempos en que tiembla en un año cien veces".[180] Es en este punto donde despliega su erudición sobre uno más de los secretos maravillosos que descubriera en las Indias y que inspiraran su también maravillo-

[177] Acosta 1977:189 y 189-190 (libro tercero, capítulo 28).

[178] Se trata de los capítulos XVI: "Por qué causa sucede en las indias temblar tan a menudo la tierra" y XVII: "De qué procede haber en las indias tantos volcanes", aunque también resulta interesante al respecto el capítulo III: "Por qué causa el abismo y centro de esta tierra tienen en sí tantas cavernas. Declárase también otras curiosas dudas" (véase Cárdenas 1980).

[179] Cárdenas 1980:79 (capítulo III).

[180] Cárdenas 1980:133 (capítulo XVI).

sa obra. Abiertamente se declara en contra de la teoría que asociaba a los temblores con los vientos que corren y que, encerrados en las cavernas de la Tierra, al intentar salir hacen que se estremezca

> y no consideran en esto el desatino que dicen, como si las cavernas de la tierra estuvieran de antes vacías, y el aire que corre por el mundo fuera necesario entrarlas a henchir, y cuando entrara no era posible que este mismo hiciera temblar la tierra, porque así como entró en el lugar que estaba vacío, se había de estar quedo sin salir, para que no se diese vacuo en la naturaleza [...][181]

Continúa su disertación citando los *Meteorológicos*, o *Meteoros* como él llama a la obra de Aristóteles a quien siempre se refiere como "el filósofo". Como buen exponente de las ideas renacentistas, se pliega absolutamente a la visión clásica relativa a que los vapores y exhalaciones encerrados en las cavernas de la Tierra, generados por el calentamiento que el sol provoca del agua existente al interior, se mueven buscando salida; si la encuentran, causan los vientos, si les es impedida se mueven y sacuden la Tierra provocando temblores. La asociación que entonces encuentra entre fuertes vientos y temblores de tierra, estriba exclusivamente en que la frialdad de aquéllos puede provocar que los poros de la Tierra se cierren e impidan que los vapores salgan al exterior.

Cárdenas consideró que en las Indias son más frecuentes los temblores debido a dos factores: por un lado que los tres elementos existen con mayor intensidad (sol) y en mayor cantidad (cavernas y agua), combinación que genera infinitos vapores; por otro lado, y tal como lo trata de demostrar en otros capítulos, al hecho de que la tierra en las Indias sea más "apretada y densa en la superficie" y más "porosa, fofa y cavernosa" en el centro. Su conclusión al respecto aparece formulada de la siguiente manera:

> como el indiano abismo es cavernoso, y la parte superficial muy densa y apretada, sucede que los vapores que con la fuerza del sol se resuelven de la humedad del centro muchas veces no puedan salir afuera, por cuanto con mucha facilidad se cierran y aprietan los poros de la tierra por donde habían de salir, y a esta causa buscando salida y respiradero, hacen muchas veces temblar y estremecer la tierra [...][182]

En realidad da mayor peso al estado cavernoso del interior de la Tierra que al exceso de sol, cavernas y agua, pues para reforzar sus afirmaciones pone como ejemplo a lugares como Zacatecas y Campeche donde señaló que "jamás se vio temblar la tierra",[183] cuyas profundidades consideró que son firmes y macizas, no cavernoso "como el centro de las tierras que tiemblan". Añade que por ello en dichos lugares tampoco se encuentran volcanes. Tanto en este momento como en el capítulo dedicado a las causas de

[181] Cárdenas 1980:133 (capítulo XVI).
[182] Cárdenas 1980:136 (capítulo XVI).
[183] Existen diversas referencias de temblores en lo que hoy es el estado de Zacatecas; particularmente memorable es aquél ocurrido el 6 de mayo de 1622, y muchos otros en los siglos siguientes tanto en Zacatecas como en Campeche (véase García Acosta y Suárez Reynoso 1996:90-91 e índice geográfico), si bien cabe aclarar que ninguno de los que se han registrado se presentó en los años en que Cárdenas vivió en estas tierras.

haber tantos volcanes en las Indias, insiste en que éstos son producto de una mayor presencia de cavernas: "en no habiendo volcán tampoco hay cavernas en la tierra".[184]

Asociación entre temblores y otros fenómenos naturales

Al parecer, las ideas y explicaciones de estos pensadores poco influían en el cotidiano de quienes experimentaron la ocurrencia de sismos durante los dos primeros siglos coloniales, al menos así parece mostrarlo la información recopilada al respecto proveniente de fuentes diversas,[185] y que da cuenta de un claro distanciamiento entre una visión que podríamos calificar de "científica" o "erudita" del fenómeno y aquélla que manifestaban los pobladores o visitantes de estas tierras.

La concepción netamente providencialista que atribuye a los sismos, como a todos los demás fenómenos naturales, un origen divino producto del castigo ejemplar que la cólera de Dios hace caer sobre los seres humanos pecadores y concupiscentes, ha privado en la concepción judeo-cristiana durante siglos:[186]

> Dios con su divino saber permite que se vean estas señales en tiempos oportunos, que nos denoten hambres, pestes, guerras, muertes de príncipes y otras cosas semejantes, para advertirnos de que vivamos recatados y nos despierta con las aldabadas de estas señales: terremotos y otros prodigios.[187]

Tanto en Europa como en América ésta era una de las visiones dominantes entre los seguidores de esas religiones durante los siglos que antecedieron a la Ilustración y, si bien disminuyó a partir de entonces, incluso hasta nuestros días se mantiene en importantes sectores de la población. Esta cosmovisión, esta concepción de la naturaleza ligada directa e inexorablemente con un origen externo, de etiología divina, constituyó una de las causas medulares por lo cual durante mucho tiempo no evolucionaron los estudios científicos sobre los sismos, ya que se consideraban relacionados con el origen del cosmos. Cuestionar públicamente que Dios, como reza el Génesis, había creado nuestro planeta, era algo tan grave como negar la existencia misma de Dios:[188]

> Y así dijo Alberto Magno en el libro primero de las propiedades de los elementos [...] que la voluntad de Dios es traída a efecto por medio de las causas naturales, que son los cuerpos celestes, de cuyo origen los antiguos sabios

[184] Cárdenas 1980:136.

[185] Véase García Acosta y Suárez Reynoso 1996:74ss.

[186] En el excelente estudio publicado recientemente, relativo al derrumbe del monte Granier en Saboya al sur de Francia hacia mediados del siglo XIII, y a partir del estudio profundo de nueve textos narrativos de la época Berlioz da cuenta, entre otros muchos aspectos, de lo que en la época se consideró como el resultado de la "venganza divina" que cayó sobre los habitantes de la región por practicar la usura, la simonía y el abuso (véase Berlioz 1998:52ss.) Agradezco a Danièle Dehouve el regalo de un ejemplar de este interesante trabajo.

[187] López de Bonilla, 1652 en E. Trabulse, 1984, II:105.

[188] Esto sería posible hasta la segunda mitad del siglo XVIII, cuando Buffon se atrevió a sostener que la Tierra pasó por un proceso evolutivo que había durado varios milenios (Trabulse 1988:17).

escudriñaron diligentes de las cosas naturales, experimentaron que las destrucciones de las Monarquías, las guerras, pestilencias generales, temblores de tierra, inundaciones y otros sucesos semejantes, después de la voluntad de Dios se causan de las conjunciones y concurso de los Planetas, mayormente de los superiores, de donde procede la corrupción y destemplanza del aire, a que han precedido grandes señales de Cometas y otras impresiones meteorológicas.[189]

Se trata de visiones o interpretaciones que, dada esta cosmovisión, consideraban que la explicación primera de los fenómenos naturales, particularmente de aquéllos caracterizados como desastrosos, no se derivaba de procesos físicos directos, sino que su causa primigenia era divina.

La información localizada al respecto a lo largo de los siglos XVI y XVII, proveniente de códices, anales, crónicas coloniales, escritos de viajeros extranjeros que estuvieron por Nueva España, o bien de documentos de archivo de la época, muestra dos tipos de interpretación relacionados con el origen de los sismos. Sin negar, ni siquiera cuestionar su origen divino, encontramos, por un lado una relación directa entre sismicidad y vulcanismo; por otro, y con mucha mayor frecuencia en los registros localizados, aparece la asociación de los temblores con una presencia previa o posterior de ciertos fenómenos meteorológicos como cometas o eclipses, e incluso lluvias, huracanes o nevadas. Estas dos asociaciones se mantuvieron durante la Ilustración, aunque ya con una visión científica, como veremos más adelante.

La relación intrínseca entre sismos y erupciones volcánicas se derivaba de ser "más tangibles a sus sentidos estas manifestaciones plutónicas imponentes de la naturaleza",[190] razón por la cual ha persistido por centurias, a pesar de que al parecer los antiguos griegos llegaron a distinguir entre terremotos volcánicos y no volcánicos.[191] Tenemos evidencias de esta correlación en Nueva España a partir de eventos que se remontan al siglo XVI, algunos de ellos sí efectivamente producidos por erupciones volcánicas, como fueron los resentidos en 1585 cuando hizo erupción el volcán de Colima, lo cual llevó a hacer afirmaciones como la siguiente: "Relacionadas con los temibles terremotos han estado *siempre* las erupciones del vecino volcán de Colima".[192] En otros casos, se asoció la presencia de temblores en diversas partes de Nueva España con erupciones ocurridas en los siglos XVI, XVII y XVIII en lugares tan lejanos como Islandia, una de las áreas volcánicas más activas del mundo, mencionando en particular las manifestaciones violentas del Hekla.[193]

Estas concepciones que consideraban que el origen de los sismos se derivaba exclusivamente de la ocurrencia de erupciones volcánicas, se man-

[189] Ruiz, Juan, 1653, en: E. Trabulse, 1984, II:106.

[190] Chaulot 1938, III:257-258. El vulcanismo es sólo una causa, la menos frecuente, de la ocurrencia de sismos; la mayoría se da como resultado de la fractura súbita de rocas en el interior de la tierra (véase Suárez y Jiménez 1987).

[191] Vitaliano 1987:83.

[192] Cursivas mías, en: García Acosta y Suárez Reynoso 1996:83.

[193] En los registros aparece como "Hecla" (véase García Acosta y Suárez Reynoso 1996:76, 82, 91, 92, 110, 116, 120, 122 y 149).

do.=El Licenciado Don Antonio de Padilla.=El Doctor Gomez de Santillan.=El Licenciado Alonso Martinez Espadero.=El Licenciado Don Diego de Zuñiga.=El Licenciado Henao.=Registrada; Pedro de Ledesma.=Chanciller; San Juan de Sardaneta.= Corregido con su original.=Joan Baptista de la Gasca.

Sobre que se tome el punto del eclipse de la luna. 1580.

El Rey.=Presidente e oydores de la Nuestra Audiencia Real que reside en la Ciudad de la Plata de la prouincia de los Charcas: saued que para tomar las verdaderas alturas de los pueblos de españoles del destrito de essa Audiencia, y aueriguar con precision la longitud y distancia que ay destos Reynos a essos, que hasta agora no esta hecho como combiene, para situarlos en las discripciones y cartas de geographia en su verdadera graduacion, y para corregir las naueraciones y distancias ytinerarias y para otros effectos combinientes a Nuestro seruicio, es nescessario que se obseruen las cantidades de las sombras, y el tiempo y ora de vn eclipse de la luna a de auer por el mes de Jullio del año que viene de ochenta y vno, por la orden y forma contenida en las ynstrucciones ympressas que para ello se os ymbian, y ansi os Mandamos que tengais particular cuydado de ymbiar a tiempo combiniente vna de las dichas ynstrucciones a cada vno de los pueblos de españoles del destrito de essa Audiencia, ordenando apretadamente a las Justicias dellas que hagan y cumplan lo en ella contenido; y para

que no pueda hauer descuydo se lo tornareis apercebir y acordar cerca del dicho mes de Jullio; y mandareis que se haga la dicha obseruacion en essa Ciudad por la forma de la ynstruccion, y las relaciones y papeles que de ello resultaren, las ymbiareis con breuedad por dos vias y a buen recaudo como en la dicha ynstruccion se os ordena; y ansi mismo hareis poner luego en execucion, si ya no lo huuieredes hecho, lo que toca a la discripcion de essa Audiencia, conforme a las ynstrucciones ympressas que para ello se os ymbiaron, y reconoscer todos los papeles y scripturas tocantes al Gouierno de essa Audiencia, y rrecojer las demas que juzgaredes ser aproposito para la historia de lo subcedido en essa tierra, ymbiando originalmente los que pudieren hauer, y copia y relacion de los otros, conforme a la orden que se os dio para ello, y auisarnos heis de lo que en todo se hiciere, entendiendo en ello con mucho cuydado, solicitud y diligencia como en cossa de Nuestro seruicio. Fecha en Badajoz a tres de Junio de mill y quinientos y ochenta años.=Yo el Rey.=Por mandado de Su Magestad; Antonio de Herasso.=Entre renglones: luna que a de auer por el mes de Jullio del año que.=Corregido con su original.=Joan Baptista de la Gasca.

Real cédula sobre el punto del eclipse de luna en Charcas el 20 de mayo de 1580. AGI, colección de documentos inéditos, 1/18.

tuvieron durante cientos de años. Un ejemplo de ello lo encontramos en un curioso suplemento publicado en 1837 en el *Diario del Gobierno de la República Mexicana*, que dedicó varias páginas a discernir sobre el origen de los temblores; afirmaba que los estudiosos de los temblores, a los que denomina "geognostas"

> ya han convenido todos en que la causa que produce este fenómeno es la parte exterior de la corteza de nuestro globo, enteramente ligada y dependiente con la que producen los volcanes [pues] se ha visto que nunca se verifica un terremoto en una localidad sin que en un volcán más o menos distante deje de haber movimientos eruptivos [...] por lo tanto la cuestión se reduce a examinar cuál sea la causa que producen los volcanes.

asunto al cual se dedica el resto del suplemento, basándose en las teorías propuestas por el físico y químico francés Joseph Gay-Lussac (1778-1850).[194]

Por su parte, la asociación entre fenómenos de origen meteorológico con la presencia de desastres, en especial las menciones a eclipses y cometas como agüeros funestos de calamidades por venir, lo que Trabulse denomina "la naturaleza maléfica de los cometas", constituye una manifestación que casi podríamos calificar de universal. La encontramos en diversas culturas, en diferentes épocas y contextos.[195]

Códices, anales y crónicas coloniales tempranas dan abundante cuenta de ello durante la época prehispánica.[196] Fray Diego Durán (*ca.* 1537-1588), dominico que llegó a conocer la lengua náhuatl y que tuvo entre sus intereses recuperar las prácticas y creencias religiosas de los mexicas, relata en su *Historia de las Indias de Nueva España* cómo supuestamente respondió Nezahualcóyotl (1402-1472) a las preguntas de Moctezuma Ilhuicamina (?-1469) en ocasión de haber aparecido en el cielo un cometa:

> Y has de saber que todo su pronóstico [del cometa] viene sobre nuestros reinos, sobre los cuales ha de haber cosas espantosas y de admiración grande; habrá en todas nuestras tierras y señoríos grandes calamidades y desventuras; no quedará cosa con cosa; habrá muertes innumerables; perderse han todos nuestros señoríos.[197]

[194] El suplemento está firmado con el pseudónimo de "El Español", *Diario del Gobierno de la República Mexicana*, 19 ago. 1837, VIII (842):441-444.

[195] Llama la atención que Vitaliano, en su amplia recopilación de mitos y leyendas procedentes de diversas partes del mundo relacionados con fenómenos naturales diversos, no mencione en el caso de los temblores a los cometas y eclipses como signos premonitorios, sin embargo afirma que "la creencia de que los temblores tienen su origen en el cielo resulta [...] infundada", aunque acepta que "existe la posibilidad, aún no probada, de que las fuerzas planetarias o las condiciones atmosféricas ayuden a precisar cuándo se producirá un terremoto, pero esto nada tiene que ver con por qué se produce." (Vitaliano 1987:93).

[196] Al respecto véase el capítulo I relativo al registro sísmico que aparece en este mismo volumen.

[197] Durán 1967, vol.II, cap. LXIII:469. Esta concepción está presente en numerosas cosmovisiones de los indígenas mexicanos, como es el caso de los zoques de Chiapas que consideran a los eclipses de sol (*tubia du hara*) o de luna como causantes de desgracias al propiciar la presencia del espíritu maligno y a los cometas (*hocomaca*) como augurio de muerte, enfermedades o incluso del fin del mundo (Báez, Rivera y Arrieta 1985:61).

"Sátira sobre el cometa que del cielo apareció en 1899". José Guadalupe Posada. Grabado.

La información que al respecto hemos localizado durante los tres siglos coloniales muestra la insistencia en esta "infausta correlación" con los sismos a lo largo de los siglos XVI y XVII; del siglo XVIII en adelante las referencias al respecto son mucho menores.[198] En la mayoría de los casos, cometas y eclipses son concebidos como signos premonitorios, tal como apareció en varias fuentes tanto primarias como secundarias para 1567: "habiéndose advertido varios cometas, sobrevino terremoto que arruinó varias iglesias". El caso más notable lo encontramos en 1696, cuando el 23 de agosto se presentó un fuerte temblor en Oaxaca, que se registró a "los seis años exactamente" de haberse presentado "un eclipse casi total de sol".[199]

Al respecto resulta ilustrativa la aseveración del Padre Juan de Fonseca, custodio en las primeras décadas del siglo XVII del convento de San Francisco en la ciudad de Panamá, relatada por Antonio de Herrera, la cual menciona que

[198] En la información recopilada sobre sismos ocurridos entre el siglo XV y principios del XX encontramos 10 referencias de este tipo, sólo dos de las cuales corresponden a los siglos XIX y XX, mientras que ninguna provino del XVIII (véase García Acosta y Suárez Reynoso 1996: 684). Celia Maldonado (quien lamentablemente no da a conocer las fuentes en que se basó), además de las anteriores registró otras fechas en que durante la época colonial aparecieron cometas o se presentaron eclipses en un determinado año en que también tembló, pero no encontramos una asociación directa por parte de quienes dieron cuenta de ello; en este caso los registros corresponden igualmente a los siglos XVI y XVII (Maldonado 1987:11-25).

[199] En: García Acosta y Suárez Reynoso 1996:78 y 103.

> alguna grandes mudanzas que han de venir en el mundo las preceden algunos eclipses de sol, que son como pregoneros de semejantes miserias, y parece que con su privación de luz se duelen y lloran nuestras desventuras.[200]

A pesar de que en ocasiones se sabía con antelación de la presencia de estos astros, "la gente vulgar que lo ignoraba atribuía esos fenómenos naturales a causas misteriosas" y llena de espanto "corría aterrada a los templos a implorar la misericordia de Dios".[201]

Otro texto del mismo Herrera, relacionado con el temblor ocurrido en Panamá el 2 de mayo de 1621, nos muestra la asociación entre sismos y fenómenos meteorológicos de diversa naturaleza. Nos dice que se

> advierte por señal de temblor haberse echado las brizas tres o cuatro días antes, y no correr vendavales que refrescan esta ciudad y haber calmado con los demás vientos, lo cual causa estos días graves calores y bochornos. Yo añado por señal haberle precedido el año de [16]20 dos eclipses de luna que la cubrieron toda, y duró el uno cuatro horas y el otro casi otras tantas.[202]

El temblor ocurrido en Nueva España en el mes de enero de 1653, al cual precedieron diversas manifestaciones meteorológicas y, particularmente el "nacimiento" de un cometa el 17 de diciembre del año anterior, fue motivo de reflexiones relativas a sus maleficios, llegando a afirmaciones tales como que "los filósofos naturales [consideran] que a cada un día de los de la duración de un cometa se le sigan un mes de efectos, según que lo experimentaron [con] el temblor de tierra que hubo por enero de este año de 1653".[203] No sólo se asociaba la duración de la presencia del astro con el tiempo que durarían sus diversos efectos, sino también el tamaño, en este caso del cometa, con la magnitud y el alcance de los mismos:

> este cometa siendo tan grande y habiendo durado tanto, parece que significa más universales desgracias, como son esterilidades, penuria de bastimentos, tempestades, inundaciones y en algunas partes temblores de tierra, tormentosos vientos exhorbitantes, así fríos como calores, notables alteraciones de humores en los cuerpos humanos, y como consiguientemente (pero sin perjuicio del humano libre albedrío) discordias y guerras entre algunas naciones.[204]

La correlación de sismos con una presencia previa o simultánea de otros fenómenos como calores excesivos, "atmósfera cargada", "atmósfera de fuego" y similares, es también frecuente en los registros sobre temblores y trasciende el periodo ilustrado. Inclusive forma parte de las reflexiones de los exponentes de ese periodo, a lo cual volveremos más adelante.

Enlazada con estas asociaciones y correlaciones entre sismos y otros fenómenos celestes, se encuentra la célebre polémica que surgió en Nueva

[200] Antonio de Herrera, *Historia general de Indias Occidentales, ca.* 1630, en: Requejo 1908:44.
[201] En: Maldonado 1987:13.
[202] Antonio de Herrera, *Historia General de Indias Occidentales, ca.* 1630, en: Requejo 1908:43. El texto reproducido por Requejo menciona contínuamente sucesivos eclipses de sol o de luna y los relaciona con temblores u otras calamidades.
[203] Ruiz, Juan, 1652, en: E. Trabulse 1984, II:111.
[204] Kino, Eusebio, 1681, en: E. Trabulse, 1984, II:144.

SE APROXIMA EL FIN DEL MUNDO

LAS PROFECIAS SE CUMPLEN

Temblores,

Erupciones,

Guerras, Pestes, Hambres e Incendios.

No hace aún muchos años, un sabio astrólogo alemán cuyo nombre no recordamos en estos momentos, predijo que el fin del mundo se aproximaba y que una sucesión de cataclismos serían el indicio seguro de que la tierra sufriría una total dislocación que la haría transformarse por completo, si no desaparecería del espacio.

Cuando hizo pública tal predicción, abundaron las críticas a su profecía y se le tachó de lunático, loco y desequilibrado.

Sea de ello lo que quiera, el referido astrólogo anunció que la tierra resentiría las consecuencias de un gran trastorno en el sistema planetario del que la tierra forma parte y todos somos testigos de que las condiciones del clima han sufrido una sensible alteración y hace muy poco tiempo los astrónomos andaban muy preocupados con la aparición de algunas manchas en el Sol, opinando algunos que eso era indicio de que se iniciaba un enfriamiento en el astro rey y como la tierra se alimenta del calor de los rayos solares, era incuestionable, que faltándole ese vivificador elemento el globo terráqueo tomaría las condiciones de una enorme masa de hielo haciéndose inhabitable y por tanto sus habitantes morirían sin quedar uno. Ademas faltándole la fuerza de atracción que el Sol ejerce sobre la Tierra, ésta rodaría perdida en el espacio hasta ir a chocar contra cualquier planeta, que la convertiría en polvo impalpable.

Como se ve, la profecía del alemán no parece tan descabellada en ese punto, puesto que los sabios han reconocido y confesado la posibilidad de un cataclismo espantoso, que hace erizar el cabello con sólo pensar en que pudiera efectuarse.

El repetido astrólogo dijo igualmente, que habría sangrientas y encarnizadas guerras, tanto intestinas en varias naciones, como internacionales, en las que se pelearía con horrible encarnizamiento y que algunos de los pueblos más débiles, desaparecerían del mapa para formar parte de potencias, que a su vez serían absorbidas por otras más fuertes o por la misma guerra civil que se desarrollaría en su seno

En muy pocos años hemos sido ya testigos de la formidable guerra ruso japonesa, de la de España con Estados Unidos, de la horrorosa lucha de los Balkanes, de la guerra civil en China y en Portugal, que no pueden aún darse por terminadas, de la sangrienta campaña que España y Francia han emprendido contra Marruecos, pues ambas potencias pretenden la absorción y quizá esa sea la manzana de la discordia para que se produzca un rompimiento entre esas dos grandes naciones; estamos en vísperas de ver un grave conflicto entre Ital talia y Austria Hungría y no será difici que repentinamente surja una conflagracion entre otras naciones europeas

En el Continente Americano han brotado ya disturbios y aquí tenemos ya en territorio de nuestra República la bárbara invasión de los bandidos yankis.

Ya empezó la absorción de los pueblos débiles por los fuertes, pues ahí está la Isla de Cuba y la pequeña República de Colombia subyugados por el ogro del Norte, por esos vándalos norte-americanos.

En cuanto a incendios, tanto en Europa como en América, se han registrado algunos formidables y aquí en nuestra capital, acabamos de ser testigos del siniestro que ha convertido en un montón de negras y calcinadas ruinas, el edificio del Palacio de Hierro, la negociación de mayor importancia que había en la capital y uno de los edificios más suntuosos y elegantes de la ciudad.

Poco tiempo hace, el Vesubio, ese temible volcán de Nápoles lanzó una de sus destructoras erupciones, arrasando y desolando vastísimos campos y varios pueblos pequeños. Aquí en México, estuvo, ha e unos cuantos meses, en actividad inesperada el volcán de Colima y en estos días se reciben noticias de los espantosos estragos que ha causado el volcán del Etna, también en Italia, que ha sepultado en arroyos de hirviente lava, más de diez poblaciones algunas de ellas de cierta importancia y que estaban establecidas en la falda de ese volcán.

La peste bubónica, la viruela negra, la escarlatina, el tifo, el tétanos y otras enfermedades devastadoras, se han declarado en forma epidémica en muchos partes del mundo, tocándonos a nosotros algo de esas terribles calamidades.

El hambre con todos sus horrores, se ha dejado sentir en diversos puntos y en nuestra República, no obstante la riqueza de esta bendita tierra para producir todo género de elementos alimenticios, puntos hay, en que ya se hace imposible obtener ciertos artículos de primera necesidad, no tanto porque éstos falten, sino por la falta absoluta de comunicaciones y de medios de transportes.

En esta capital la escasez de moneda y las dificultades en los transportes, unido a la criminal avaricia de comerciantes sin conciencia, ha ocasionado una carestía espantosa en los artículos de primera necesidad y como es consiguiente, las clases pobres, los humildes hijos del pueblo que apenas si pueden a costa de duras tareas conseguir jornales de unos cuantos centavos, son las primeras víctimas que sienten ya los efectos del hambre.

LA CELEBRE

MADRE MATIANA,

Se ve, pues, que las predicciones del alemán mensionado se van cumpliendo con extraña precisión. Además esas predicciones coinciden, en lo tocante a México, con las de la célebre Madre Matiana monja Jerónima, quien hace casi trecientos años, nos anunció todo lo que en un período de 60 años hemos presenciado, a contar del año de 1833 a la fecha, esto es, el temblor llamado del Sr. de Sta Teresa; el descubrimiento de los pozos de petrólee y de un cerro de jabón, el cual existe en la Villa de Guadalupe; la unica aurora boreal que se ha presenciado en Mexico a mediados del pasado siglo; la guerra de Independencia y la muerte de Hidalgo; la mutilación de nuestro territorio por la inicua invasión yanki en 1847; la muerte del Emperador Iturbide; la aparición de un gran cometa seguida de una formidable epidemia, que fué el cólera morbus, el gobierno en México de un principe extranjero y la muerte de éste, que fue Maximiliano de Hapsburgo, que en un año de 8, nacería una gran revolución la

"Se aproxima el fin del mundo". José Guadalupe Posada. Grabado con texto.

España en 1681 con motivo de la aparición de dos cometas. El primero fue observado en junio y el segundo cinco meses más tarde. Fue en particular este último, observado primero el día 15 a las cuatro de la mañana por el oriente, y de nuevo el 23 de diciembre hacia el occidente a la hora de la "oración de la noche",[205] el que la suscitó. En ella participaron entre otros, el sacerdote criollo Carlos de Sigüenza y Góngora (1645-1700) y el jesuita tirolés Eusebio Francisco Kino (1644-1711), quien el año del eclipse arribó a la capital del virreinato. Siguiendo la tradición aristotélica, Kino se negó a aceptar las "modernas" tesis defendidas por Sigüenza quien, basándose en la observación y la experimentación, cuestionó la denominada "naturaleza maléfica" de los cometas. Sobre ello escribió un breve tratado titulado "Manifiesto filosófico contra los cometas despojados del imperio que tenían sobre los tímidos", intentando disipar los temores populares y los de la virreina condesa de Paredes, asustada por la presencia del fenómeno celeste. Dicho manifiesto constituyó el inicio de la mencionada polémica. Kino refutó la postura de Sigüenza en su "Exposición astronómica de el cometa", al cual se sumaron Martín de la Torre con su "Manifiesto cristiano a favor de los cometas mantenidos en su natural significación" y Joseph de Escobar Salmerón con su "Discurso cometológico y relación del nuevo cometa". Con sus obras "Libra astronómica y philosophica" y "Belerofonte mathematico contra la quimera astrológica",[206] Sigüenza planteó los argumentos que resultaron ser los más convincentes al calcular la posición del cometa aparecido a fines de 1681 y demostrar "el carácter ultralunar de los cometas, con lo que el cosmos medieval de las esferas cristalinas se quebraba en forma irrevocable". Por esas mismas fechas, las observaciones de Newton lo llevarían a demostrar las leyes de la gravitación universal.[207]

La preocupación y el interés por estudiar los meteoros y diversos fenómenos meteorológicos, así como sus efectos considerados como maléficos, se mantuvo todavía por algunos años aunque, dichas correlaciones directas fueron poco a poco desechándose y sustituyéndose por explicaciones derivadas de la observación y de la experimentación, prácticas producto de la influencia de las ideas ilustradas, las cuales se volvieron cada vez más necesarias y extendidas entre los eruditos, estudiosos y científicos preocupados por entender y explicar la naturaleza y sus cambios.

Las tesis de los ilustrados novohispanos

La Ilustración como parte de la influencia europea

La Ilustración debe entenderse como un periodo a lo largo del cual evolucionaron una serie de ideas, se realizaron prácticas, se siguieron tendencias y se desarrollaron gustos con "un nuevo modo de ver las cosas, una actitud nueva frente a la realidad y la vida [...] dando preponderancia a la razón y a las ciencias [con base] en el conocimiento objetivo racional".[208] Estas

[205] Maldonado 1987:16
[206] Trabulse 1983, I:63.
[207] Trabulse 1982:51-52.
[208] Moreno 1977:12; Fernández y Arias 1985:10.

ideas abarcaron todo el mundo occidental, y fue España la responsable de difundirlas en sus posesiones ultramarinas. En Nueva España, si bien el desarrollo tanto científico como tecnológico se inició desde el siglo XVI, fue a mediados del siglo XVIII que penetró y se difundió con fuerza este movimiento renovador.

El periodo ilustrado novohispano se ha dividido de diversas maneras dependiendo del interés perseguido. Elías Trabulse ofrece una división del desarrollo científico y tecnológico novohispano que, comenzando desde el siglo XVI, cubren:

a) Un total de cinco etapas en el caso del desarrollo científico: 1521-1580, 1580-1630, 1630-1680, 1680-1750, 1750-1810, y

b) Dos largas etapas por lo que corresponde al desarrollo tecnológico: 1521-1750 y 1750-1830.[209]

Otros estudiosos del tema distinguen varios periodos que, iniciándose en el siglo XVIII, se caracterizan de la siguiente manera:

a) La etapa de penetración (1745/1755-1767), a la cual contribuyeron con fuerza los jesuitas y otras personas ligadas a la cultura o a la enseñanza; se caracterizó por el eclecticismo, la moderación y un énfasis en la filosofía.

b) La etapa criolla (1768-1788), en la que se desarrolló una mayor atención a las ciencias físicas y naturales, una "apertura" por parte de la Inquisición y una difusión a través de "los vehículos propios de la Ilustración: los periódicos".

c) La etapa oficial o española (1788-1803), en la que "la modernidad se manifiesta ya en todos los ámbitos" a partir, entre otros, de la participación de un rico grupo de científicos y artistas enviados desde España dedicados a la enseñanza; con ésta surgieron instituciones científicas de investigación y docencia.

d) La etapa de síntesis (1803-1821) caracterizada, como la anterior, por el predominio del enciclopedismo que, a través de Alejandro de Humboldt (1767-1835), permitió que se lograra "la suma de lo alcanzado por las etapas anteriores"; se considera que aquí se formó una nueva generación criolla cuya ideología ilustrada, plasmada en la Independencia, persistió hasta mediados del siglo XIX.[210]

Es durante las etapas que la anterior periodización caracteriza como "criolla" y "oficial o española", es decir, de la segunda mitad del siglo XVIII a principios del XIX, cuando se manifiesta con mayor fuerza un énfasis en el interés científico relacionado con el estudio sobre el origen de determinados fenómenos naturales, de los temblores en particular. El desarrollo de las ciencias físicas, en este sentido, logró importantes avances. Cabe aclarar que hablamos de ciencias físicas en conjunto, debido a que no siempre había una clara distinción entre quienes se dedicaban a uno u otro campo dentro de ellas. Los científicos de esta época "gustaban de estudiar y escribir sobre todos los temas que a su entendimiento cupieran; eran por

[209] Trabulse 1984:17-18.

[210] Miranda 1962, Moreno 1977:12-17. Trabulse considera una sola etapa de desarrollo científico y tecnológico a lo largo de la Ilustración: 1750-1810/1830 (Trabulse 1984:17-18).

ello más bien enciclopedistas" multidisciplinarios.[211] No obstante, poco a poco y cada vez con mayor fuerza, surgieron las especializaciones y las especialidades, las disciplinas, los distintos campos de estudio que alcanzarían niveles de particularidad insospechados en los siglos siguientes.

Con un claro rechazo a la validez intelectual de la tradición, con un cuestionamiento al principio de autoridad, con la convicción de que la verdad se alcanzaría a través de la observación y la razón, los ilustrados novohispanos llevaron a cabo un amplio y extenso proyecto que, si bien se manifestaba de manera individual y no siempre como "paradigmas científicos",[212] tenía como núcleo conocer "su mundo" en términos geográficos, históricos y estadísticos de una manera nunca antes lograda.

Sin duda uno de los ilustrados que logró los mayores alcances dentro de esta línea fue José Antonio Alzate y Ramírez (1737-1799), uno de los científicos ilustrados más prolíficos, preclaro enciclopedista. Alzate era uno de esos miembros de la minoría urbana y educada que llevó a cabo este magno proyecto. Fundó asociaciones o academias a las que tenía acceso un reducido grupo de científicos y estudiosos, a través de las cuales se filtró el pensamiento ilustrado en Nueva España que se propagó a través de las publicaciones periódicas, tertulias, cafés o sociedades literarias y de las publicaciones que circulaban. Respecto a esto último, sabemos que la producción bibliográfica novohispana en el campo de las ciencias no fue tan abundante debido a varios factores como el control político-religioso, el proteccionismo a la imprenta española y el interés por publicar obras de carácter religioso con el afán de evangelizar a los indígenas, entre otros; las obras de carácter científico que circulaban en la Nueva España venían en su gran mayoría de Europa vía la metrópoli, con frecuencia de manera clandestina, y sólo tenían acceso a ella algunos privilegiados. Sin embargo, ello permitió lograr importantes avances, que el mismo Alzate reconoció abiertamente, expresándolo en palabras de un auténtico ilustrado de la siguiente manera:

> ¿Habrá quién se atreva a negar que las ciencias en los últimos años del siglo pasado, y en lo que corre del nuestro siglo, verdaderamente de las luces, han tomado otro semblante? De embarazosas, caprichosas, y enemigas del buen empleo [...] se han convertido en deleitosas melódicas [...] y lo que es más, se conoce ya el camino seguro por donde debe conducirse a un laberinto inexplicable [...] La confusión que reinaba en los cánones [...] ha desaparecido a vista de la sabia crítica [...][213]

Elegir a Alzate como el principal ejemplo de los ilustrados criollos resulta muy afortunado y útil, no sólo por sus aportaciones en varios campos de la ciencia dadas a conocer en su mayoría, a través de las publicaciones que él mismo encabezó, sino porque fue uno de los pocos que se interesaron profundamente y desarrollaron el tema de los sismos en particular.

[211] Fernández y Arias 1985:18.
[212] Véase Trabulse 1984:20-22.
[213] Alzate 1831a, IV:86.

El pensamiento científico sobre el origen de los sismos

La preocupación general por descubrir las leyes generales del comportamiento humano, derivadas o similares a aquéllas que regían el cosmos físico y plasmadas en el estudio específico de fenómenos de origen geológico, se desarrolló a partir del influjo de dos ilustrados europeos a los que ya hemos hecho mención: Feijoo y Buffon. Estos últimos constituyeron, sin duda, las influencias más decisivas en el desarrollo de la prístina sismología novohispana hacia la segunda mitad del siglo XVIII. No obstante, varias de las ideas generales que circulaban por Europa, relacionadas con el origen de los temblores, aparecen también en los textos ilustrados, derivadas tanto de la lectura de Feijoo y de Buffon (quienes a su vez, como vimos antes, eran producto de la evolución que de dichas teorías se había producido en Europa), como del conocimiento directo de muchos escritos de quienes forjaron esa evolución.

José Antonio Alzate y Ramírez. Anónimo. Siglo XVIII.

Habíamos mencionado la persistente asociación que los estudiosos de la naturaleza insistían encontrar entre fenómenos geológicos y meteorológicos o celestes, misma que calificando a estos últimos de malignos, motivó la insigne controversia entre Sigüenza y Kino hacia el último cuarto del siglo XVII. Si bien la discusión no llevaba a negar de manera rotunda una correlación de orden más general, de alguna manera las ideas de las décadas posteriores se mantuvieron dentro de la línea trazada por Sigüenza. Así parece demostrarlo un texto aparecido en el *Diario de México* a principios del siglo XIX, el cual mencionaba que eran

> vanas [las] preocupaciones que reinaron en los tiempos de la ignorancia sobre la aparición de los cometas que se consideraban como funestos precursores de toda especie de calamidad. Los progresos que ha hecho la astronomía, nos han desengañado de tan grosero error.[214]

Pero, los ilustrados novohispanos no abandonaron del todo la idea de una posible relación entre ambos tipos de fenómenos, si bien por lo general ya exenta de un sentido agorero. En la amplia descripción que del temblor ocurrido el 4 de abril de 1768 nos legó Alzate, menciona que antes del mismo se experimentó excesivo calor, que cambió de súbito a un frío invernal, al cual siguieron copiosas lluvias y gruesos nublados.[215] Años más tarde, llegó incluso a plantear una correlación directa entre temblores de gran intensidad y cambios climáticos generalizados, la cual resulta realmente interesante considerando lo acucioso y meticuloso que resultaban

[214] Trabulse 1985:352.
[215] Alzate 1831b:30.

todas y cada una de sus aseveraciones, derivadas de minuciosas observaciones y registros. Nos decía Alzate que:

> así como en Europa desde el terremoto de Lisboa de 1 de noviembre de 1755 se perturbó la serie de estaciones, que allí eran poco más, poco menos regulares, así igualmente desde los terremotos de 1768, que aquí se sintieron y continuaron en 1776, este país ya no es la Nueva España, aquella que conquistó Cortés; no hay año que se parezca a otros; heladas fuera de tiempo; sequedad de la atmósfera, lluvias abundantes en ciertos territorios, y al mismo tiempo escasas en otros.[216]

Núm. 16. 41.

GAZETA DE LITERATURA.

MEXICO 7 DE ENERO DE 1789.

CARTA AL AUTOR DE ESTA GAZETA.

Est modus in rebus, sunt certi denique fines
Quos ultra citraque nequit consistere rectum. Horac.

MUY Señor mio: En el pretendido siglo de las luces, titulo de que se reirán los Sabios de los venideros tiempos, ¿se intenta ofuscar y enlaberintar el camino seguro para aprender las Ciencias naturales? Si Señor. Al leer tanta nueva nomenclatura, tanta perturbacion de las nociones recibidas, ¿se puede juzgar de otra manera? Ya la Chimica se nos presenta baxo el aspecto de voces inconocidas: que en los nuevos descubrimientos se asignen nuevas expresiones, esto es regular, pero substituir nuevos nombres, nuevas ideas á lo que la costumbre y autoridad de profundos Sabios tienen establecido, es la cosa mas extravagante que pueda imaginar la debilidad del entendimiento humano.

47.

En honor de la Patria y de la Nacion concluyo con esta reflexa. Se dixo en una de las Arengas, que la Botánica no se habia cultivado en Nueva España: si esto se dice respecto al conocimiento de las virtudes de las Plantas, es proposicion que desmiente la Historia. El sabio Hernandez poco despues de conquistado México colectó mil y docientas plantas medicinales: en Europa, en aquel tiempo el número de las oficinales conocidas no llegaba á tal número. ¿Se habia pues cultivado la Botánica medicinal por los Indios Mexicanos? Los que á estos procuran vilipendiar con el título de bárbaros, idiotas &c. no se hacen cargo de que disminuyen el honor debido

"Fragmento de la Gazeta de Literatura de México, dirigida por José Antonio Alzate.

Para corroborar lo anterior, Alzate añadía que los temblores ocurridos en Sicilia en 1783 perturbaron la "atmósfera" europea, pues a partir de entonces se sucedieron, como en Nueva España, escaseces de semillas, inundaciones, epidemias y fríos. Si bien ahora sabemos que lo anterior no es del todo exacto, Alzate se adelantó al lanzar afirmaciones que más tarde serían confirmadas, en términos de que la intervención de la mano del hombre ha contribuido a modificar el comportamiento natural:

> Si la naturaleza ha variado por los terremotos u otras causas que ignoramos, en mucha parte debe contribuir a ello la perturbación que en los terrenos de la laguna ha dispuesto cierta clase de hombres que, sin saber si hay física en el mundo, intentan reformar el plano de la naturaleza

Con base en sus anteriores consideraciones, sugirió la siguiente hipótesis:

> si yo fuera capaz de exponer sistemas, diría que un fuerte terremoto [o bien] la erupción de un volcán, hacen mudar de sitio al centro de gravedad de nuestro globo, y por esto deberá verificarse cierta perturbación en su giro.

Y, previendo las críticas añadía:

> Se me replicará ¿cómo ésto no advierten los astrónomos? Porque la variedad puede ser tan insensible, que no se reconozca por la observación ejecutada por los instrumentos más delicados, no son [todavía] los hombres tan expertos.[217]

La asociación de los sismos con fenómenos meteorológicos, e inclusive la aceptación de que algunos de éstos constituyen precursores o incluso

[216] Alzate, "Continuación de la descripción topográfica de México", en Alzate 1831a, II:280-281.
[217] Alzate, "Continuación de la descripción topográfica de México", en: Alzate 1831a, II:280-282.

detonadores de aquéllos, se mantuvo entre los científicos de todo el orbe por más de un siglo. Por ejemplo el científico Alexis Perrey (mediados XIX), a quien se deben varios catálogos de sismos tanto europeos como sudamericanos,[218] publicó en 1863 un estudio que tendría profunda influencia, en el cual relacionaba los temblores con el perigeo de la luna. En México esta tesis fue considerada en varias ocasiones por algunos de los primeros sismólogos y vulcanólogos mexicanos.[219] En Italia, M. De Rossi sacó a la luz en 1874 el primer periódico italiano dedicado a sismología y vulcanología denominado *Bulletino del Vulcanesimo Italiano* que, además de publicar los eventos reportados diariamente, anotaba algunos fenómenos considerados como posibles precursores de los sismos como las fases de la luna, la presión atmosférica y los niveles de agua en los pozos.[220] A pesar de que en la actualidad tales correlaciones por lo general no gozan de gran popularidad, estudios recientes parecen demostrar que dichas tesis quizá no estaban tan erradas.[221]

El que se hayan mantenido este tipo de correlaciones a pesar de la irrupción de las ideas ilustradas, si bien parecería contradecir el avance científico logrado, en realidad respondía a las concepciones en boga sobre el origen de los sismos, en las cuales los cuatro elementos básicos seguían jugando un papel central. Si bien no de manera explícita, pero aceptando las tesis aristotélico-kircherianas, al dar cuenta en su *Gazeta* del sismo ocurrido el 16 de mayo de 1729, Juan Francisco Sahagún de Arévalo (?-1761), quien recibiera en 1733 el título de Primer y General Cronista e Historiador de la ciudad de México, decía que las causas naturales de los temblores

OBSERVACIONES SOBRE LA FISICA, HISTORIA NATURAL, Y ARTES UTILES.

Por Don Josè Antonio de Alzate Ramirez.

Correspondiente de la Real Academia de las Ciencias de Paris, de la Sociedad Bascongada, y del Real Jardin Botánico de Madrid.

IMPRESAS EN MEXICO:

Con las Licencias necesarias.

En la Oficina de Don José Francisco Rangel, en el Puente de Palacio. Año de M.DCC.LXXXVII.

Portada del periódico científico que dirigió José Antonio de Alzate.

[218] Entre ellos se encuentran los siguientes: "Mémoire sur les tremblements de terre ressentis en France, en Belgique et en Hollande" (Academie Royale de Belgique, 1845), "Mémoire sur les tremblements de terre dans le bassin du Danube" (Société Royale d'Agriculture, Lyon, 1846) y "Documents sur les tremblements de terre au Pérou, dans la Colombie et dans le Bassin de l'Amazone" (Academie Royale de Belgique, 1858).

[219] Entre ellos estuvieron Iglesias, Bárcena y Matute, quienes conformarían una famosa comisión científica encargada de analizar los terribles temblores ocurridos en Jalisco en 1875 (Iglesias, Bárcena y Matute 1877, I:115-204).

[220] Véase Mucciarelli y Albarello 1991. El italiano De Rossi junto con el suizo Forel, propusieron a fines del siglo XIX, una escala de intensidad de diez grados conocida como Rossi-Forell, misma que antecedió a la de 12 grados lanzada en 1902 por Giuseppe Mercalli (Suárez y Jiménez 1987:17).

[221] Sismólogos italianos, siguiendo a De Rossi, correlaciona a los sismos con las variaciones en el nivel del agua a partir de datos sobre sismos históricos. Con base en determinadas fórmulas estadísticas, han llegado a la conclusión de que existe una alta relación entre ambos fenómenos, si bien advierten que la evidencia aún es débil debido a que la muestra utilizada para corroborarlo es sumamente pequeña (Mucciarelli y Albarello 1991).

"Nouvelle Comète de 1843". José Guadalupe Posada. Grabado.

se reducen a que, como la fuerza de los rayos solares engendra en el cuerpo terrestre copiosas y subtiles exhalaciones [...] las que impelidas a difundirse a la externa región de la Atmosphera, ya de su perveniente constipación, o ya por otra intemperie, o mutación, encarceladas en la interioridad del globo terrestre, sin intersticios por donde evaporen, son aptas dichas exhalaciones a inflamarse y encender los minerales combustibles, sulphúreos, oleaginosos o vituminosos [...] por lo cual impelen con violencia los fuertes del terreno y [...] prorrumpe a veces a la vomeración de volcanes, y a veces al estremecimiento (...)

Si bien escinde la asociación directa entre erupciones volcánicas y sismicidad, este prístino periodista mexicano muestra una visión clara y abiertamente organicista al afirmar

Al modo que al cuerpo humano, la afección del rigor, (que vulgarmente se llama escalofrío), ardiendo interior la sangre tiene lo externo refrigerado, de que proviene el tremor, de que clara y fácilmente se deduce ser la causa de los temblores el fuego y no el aire.[222]

[222] *Gazeta de México*, marzo 1729, 16:123.

Son de hecho estos escritos de Sahagún de Arévalo los primeros en los que encontramos la influencia en Nueva España de las ideas europeas relacionadas con una explicación científica sobre el origen de los sismos. Al parecer después de él estos temas no despertaron un gran interés, a pesar de que ocurrieron temblores de cierta importancia, como los de junio y julio de 1739 y sobre todo, los ocurridos entre 1749 y 1750 en la región de Jalisco y Colima que causaron graves destrozos en algunas poblaciones (Amacueca, Sayula, Zacoalco, Zapotlán) y derribaron el frente de la catedral de Guadalajara.[223] Al respecto sólo encontramos algunas menciones que reflejan un cierto interés más de aficionados que de científicos como tales. A manera de ejemplo de esto último, encontramos un informe rendido a raíz de las manifestaciones previas a la aparición del volcán Jorullo en Michoacán en 1759. Don José Pimentel, dueño de la hacienda que más tarde daría nombre a dicho volcán, al haber escuchado ciertos ruidos subterráneos y creer que encontraría agua, excavó una zanja y

> a poco más de tres varas de profundidad, se vio que el terreno estaba hueco, formando una especie de bóveda, y que se cimbraba en un espacio muy considerable, y esta circunstancia fue bastante para inspirar temor al dueño y hacerle desistir de su empresa.[224]

Un mes después se sintieron ligeros temblores y, dado el olor "azufroso y desagradable" que emanó de la excavación, Pimentel dio parte a las autoridades; éstas encomendaron el examen del terreno al padre Ignacio Molina, jesuita "bastante conocido entonces por su instrucción", quien sugirió abandonar el lugar previendo que se formase en él una "abertura volcánica". Esta aseveración refleja, de alguna manera, que ya existía cierta información, conocimientos e influencia de las teorías en boga como para dar un diagnóstico de esta naturaleza. En efecto, el 29 de septiembre de ese mismo año "reventó el terreno con violencia [...] formando el célebre volcán de Jorullo",[225] sin embargo no localizamos otro razonamiento al respecto que pudiera dar cuenta de interpretaciones científicas relacionadas de manera más directa con este fenómeno.

El interés de éstos que calificamos de "aficionados", se mantuvo, en las noticias publicadas por los periódicos, las cuales incluían datos mucho más detallados que antes y, ocasionalmente, algún tipo de información relacionada con el asunto que ahora nos ocupa.

Velázquez de León, Alzate y Humboldt

Fue de hecho hasta la segunda mitad del XVIII que los ilustrados novohispanos retomarían estos temas y problemas, imprimiéndoles un carácter que en esencia puede calificarse como científico. Los cuestionamientos que se hicieron, sus observaciones y las conclusiones a que llegaron muestran que "habían arrancado al terremoto de la mano vengadora de Dios".[226]

[223] Véase García Acosta y Suárez Reynoso, 1996:120-121 y 122-128.
[224] Gómez de la Cortina 1840:20.
[225] Gómez de la Cortina 1840:21.
[226] Bascetta 1987:11.

Entre ellos encontramos a Joaquín Velázquez de León (1732-1786) y en especial a Alzate, a algunas de cuyas tesis hemos hecho ya referencia. Ambos dieron cuenta del sismo antes mencionado, ocurrido el 4 de abril de 1768, sin embargo, mientras Velázquez de León se limita aunque en detalle a describir el temblor, para Alzate fue motivo de una amplia reflexión, que plasmó en las varias páginas que ocupan sus "Observaciones físicas sobre el terremoto acaecido el cuatro de abril del presente año".

Velázquez de León, novohispano autodidacta en astronomía y matemáticas, nos dice que el temblor empezó "por un movimiento vibratorio de abajo para arriba [con] oscilaciones del sureste al noroeste" y que su duración fue de seis minutos, aclarando como buen observador científico que tal exactitud fue posible gracias a

> tener en corriente un reloj de péndulo y ajustada con él mi muestra de bolsa que andaba muy regular. Al empezar el temblor paró el péndulo, como sucede siempre o las más veces; pero como la muestra prosiguió andando, observé en ella, luego que cesó el movimiento de la tierra, el minuto que indicaba, y cotejado con el punto en que quedó el otro reloj, hallé en la diferencia de los dos la precisa duración del terremoto.[227]

Alzate también hizo una descripción de este sismo pero, además, aporta una interpretación relacionada con la concepción científica que defendía sobre el origen de los sismos. Es decir, la de Alzate no es una narración como otra cualquiera que podemos encontrar en una crónica, en los relatos de un viajero o en las páginas de un periódico. Menciona datos generales como tipo de movimiento, dirección, duración, etc., pero todo ello acompañado de la visión de un ilustrado, de un científico preocupado por descifrar eventos desconocidos. Constantemente relaciona dichos datos generales con otros que permiten corroborarlos y con ello, profundizar en su preocupación por explicar el origen de los temblores. Veamos algunos ejemplos. Alzate identificó la dirección del movimiento sísmico y confirmaba que la percibida por él fue la real. Basándose en el movimiento de los péndulos de dos relojes, afirmó que los movimientos siguieron direcciones contrarias; una segunda confirmación provino de su observación en la que registró la destrucción de los candiles de dos iglesias colocados en diferente dirección. Afirmó que la mayor parte de los movimientos fueron de norte a sur, debido a la "dirección" de las montañas y volcanes de la Nueva España y por último, describió un movimiento "como de elevación" el cual con base en las teorías que adoptó sobre el origen de los sismos, se debió a "la acción del fuego subterráneo".[228]

[227] Joaquín Velázquez de León, *Descripción histórica y topográfica del Valle, las lagunas y ciudad de México*, en: Moreno 1977:273. Moreno señala que Alzate introdujo una nota al texto de Velázquez de León, afirmando que éste se encontraba en California y que no pudo haber observado lo que afirmaba; Moreno añade que Alzate se equivocó, pues Velázquez salió hacia California 12 días después del temblor. Esta sería una de tantas polémicas en las que se enfrentaron ambos ilustrados.

[228] Todas estas menciones y las que siguen, a menos que se especifique lo contrario, aparecieron en el ensayo "Observaciones físicas sobre el terremoto acaecido el cuatro de abril del presente año", (Alzate 1831b).

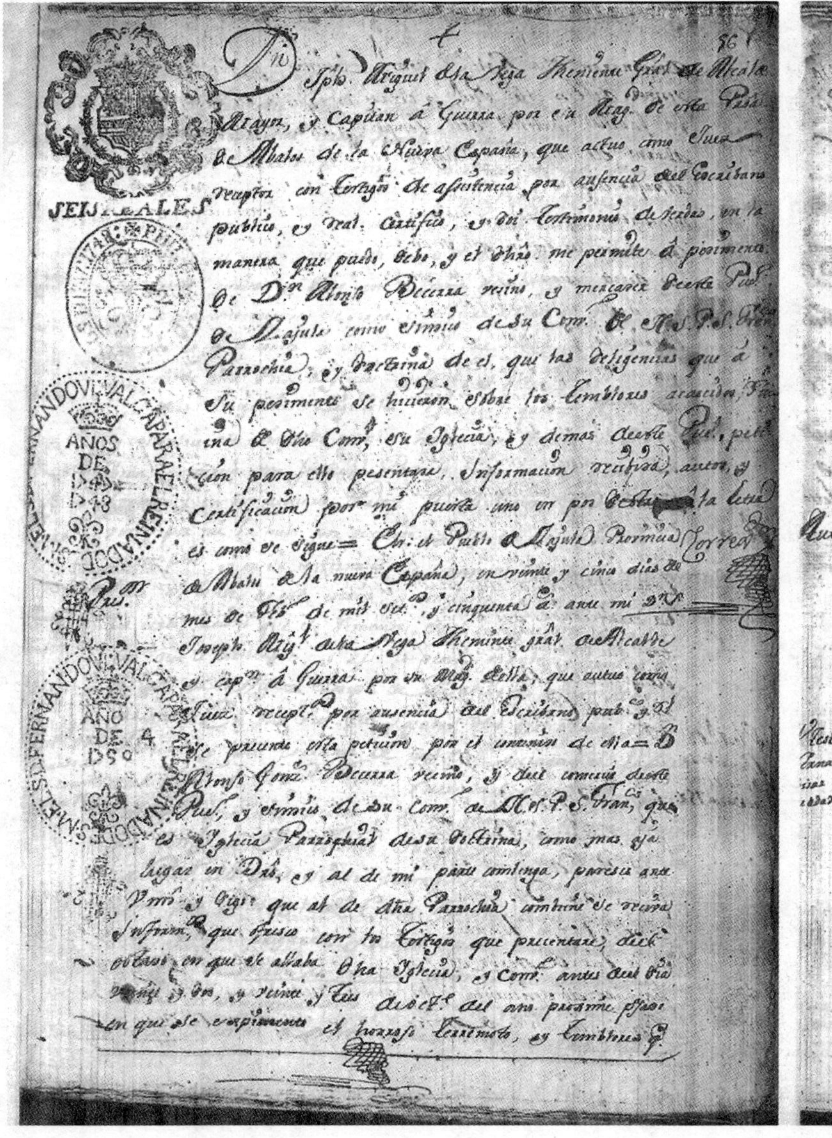

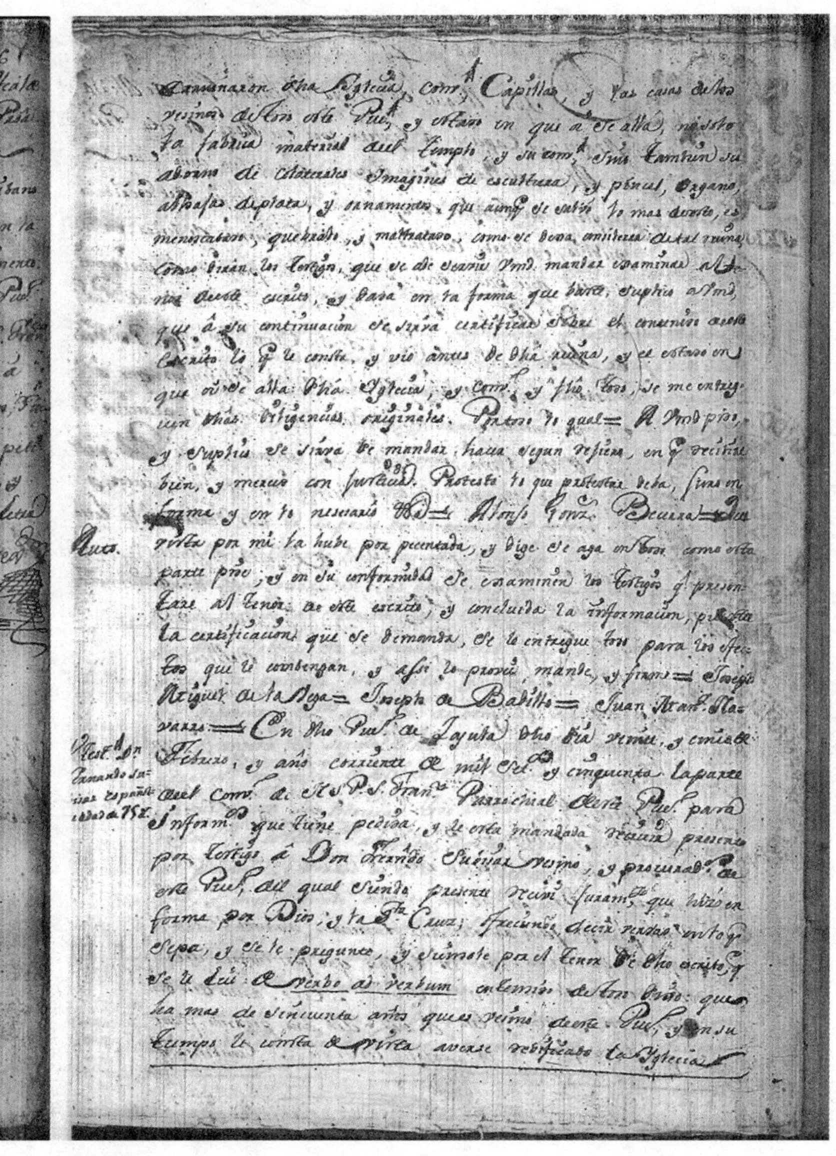

Testimonio de la información que se hizo del estado que tenía la iglesia y convento de Sayula antes de los temblores del año de 1749 y en el que quedó a causa de estos. Sayula, 25 de febrero de 1750. (Biblioteca Pública del Estado de Jalisco, Fondos especiales, Fondo Franciscano, vol. 32.3, exp.16, f .56-57)

En relación con esto se encontró que en sus disquisiciones, Alzate refleja claramente la síntesis que la evolución de las diversas concepciones sobre el origen de los sismos siguieron a lo largo de más de veinte siglos. En ellas aparecen las cavernas de Lucrecio,[229] el aire encerrado de Séneca, el fuego interior de Kircher y la combustión interna de Buffon. Pero de todos ellos, sólo a este último cita explícitamente como fuente directa en estos temas aunque, por otros escritos suyos, sabemos que como buen enciclopedista, estudió también las obras de Plinio, Séneca y de muchos otros a los que calificaba de "autores de ingenio elevado".

Sus interpretaciones se oponían a aquéllas que se basaban en el origen eléctrico de los temblores, defendidas por Feijoo y sus contemporáneos ingleses, franceses e italianos. Las cuestionó seriamente, como se verá más adelante.

Al hablar sobre el origen de los temblores o terremotos, nociones que emplea como sinónimos, Alzate partía de la existencia del fuego interior que provoca el calentamiento, fermentación e inflamación de las materias subterráneas. Con base en su expansión y efectos distinguió dos tipos de sismos:

a) los relacionados con la necesidad de desfogo del aire generado por los procesos mencionados, el cual si

> no encuentra salida, levanta la tierra, y forma un volcán; si la cantidad de las materias que se encienden es poco considerable, no se forma nuevo volcán; pero se experimenta un temblor de tierra. La razón es porque el aire enrarecido por la acción del fuego subterráneo se escapa por algunas pequeñas aberturas de la Tierra.

Caracterizaba a estos sismos por no tener una amplia propagación, por lo cual sus efectos sólo se pueden manifestar a cortas distancias;

b) los que provocados por la inflamación y posterior explosión de materias, producen gran cantidad de aire que "se halla en una gran rarefacción, por la violencia del fuego, y que por el estado de compresión que tiene en el seno de la Tierra, debe producir efectos muy violentos." Estos últimos sí se extienden a grandes distancias, "más en largura que en anchura" y se presentan acompañados de ruidos sordos.

A continuación Alzate, basándose en lo anterior, y tomando en cuenta el experimento llevado a cabo por el "académico Leremi" consistente en haber enterrado una mezcla de azufre con limadura de hierro y agua, misma que posteriormente se hinchó y provocó la elevación y apertura del suelo en varias partes, consideró que la causa física del sismo de abril de 1768 se derivó de la mixtura provocada por el agua de las lluvias que se presentaron dos días antes del 4 de abril, con las materias subterráneas fermentables. Es decir, fue un temblor del segundo tipo mencionado.

A pesar de que sus consideraciones resultan aleccionadoras, al desconocerse por entonces el tipo de propagación que caracteriza a las ondas sísmicas, Alzate incurrió en errores como afirmar que la Ciudad de México

[229] A pesar de que era un autor poco leído, por considerar que sus ideas eran contrarias al pensamiento religioso de la época.

¡EL GRAN JUICIO UNIVERSAL!

¡¡Fin de todo el Mundo para el 14 de Noviembre de 1899 á las 12 y 45 minutos de la noche!!

Para el día 14 de Noviembre del presente año de 1899, está anunciado con todas las formalidades debidas y muy circunstanciadamente el terrible "Fin del Mundo." Muchos, muchísimos lo han creido; pero por fortuna no va á suceder nada del horripilante cataclismo; todo va á resultar farsa en cuanto al terremoto y lluvia de piedrotas incandescentes, las cuales ya parece que descalabran calaveras y hasta sienten algunos el dolorcillo consiguiente, como si ya les hubiera roto la *pensadora*. El renombrado austriaco, el eximio astrónomo Rodolfo Falb se ha equivocado lamentablemente, según la más autorizada y respetable opinión del gran astrónomo frances Camilo Flammarión: Rodolfo Falb dijo que el día 14 de Noviembre próximo á las doce y cuarenta y cinco minutos de la noche se hallará en el espacio la Tierra y el cometa nombrado de Biela descubierto hace muy poco tiempo. La desconsoladora profecia, el aterrador cálculo hecho con siniestro laconismo, es decir, en pocas palabras, por el científico austriaco produjo, como era de suponer, inusitada, extraordinaria alarma, por lo cual solicitaron las opiniones del eminente y práctico astronómo Mr Flammarion, quien en un magnífico artículo, digno sólo de su eficáz y sano criterio, se ha propuesto tranquilizar á la nerviosa y espantada humanidad. "El 14 de Noviembre del presente año de 1899—dice Mr. Flammarion—desde el mediar de la noche al amanecer, se efectuará una sorprenderte lluvia de estrellas erráticas ó exhalaciones procedentes de la constelación llamada "Leo." Estas son las famosas «Leonidas» que debieron ser vistas el 14 de Noviembre de 1898 y que no aparecieron á nuestras miradas por la lógica y excelente razón de encontrarse entonces á la muy respetable distancia de 745 millones de kilómetros á la tierra. El lujosísimo conjunto de meteoros describe una órbita elíptica alrededor del sol, invirtiendo en dicho viaje unos 33 años. Tan maravilloso fenómeno pudo ser observado en los años de 1766, 1799, 1833 y 1866, por más que en esta última fecha el número de estrellas erráticas se había reducido grandemente. Razones tengo para asegurar que esa disminución se hará palpable ahora, pues he mostrado que las referidas «Leonidas» pueden ser observadas todos los años en igual fecha, lo que viene demostrando que el foco de la censtelación ha ido por grados esparciéndose en su camino celeste. El profesor y entendido astrónomo Mr. Falb apoya su trágica profecia en el encuentro de la Tierra con el cometa de Biela. Este encuentro no tendría nada de raro, pues como saben todos los astrónomos, el espacio está abastecido de cometas que, por decirlo así, revolotean al rededor del sol cual un enjambre de maripositas alrededor de una vela encendida ú otra luz. Como es natural, al efectuar la tierra su movimiento de translación, es decir, de un lado á otro, está expuesta á tropezar con cualquiera de los referidos cometas. Suponiendo que así sucediese, el choque de nuestro planeta, la Tierra, la lluvia de exhalaciones, que produjera, no tendría ninguna consecuencia grave. Precisamente la aproximación que vaticina Mr. Falb se verificó en el año do 1832, el dia 29 de Octubre; el cometa de Biela fué uno de les que cruzaron la órbita de la Tierra, sin causar otra cosa más que el temor, sin fundamento, por las profecías de los astrónomos

Si hubiera entonces ocurrido el choque, naturalmente en aquel tiempo se habrían ocasionado múltiples desgracias, porque ha de recordarse que marchó nuestro planeta á una velocidad de (100,000) cien mil kilómetros por hora, y aunque de poco volúmen el cometa, era lo suficiente para proporcionarnos un regular disgusto. Hoy, en la actualidad aunque chocaran la Tierra y el cometa de Biela no tendría ninguna importancia, porque éste desde el año de 1872 se ha ido dividiendo

"El juiciote universal. Multitudes corriendo asustadas ante terremotos y otros sucesos".
José Guadalupe Posada. Grabado acompañado de texto.

no puede experimentar muy funestos efectos a causa de los terremotos por estar fundada en un fango, éste amortigua todo movimiento extraño, lo mismo que se verifica respecto a cajas de coche con las sopanadas o muelles.[230]

Descripcion
Del Volcan de Tuxtla
Por D. José Mar.no Moziño
Botanico de la exped. de N.E.
Año de 1793.

Los terribles temblores ocurridos en el territorio mexicano a todo lo largo de su historia, tuvieron funestos efectos en especial en la Ciudad de México debido al lecho fangoso sobre el que descansa, en el cual se confinan las ondas sísmicas y producen amplificaciones de los movimientos terrestres.[231]

Alzate fue más lejos aún en sus análisis y propuestas. Siempre con base en las acuciosas observaciones que llevó a cabo con motivo del temblor de 1768, comparándolas después con otras informaciones indirectas, se preocupó también por determinar lo que hoy se conoce como el epicentro o centro desde donde se genera un sismo, así como por establecer su propagación. Consideró que era de suma importancia para ello calcular el tiempo de duración de un mismo temblor en diferentes lugares y verificando el tiempo intermedio, poder calcular la distancia, "observaciones que tanto importan para el progreso de la ciencia".[232] Duración y distancia resultaban entonces elementos determinantes. Con base en ellos y dada la ocurrencia simultánea de un temblor en Quito y en México el 4 de abril de 1768, Alzate se preguntó si en ambos casos no habría influido la misma causa, lo cual corroboraría "la conexión que tienen ambas Américas por subterráneos, mucho mayores que el célebre istmo de Panamá, que une a las Américas"; sin embargo, se excusó de abundar en ello diciendo "yo no puedo penetrar en lo interior de la Tierra para indagar lo que allá pasa; básteme referir los sucesos".[233]

Esta última frase en boca de Alzate llama la atención, sobre todo considerando que un ilustrado, por lo general, intentaba dar alguna explicación a aquello que se presentaba ante sus ojos; que dentro de esta línea, había dedicado buen número de páginas a escribir sobre el origen de los sismos teniendo conocimiento de las teorías en boga, y considerando por último, que recien se había dado a conocer la teoría que atribuía a la electricidad la causa de los temblores, misma que Feijoo y otros habían lanzado para explicar su propagación a grandes distancias . Esta última habría constituido un marco explicativo que caía "como anillo al dedo" a las indagaciones que hizo Alzate respecto a la conexión entre las Américas. Co-

[230] Alzate 1831a, IV:381.
[231] Suárez y Jiménez 1987:7.
[232] Alzate 1831a, IV:382.
[233] Alzate 1985:174.

nocía muy bien esta teoría pero no comulgaba con ella, ya que defendía la idea de la existencia de fuegos y explosiones subterráneos como origen del nacimiento de volcanes, de erupciones o simplemente de temblores, con la cual de alguna manera se contraponía la teoría eléctrica. Cuando se refirió a ésta, lanzó un par de reflexiones a través de las cuales manifestaba su total desacuerdo:

> Primera: si la electricidad causara conmociones en la Tierra, siempre que hay tempestad debiera temblar por la explosión de la materia eléctrica; y como ésta se dilata por toda la circunferencia e interioridad de la Tierra, la explosión debía comunicarse a toda ella, y por consiguiente causar un temblor general, lo que no se verifica
> Segunda: las experiencias eléctricas demuestran que se ha de evitar la comunicación con la tierra, para que la máquina tenga su efecto, por lo que se acostumbra suspender al que se quiere electrizar, o se interrumpe la comunicación por medio de un banquillo pintado de resina [...] Todo esto prueba el que la Tierra amortigua el movimiento de la materia eléctrica, ¿pues cómo podría causar en la Tierra terremotos?[234]

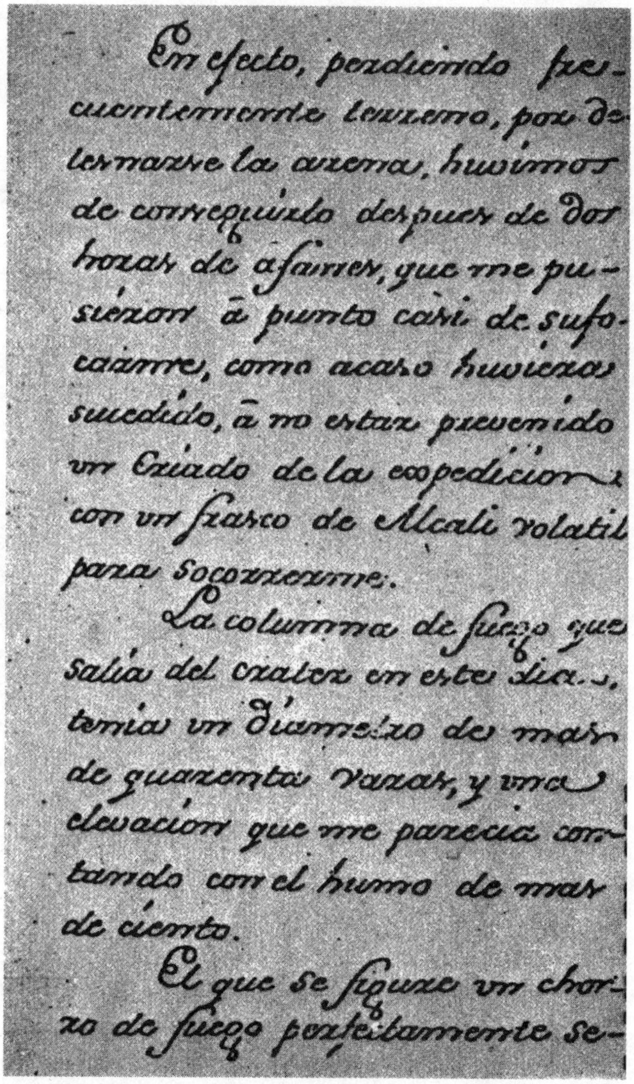
En efecto, perdiendo fre-
cuentemente terreno, por de-
terrarse la arena, huvimos
de conseguirlo despues de dos
horas de afanes, que me pusieron à punto casi de sufo-
carme, como acaso huviera
sucedido, à no estar prevenido
un Criado de la expedicion
con un frasco de Alcali volatil
para socorrerme.
La columna de fuego que
salia del crater en este dia...
tenia un diametro de mas
de quarenta varas, y una
elevacion que me parecia contando con el humo de mas
de ciento.
El que se figure un chor-
ro de fuego perfectamente se-

Fragmento del texto original del informe de Mociño sobre el volcán de Tuxtla. 1793

¿Cómo explicar entonces la propagación de un temblor desde México hasta Quito, de cuya correspondencia tuvo noticia años después de haber refutado la teoría eléctrica? Al momento de criticar esta teoría Alzate se manifestó partidario de la línea apuntada por Buffon, sin embargo, años más tarde cuestionó algunas ideas de este naturalista francés en especial en sus disquisiciones sobre las características del Ajusco y las ideas de aquél sobre la formación de las montañas lo cual, dice Alzate, "me hizo separarme del sistema del conde Buffon".[235]

El avance en sus investigaciones lo llevó a cuestionar tanto a Feijoo como a Buffon, sin encontrar una explicación alternativa; de ahí que en una de sus últimas reflexiones relacionadas con el origen y en particular con la propagación de los sismos se haya limitado a decir:

> ¡Qué campo tan vasto se presenta a la imaginación: cultívelo otro; bástame para mi propia satisfacción e ingenuidad exponer esto por ahora; acaso no faltará ocasión en que se retome asunto tan útil![236]

Con esta alocución, Alzate dejó el tema. Sin embargo cabe señalar que al igual que en otros campos, sus observaciones no se limitaron al conoci-

[234] Alzate 1831b:33-34.
[235] Alzate, "Descripción topográfica de México", en: Alzate 1831a, II:50.
[236] Alzate 1985:174.

miento de los fenómenos separándolo de su aplicación práctica. Sus razonamientos sobre el origen de los temblores y del vulcanismo, lo llevaron a proponer medidas útiles relacionadas con el desagüe del valle de México o bien con la forma en que debían construirse los edificios en zonas proclives a temblores. Con relación a lo primero, consideró que ya que bajo los volcanes se encuentran "concavidades muy grandes, porque al tiempo de la explosión el material que ocupan afuera ocupan lugar [adentro], y no hay otro que le supla" sugería aprovechar dichos "socavones" para desaguar el valle de México y evitar futuras inundaciones.[237]

Por lo que toca a las construcciones antisísmicas, señaló lo "pernicioso" que resultaba el empleo de pilotes, lo cual corrobora con una información proveniente de la ocurrencia de un temblor en Mesina, Italia en 1783, según la cual los edificios fabricados sobre estacas o pilotaje se destruyeron totalmente: "Las estacas, pues, serán de mucha utilidad para los sitios expuestos a los esfuerzos del mar; más no en un terreno como el de México."[238]

Después de Alzate, los esfuerzos ilustrados alrededor del origen de los sismos durante el resto del siglo XVIII resultan ser mucho menos reveladores. Como parte de la famosa Expedición Real de Botánica, iniciada en 1787 con los auspicios de Carlos III y dirigida por el botánico Martín de Sessé, el expedicionario José Mariano Mociño (1757-1820),[239] naturalista novohispano, tuvo oportunidad de presenciar en 1790 la erupción del Jorullo y más tarde, la del volcán de San Andrés Tuxtla en 1793. Si bien tanto los intereses de dichas expediciones, como las del propio Mociño eran de tipo botánico, la inquietud despertada en este último al haber presenciado dichos fenómenos, lo movieron a redactar sugerentes descripciones tanto del volcán mismo como de la sierra tuxtleca, cuya formación primitiva consideraba de origen volcánico dados los vestigios de grandes erupciones remotas.[240] Sin embargo, en ellas no profundiza en el origen de los sismos o de las erupciones volcánicas; se limita a hablar tanto de la erupción de 1793 como, aunque de forma más breve, de la ocurrida el "siglo pasado según informes que he recibido de varios ancianos de este vecindario".

Mociño se refirió más bien a los efectos de la erupción: calculó la altura cubierta por la ceniza volcánica, así como la extensión que ésta cubrió; dedujo el diámetro y altura de la columna de fuego lanzada por el volcán; midió la temperatura del aire y del suelo en la zona inmediata y describió prolijamente una por una de las erupciones. Al mencionar la presencia de

[237] Alzate 1985:174.

[238] La información sobre Mesina la obtuvo Alzate del *Diario de los Sabios* de enero de 1785, mismo documento en el cual en 1771 se había publicado la información sobre el temblor de Quito en 1768 ("La arquitectura en Nueva España", en Alzate 1831a, I:399-400).

[239] Una recopilación de documentos sobre las varias expediciones y viajes científicos españoles en América apareció en Calatayud, 1984.

[240] Se encuentran originales de este escrito en el Archivo General de Indias, México, leg. 1886 ("Descripción del volcán de Tuxtla por Don José Mariano Mociño, botánico de la expedición de Nueva España" y "Sobre la nueva boca que se ha abierto en el volcán inmediato al pueblo de Santiago Tuxtla") y leg. 1436, núm.577 ("Erupción del volcán que no originó estragos"). Parte de ello se ha publicado en José Mociño, *Informe sobre la erupción del volcán de San Martín Tuxtla (Veracruz) ocurrida en el año de 1793*, Tipografía Mexicana, México, 1869, reproducido en Trabulse 1985:214-221.

temblores, lo hizo siempre con relación a las erupciones volcánicas, de lo cual podríamos deducir que consideraba que el origen de ambos resultaba ser el mismo. Mantenía la idea, derivada de Alzate aunque no lo expresa así, de la existencia de "diversos socavones que ministran los materiales con que hace sus erupciones este montezuelo", los cuales "se extienden a muchos centenares de leguas".

Dos últimas versiones iluminadas sobre el tema hemos logrado localizar. La primera de ellas proviene del barón de Humboldt. Tanto en la obra cumbre en la que dio a conocer en toda su amplitud su concepción científica del mundo, *Cosmos o Ensayo de una Descripción Física del Mundo*, como en el *Ensayo político sobre el reino de la Nueva España*,[241] si bien se refirió en repetidas ocasiones a cuestiones sobre vulcanismo, no dedicó especial atención al tema de los temblores. El nacimiento del volcán Jorullo en 1759 le inquietó particularmente, y quizá por ello dedicó el tercero de los cuatro recorridos que entre marzo de 1803 y marzo de 1804 hizo por la Nueva España a visitar y escalar el Jorullo. Después hizo aclaraciones, correcciones y comentarios a versiones anteriores sobre esta erupción, utilizando los conocimientos adquiridos a través del enorme cúmulo de lecturas que había hecho y los estudios relativos a vulcanismo derivados de sus recorridos por España y lo que hoy es América del Sur.[242] Al respecto, declaró su posición con relación a las teorías en boga afirmando que

Alejandro von Humboldt

> el país contenido entre los paralelos de 18 y 22 grados oculta un fuego activo que rompe de tiempo en tiempo la costra del globo, incluso a grandes distancias de la costa del océano.[243]

En cuanto a la ocurrencia y al origen de los temblores que ocurren en México, Humboldt lanzo una comparación con Lima, Quito y Guatemala. Consideraba que en estos últimos lugares los sismos han sido siempre mayores, por lo cual "el descanso de los habitantes de México es menos turbado por temblores de tierra y explosiones volcánicas que el de los habitantes" de dichos lugares.

La segunda versión ilustrada a la que nos referiremos hace alusión a un temblor ocurrido en Colima en 1818, del cual da cuenta un informe oficial publicado medio siglo más tarde.[244] Don José Eugenio Bravo párroco de Colima, que fue quien redactó dicho informe, con una clara visión ilustrada, consideró que no era suficiente auxiliar a la población afectada sino prevenir y evitar en adelante estos fenómenos. Como tal, en su escrito trató ambos asuntos. Por lo que toca a las causas que determinan los temblores, se refirió a ellas tanto en lo general como en particular para el caso de Colima. Afirmaba conocer las teorías sobre el enrarecimiento del aire, así como aquéllas sobre la fermentación e ignición de materias subterráneas y se declaró "partidario de la teoría eléctrica". Agregando a su vez

[241] Humboldt 1976 y 1978, respectivamente.
[242] Véase Jaramillo 1996.
[243] Humboldt 1978:30.
[244] Esta información fue publicada en 1863 por el médico y naturalista Leopoldo Río de la Loza con el título mismo del documento original (Río de la Loza 1863).

algunos otros elementos, suponía que el mar y el volcán se encontraban comunicados

> y que siendo dos enemigos poderosos, cada uno tiende a romper esa comunicación, el fuego y el agua luchan por destruirse, el volcán con su vivo fuego evaporando las aguas del mar y éste con su abundante líquido apagando los fuegos de su rival. Como de esta supuesta lucha resulta una cantidad de vapores acuosos, hallándose comprimidos en el interior de la tierra, determinan esos terribles efectos a que ha estado y quedará expuesta la población, si no varía de lugar.

La villa de Colima había sufrido fuertes temblores durante los primeros años del siglo que corría: 1806, 1816 y 1818.[245] El del 25 de marzo de 1806, conocido como "temblor de la Encarnación" y el del 31 de mayo de 1818, tuvieron funestos efectos en lo que hoy son los estados de Colima y Jalisco; este último incluso provocó serios daños en acueductos, cañerías, puentes, edificios públicos y religiosos de la Ciudad de México. Fue este temblor el que motivó el escrito del párroco de Colima, sismo que ha sido calificado como el "más espantoso que registra la historia de Colima. Murieron más de 80 personas y [hubo] 72 heridos. Destruyó la mayor parte de la capital";[246] se afirma que "no quedó casa alguna habitable" en la villa de Colima y en el pueblo de San Francisco Almoloyan, cercano a ella. Don José Eugenio Bravo sugirió por tanto, mudar la entonces villa de Colima a terrenos seguros, sugiriendo establecerla en la hacienda de la Huerta lo cual, como sabemos, no se llevó a cabo siendo Colima presa de nuevos sacudimientos en los años siguientes.

Corolario

Las diversas interpretaciones relacionadas con el origen de los sismos que, partiendo de las visiones de los clásicos griegos retomados durante el Renacimiento y desarrolladas localmente a lo largo de los siglos, mezcla de suposiciones y observaciones que trataban de probar alguna teoría o de lanzar una propia, siguiendo la hipótesis de las cavernas profundas, del aire encerrado, del fuego subterráneo o sus explosiones, o del "rayo que recorría las vísceras de la tierra despedazándolas",[247] sentaron las bases para el desarrollo posterior de la sismología mexicana.

Esta última, en su carácter que podríamos calificar de "instrumental informal", arrancó en nuestro país en la segunda mitad del siglo XIX. Fue entonces cuando se empleó los primeros instrumentos de medición sísmica que llevarían finalmente a instaurar a partir de 1910, con la fundación del Servicio Sismológico Nacional y la instalación de la Red Sismológica Nacional, lo que se conoce como el periodo instrumental de la sismología mexicana.

[245] En: García Acosta y Suárez Reynoso 1996: 194-208.

[246] En: García Acosta y Suárez Reynoso 1996:206.

[247] Bascetta 1987:11.

No obstante, aun en la actualidad en que existe un avance considerable de la física y de sus ciencias derivadas como la geofísica o la sismología misma, en que contamos con aparatos de precisión para medir la cantidad de energía liberada por un sismo y con ello su magnitud, en que es posible calcular su intensidad y amplitud, todavía rezan las afirmaciones de Alzate, un erudito sin precedentes que afirmaba que

> lo que el hombre puede adelantar respecto a las ciencias naturales, nadie lo ha determinado, y los conocimientos que poseemos acerca de la naturaleza son de poca extensión; por esto siempre que se expone alguna nueva idea, deben considerarse con prudencia los fundamentos en que se apoya, para desecharla como inútil, o para plantearla caso que se sospeche alguna utilidad.[248]

Para confirmar tanto la veracidad como la actualidad de las palabras de Alzate, baste mencionar a manera de ejemplo, el caso del alemán Alfred Wegener quien a principios de nuestro siglo lanzó la teoría de la denominada deriva continental. Sus planteamientos fueron rebatidos, severamente criticados y rechazados durante más de medio siglo. Sin embargo, y a pesar de que sus argumentos no eran los correctos, su propuesta constituyó el fundamento sobre el cual se elaboró la teoría de la tectónica de placas que, aceptada recién a fines de los años sesenta, revolucionaría las concepciones existentes hasta entonces relacionadas con la evolución y morfología de la Tierra, así como con el origen de los temblores en ella.[249]

[248] Alzate 1985:170.

[249] Suárez 1990. La teoría de la tectónica de placas muestra que "la capa más superficial de la tierra está formada por una serie de fragmentos rígidos llamados 'placas tectónicas' que [...] se mueven una con respecto a la otra sobre la superficie de la tierra, desplazando los continentes que yacen sobre ellas [...] La acitividad sísmica más frecuente y de mayor magnitud tiene lugar en las fronteras de placa.

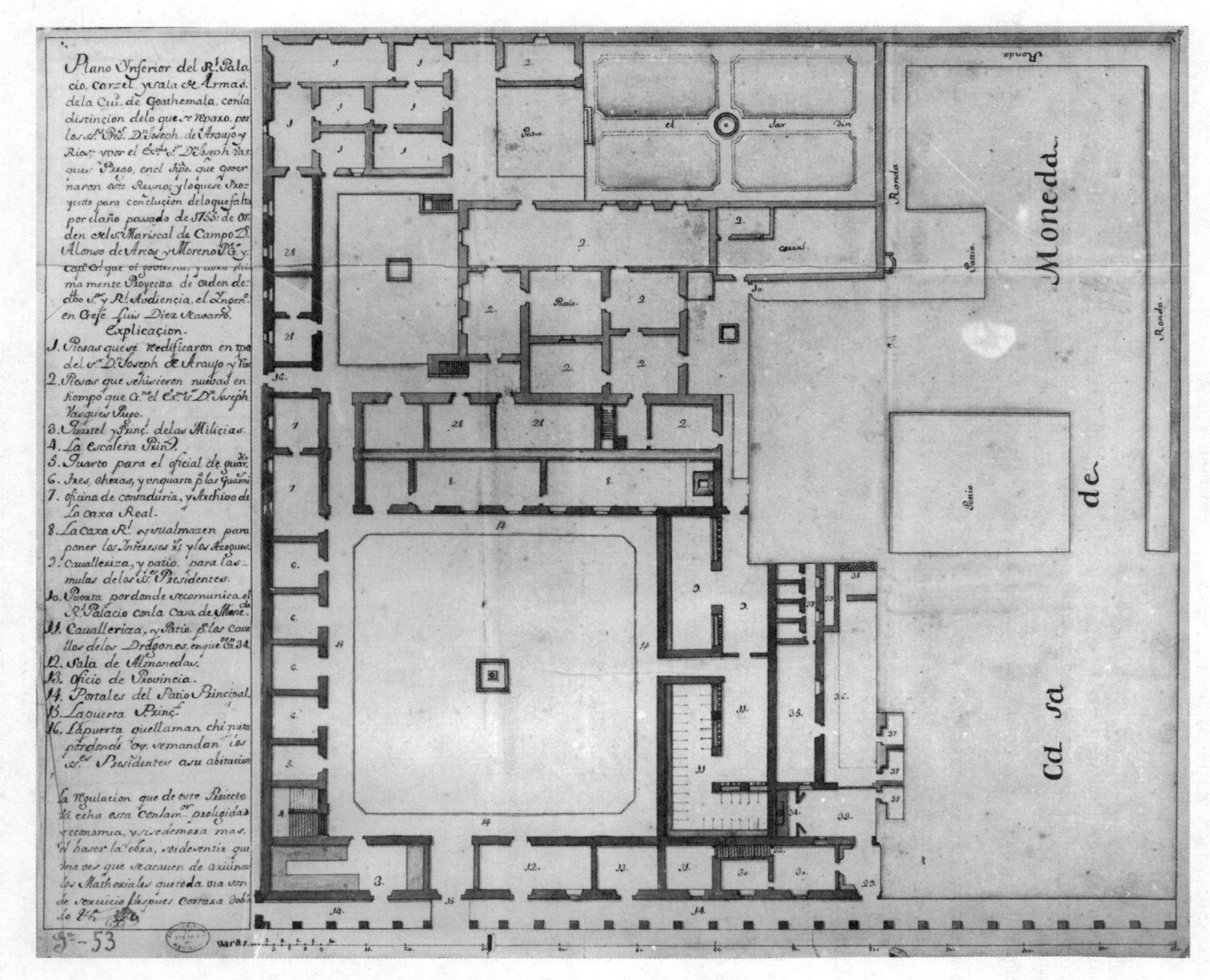

"Plano inferior del Real Palacio, Cárcel y Sala de Armas de la Ciudad de Guatemala con la distinción de lo que se reparó por los Señores Presidentes... 1755 (AGI, Guatemala, 53 B)

Respuestas y toma de decisiones ante la ocurrencia de sismos

(...) salió de la iglesia de la Profesa una procesión de rogación con el Santo Patriarca señor San José, por los temblores tan repetidos. Asistió la Real Audiencia gobernadora y todos los tribunales, y la mayor parte de los vecinos distinguidos de México, con vela en mano... se publicó un bando por la Real Audiencia gobernadora para que mientras no se repare la ciudad que está toda maltratada a causa de los temblores, [los coches] no anden sino con dos mulas (...)

José Gómez, *Diario curioso de México*
1776-1798

Glifo *tlalollin* o temblor de tierra. Año de 1513.

"En este año de ocho casas y de 1513 sujetaron los mexicanos a Tototepec, provincia ochenta leguas de México junto a la mar del sur. En este año hubo un temblor de tierra. Dicen los viejos que en ello se hallaron que fueron tantas las aves que iban de levante a poniente, que quitaban el sol y que se tomaron algunas de ellas y no les hallaban tripas, sino todo el hueco del cuerpo lleno de palillos y basura." (*Códice Telleriano-Remensis,* folio 43r).

La ilustración muestra el cuadrete cornológico ocho casa unido con lazos gráficos dos topónimos y represntaciones glíficas de batallas, así como a la de un temblor de tierra. El *ollin* de este último tiene su centro color de rojo, representando al sol o el día, y se encuentra encima del glifo *tlalli* que muestra tres franjas de tierra. De acuerdo a Fuentes (1987: 185), la lectura pictográfica sería: "en el año 8 casa ocurrió un temblor de tierra durante el día".

Respuestas y toma de decisiones ante la ocurrencia de sismos

Propuestas metodólogicas y teóricas para el estudio histórico de los desastres

Los capítulos que anteceden al presente se refieren a los cambios en el registro sísmico y a aquéllos relacionados con las concepciones sobre el origen de los sismos que logramos documentar e investigar. De hecho, se trata del estudio de ciertas manifestaciones, prácticas culturales o respuestas de las sociedades que a lo largo de varios siglos experimentaron los efectos de dichos fenómenos geológicos: formas de registrarlos y explicarlos. Dentro de las denominadas "respuestas" podemos identificar dos tipos. Por un lado, aquéllas relacionadas con acciones científicas u oficiales, que en lo general han estado dirigidas al mejoramiento de medidas técnicas o tecnológicas de mitigación. Por otro, encontramos otros tipos de respuesta que, al igual que las anteriores, se derivan del contexto específico, históricamente determinado de las sociedades, y cuyo estudio comparativo permite vislumbrar una enorme variedad de opciones.[250] Nos referimos a ciertas prácticas o respuestas, que trataremos en el presente capítulo, tales como las conductas, el desempeño, la actuación que tuvieron diversos sectores sociales después de ocurrido un sismo. Es decir, enfocaremos la atención a una parte de lo que algunos teóricos estudiosos sociales de los desastres denominan el proceso del desastre, incluyendo la toma de decisiones y la reconstrucción. Para ello es necesario considerar las circunstancias en que se dan tales acciones y que de manera muy importante las condicionan, es decir, el contexto en que dichas acciones, respuestas o prácticas se dan. Tal como menciona Hewitt

> Pueden existir procedimientos bien establecidos, así como respuestas derivadas de la costumbre o de la legislación. Éstas a su vez se relacionan con prioridades sociales y antecedentes históricos y, ocasionalmente, con una cultura innovadora o experimental. En general podemos acercarnos a ellas considerando el rango de acciones que existen o que pueden ser posibles [...] el contexto en que tales acciones tienen lugar.[251]

[250] Hewitt 1997:169-170.
[251] Hewitt 1997:170, 171.

El interés por desarrollar esta parcela específica, relativa a la forma en que actuó la sociedad mexicana en diferentes momentos históricos, se deriva de dos factores: el tipo de información localizado y el tipo de amenaza del que se trata, en este caso, de sismos.

Por lo que toca al material con que contamos, se encontró que en documentos antiguos, particularmente aquéllos provenientes de los archivos, los registros sobre sismos se limitan a relatar lo ocurrido después de haberse presentado, es decir, reflejan la relación causa-efecto en su más simple expresión. Si bien ofrecen información aledaña que permite reconstruir el contexto específico en que ocurrieron los temblores, por lo general es necesario recurrir a diversas fuentes alternativas que permitan documentar cada evento en su contexto. Sin embargo, nuestra intención en este capítulo no es presentar estudios de caso, asunto que ocupa la segunda parte del presente volumen, sino reconstruir lo que se puede considerar en conjunto como "la respuesta" de la sociedad a lo largo de un amplio periodo histórico. Para ello es necesario partir de una clasificación que permita desbrozar, despejar, desmenuzar dicha respuesta. A esto volveremos más adelante.

Elegir el caso específico de los temblores dentro de la enorme variedad de amenazas con las que puede asociarse un determinado desastre, obliga al estudioso social a partir de ciertas acotaciones. En primer lugar, distinguir entre dos tipos de amenazas: las denominadas de "impacto súbito" y aquéllas caracterizadas como de "impacto lento", distinción que no es de manera alguna caprichosa. Además de las implicaciones analíticas que conlleva, en términos metodológicos impone un carácter distintivo al estudio de los desastres asociados con cada una de ellas.

El interesado en reconstruir desastres del pasado asociados con una amenaza de "impacto súbito", como puede ser un temblor, una erupción volcánica, una helada o alguna inundación, logra identificarla con relativa facilidad. Si bien dentro de la documentación histórica rara vez se encuentra la información clasificada en secciones tituladas "desastres", "temblores", "inundaciones" o similares, rastreando con cuidado es posible localizarlos y, lo que es muy importante, ubicarlos en el tiempo y en el espacio, es decir, fecharlos y situarlos geográficamente con toda exactitud. Un temblor se presenta en un día y un lugar específicos. Lo mismo puede hacerse con la hora del día en que ocurrió, pues si bien las interpretaciones relativas a la exactitud horaria pueden variar, y de hecho variaban, la mayor parte de la información disponible permite afirmar que tal sismo ocurrió a tal hora del día.

Una vez identificada la fecha en que se presentó el temblor, la documentación correspondiente brinda información periódica, de cuya abundancia y riqueza depende el nivel de profundidad que se alcance en el seguimiento de lo ocurrido. Dicho material se refiere casi exclusivamente a lo sucedido después del temblor, es decir, a lo que se puede denominar "la respuesta" al desastre. Después de ello, es la abundancia de información y la habilidad del investigador para rastrearla y estudiarla, lo que determinará la profundidad del análisis.

Por el contrario, cuando el interés se centra en la reconstrucción de desastres asociados con una amenaza de impacto lento, como puede ser la escasez prolongada de lluvias que provoca sequía, o una epidemia producto de la propagación más o menos pausada de cierta enfermedad, el estudioso se encuentra desde el inicio, severos problemas en la búsqueda y localización de datos.

Fechar una sequía constituye, en particular, un verdadero reto para el historiador; las sequías pueden durar días, semanas, meses e inclusive años, pero la información disponible sólo permite identificarla a partir de sus efectos que, de la misma manera, se hacen patentes en lapsos más o menos prolongados. En los documentos se encuentran relatos sobre falta de lluvias, pero ¿qué tanto se deben prolongar éstas para que efectivamente se pueda identificar e incluso periodizar una sequía? En sociedades de base agrícola, sociedades cuya economía y organización social y cultural estaba basada en la agricultura, una sequía prolongada podía provocar graves daños en todos los órdenes de la vida y convertirse en lo que se ha denominado crisis agrícolas,[252] algunas de las cuales se tradujeron en verdaderas crisis económicas generalizadas. Pero éstas han sido ya identificadas, documentadas e incluso estudiadas a profundidad; ¿qué ocurre con aquellas sequías que no alcanzaron el carácter de crisis generalizadas, de desastres de gran envergadura? Lo que la experiencia al respecto demuestra es que en la mayoría de estos casos, es necesario localizar los efectos, tales como escasez de alimentos, carestía, especulación, solicitudes de exención de pagos diversos y similares, para de ahí, rastrear hacia atrás en el tiempo y ubicar, en el mejor de los casos, el inicio del desastre.

Es por lo anterior que el estudioso de los desastres en el pasado se ve obligado a diferenciar metodológicamente entre amenazas de "impacto súbito" o "lento".

El caso elegido para desarrollar en la primera parte del presente capítulo, está centrado en el estudio de desastres asociados con amenazas de "impacto súbito" como son los sismos, está dedicado concretamente a las respuestas que la sociedad mexicana del pasado, en especial de la novohispana, manifestó ante su ocurrencia a lo largo de cientos de años. El estudio de las respuestas que los diferentes sectores sociales dieron ante los sismos ocurridos en México en diversos momentos históricos, permite acercarnos a los procesos socio-culturales del momento en el que ocurrieron tales desastres.

En una determinada sociedad, la presencia de amenazas naturales de "impacto súbito", en este caso de los temblores, evidencia relaciones, conflictos y alianzas que permanecen latentes y son apenas perceptibles en el devenir cotidiano; así, la respuesta que la sociedad manifiesta ante este tipo de eventos se presenta al investigador como una apreciable muestra de la heterogeneidad y de los cambios que ha sufrido a lo largo del tiempo.

Cada sociedad responde ante los estragos que ocasiona una amenaza natural destructiva de acuerdo a sus propias condiciones culturales, eco-

[252] Sobre este asunto existe ya un buen cúmulo de bibliografía interesante, un resumen de lo cual puede consultarse en el capítulo segundo de García Acosta 1995.

nómicas y políticas; de ahí que profundizar históricamente en tales respuestas y tales condicionantes, ayuda a entender el contexto en el cual se dio y derivó el desastre mismo. La información que se puede rescatar en documentos históricos permite conocer lo que constituyeron las respuestas, la toma de decisiones o bien las denominadas "estrategias adaptativas". La variedad de prácticas y respuestas, vinculadas con la sociedad de la cual surgen, con su cultura, con el sitio geográfico en que se localiza y la época que vive, es decir, asociadas con el contexto socio-cultural y la dimensión espacio-temporal en los que se presentan, es lo que permite entender el y los procesos mismos del desastre.

De acuerdo con el manejo y conocimiento del medio ambiente circundante, así como del grado de dependencia o independencia que haya logrado para con los recursos existentes en su entorno físico y socio-cultural, cada sociedad muestra determinadas prácticas y respuestas sociales. Tomando como referencia lo que algunos estudiosos en el campo de los desastres han denominado el "proceso de respuesta", en este capítulo se revisan algunos elementos que lo caracterizaron ante la ocurrencia de temblores a lo largo de la historia de México con especial énfasis en la época colonial.[253]

Como se ve en los estudios de caso que suceden al presente capítulo, dichos procesos dan cuenta de un *continuum* que no corresponde a los periodos históricos de la cronología oficial. Si bien en algunos casos es importante mantener esta periodización al constituir parte de un convencionalismo útil, el material muestra que las respuestas de la sociedad mexicana ante la presencia de los sismos mantuvieron ciertas constantes a lo largo de cuatro siglos.

Para adentrarnos en los "procesos de respuesta" de la sociedad mexicana, en particular a lo largo de la época colonial, debemos empezar por acercarnos al escenario del desastre después de ocurrido un sismo. Diversos y variados elementos caracterizaban la respuesta al desastre de parte de cada uno de los sectores que conformaban la estructura social y económica. De manera paralela, surgía un proceso de toma de decisiones frente a la recuperación y la reconstrucción y en él participaron de manera diferenciada la sociedad civil y las autoridades tanto virreinales y metropolitanas, como las eclesiásticas. La sociedad civil, al igual que las autoridades de la época, no constituían entes monolíticos y homogéneos, de ahí que resulte imperante conocer el contexto cultural, geográfico y político en el cual se presentaron determinadas respuestas y toma de decisiones, para poder correlacionarlas.

Las grandes diferencias sociales, culturales y económicas que permeaban a la sociedad novohispana, gran parte de las cuales se mantuvieron después de obtenida la independencia de España, se reflejaron en todos los ámbitos y, en buena parte, condicionaron el tipo de respuesta que cada sector dio ante la presencia de desastres asociados con temblores. Así, para

[253] Fue el antropólogo George Morren quien en particular desarrolló este concepto, el cual en un inicio asoció directamente a lo que él denominó el "proceso de respuesta estacional", dado que su estudio lo llevó a cabo tomando dos casos comparativos de respuesta ante sequías (1983a), para después abordarlo desde una perspectiva más general (1983b).

llevar a cabo un análisis de las prácticas y respuestas de la sociedad ante los desastres, resulta oportuno auxiliarnos de la metodología y de las herramientas de análisis que los estudiosos sociales de los desastres han desarrollado, así como de conceptos como *vulnerabilidad*, *vulnerabilidad diferencial*, *capacidad de recuperación* y su asociación con las *estrategias adaptativas* desarrolladas socialmente.

El concepto de *vulnerabilidad* se entiende y restringe al riesgo físico ante la presencia de una determinada amenaza que, considerada en una estrecha relación causa-efecto, deriva en conceptos equívocos como el "desastre natural". Para los estudiosos sociales de los desastres, ya sea que estos últimos estén enmarcados en el presente o en el pasado, la *vulnerabilidad* constituye un concepto amplio, que debe ser entendido como el grado con base en el cual grupos sociales, comunidades y regiones, e incluso naciones enteras, son diferentes frente a los riesgos en términos de sus condiciones sociales, culturales, económicas y políticas específicas.[254] Es, de hecho, una característica de ciertos procesos sociales y estructurales resultantes de las complejas relaciones entre los habitantes, el medio y las diversas formas y medios de producción en una determinada época y sociedad.[255] De esta manera, la vulnerabilidad debe entenderse como el resultado de un incremento en las desigualdades sociales y económicas a nivel local, regional, e incluso mundial. Es en este sentido, que se desarrolla el concepto de *vulnerabilidad diferencial*, con base en el cual se acepta que no todas las sociedades o los sectores sociales, en diferentes momentos históricos, están expuestos a los riesgos, o bien no cuentan con los mismos elementos para enfrentar la emergencia. Factores no sólo económicos, sino también sociales y culturales con frecuencia resultan determinantes en el análisis del proceso de desastre.[256]

Estrechamente asociado al concepto de *vulnerabilidad*, se encuentra el relativo a la capacidad de recuperación de la sociedad afectada. Esta capacidad es y ha sido históricamente también *diferencial*, y con frecuencia resulta determinante en el alcance del desastre. Sin embargo, no podemos limitar dicha capacidad de recuperación a elementos económicos, como suele suceder en algunos análisis sobre desastres, ya que incluye también los sociales, culturales, ideológicos y políticos, gran parte de los cuales se materializan a través de las *estrategias adaptativas*, otro más de los conceptos claves para llevar a cabo un análisis social de los desastres.

Las *estrategias adaptativas* constituyen parte de lo que Hewitt denominó "ajustes alternativos",[257] y que identificamos como aquellas que una

[254] Varios estudiosos han desarrollado en años recientes este concepto desde una perspectiva social; véase Westgate y O'Keefe 1976, Winchester 1992, Hewitt 1997, entre otros.
[255] Véase Maskrey 1989 y 1993.
[256] Al respecto, existen algunos estudios derivados de análisis antropológicos, como los de Torry 1978, 1979 y Oliver-Smith 1986b, entre otros. Actualmente está en proceso una publicación que reúne un interesante grupo de ensayos elaborados por antropólogos sobre la temática, a partir de experiencias derivadas en diferentes países del mundo; con la coordinación de Anthony Oliver-Smith y Susanna Hoffman, tendrá como título el *Catastrophe and Culture: The Anthropology of Disaster* y será publicado por la School of American Research.
[257] Hewitt (1997:172ss) retomó esta idea siguiendo a G. White, I. Burton y W. Kates, y la desarrolló con mayor amplitud.

sociedad o algunos sectores de ella adoptan y adaptan en el proceso del desastre. Se derivan del contexto socioeconómico específico, en su dimensión tanto espacial como temporal:

> Quizás la idea de que existe una variedad de respuestas ante cualquier peligro resulta relativamente obvia, pero debe entenderse el contexto en el cual surgió por primera vez, así como sus implicaciones mayores. Las sociedades pueden aplicar sólo algunos de los ajustes posibles y favorecer un tipo de respuesta por encima de otras.[258]

Cada sociedad, cada cultura, en un momento histórico específico, desarrolla ciertas formas de enfrentar los efectos derivados de la presencia de una determinada amenaza de origen natural. Dichas formas dependen tanto de su manejo y conocimiento del medio natural, como del grado de dependencia o independencia que tenga de los recursos disponibles en su ambiente físico, social, económico, político y cultural.[259] En suma, las *estrategias adaptativas* son y han sido culturalmente construidas y, como tal, deben ser entendidas.

Si bien aún no se realiza de manera sistemática, la información referida al análisis sobre desastres del pasado en general y sobre sismos en particular, ofrece abundante material que permite emplear este tipo de conceptos.[260]

En el presente capítulo trataremos de dar cuenta de su utilidad, con base en el estudio de diversas prácticas y respuestas de la sociedad ante la ocurrencia de sismos en algunos periodos de la historia de México. A partir de un intento por diferenciar y clasificar estas respuestas dentro del ámbito de lo social, lo económico y lo religioso trataremos de analizar si efectivamente, la *vulnerabilidad diferencial*, aunada a la capacidad de recuperación y a las *estrategias adaptativas* adoptadas definieron, por un lado, el carácter y el tipo de respuesta de los diversos sectores y, por otro, los efectos de la ocurrencia de temblores.

Respuestas sociales, económicas y religiosas

Antes de iniciar este análisis, conviene mencionar el tipo de información del que disponemos para llevarlo a cabo. Proviene de fuentes primarias tales como crónicas escritas en las primeras décadas después de la conquista, archivos locales, escritos de viajeros extranjeros, así como de periódicos. Ésta fue una fuente importante, pero sobre todo para el siglo XIX, pues durante la época colonial circularon muy pocos periódicos, la mayor parte durante el siglo XVIII. Nos basamos en una información muy nutrida, la mayor parte de la cual fue dada a conocer en el primer volumen de *Los sismos en la historia de México*,[261] y que se complementa con otra más,

[258] Hewitt 1997:172.
[259] Véase Hewitt 1983:23ss y Torry 1979.
[260] Véase los estudios publicados con el título de *Historia y desastres en América Latina* (García Acosta, coord., 1996 y 1997).
[261] En: García Acosta y Suárez Reynoso 1996.

de similar procedencia original. Dado que buena parte de ella proviene de los archivos, su carácter es en ocasiones, excesivamente oficialista por lo que ha sido necesario discriminar con cuidado su contenido, comparándolo y contrastándolo con otro de diferente origen.

Si bien en un principio centramos el análisis en los tres siglos coloniales, las posibilidades de llevar a cabo comparaciones nos llevó a incluir varios ejemplos correspondientes al siglo XIX. Para este último periodo el material más abundante sobre sismos en México provino de los periódicos, que conforme corrían los años se multiplicaban, diversificaban, y circulaban tanto en la capital de la naciente república como en las entidades federativas creadas a lo largo de ese siglo,[262] no obstante también recurrimos a otras fuentes de información que permitieran enriquecer nuestros planteamientos con datos, de preferencia de primera mano, provenientes de esa época.

Respuesta inmediata y movimientos de población

Los documentos muestran que, después de ocurrido un sismo, las respuestas de la sociedad civil constituían mecanismos de ajuste, *estrategias adaptativas* que formaban parte de un proceso continuo dirigido a reducir y enfrentar las pérdidas y los daños, más que a llevar a cabo acciones preventivas. Si bien encontramos casos aislados de respuestas individuales, la información más abundante y a la que daremos más énfasis es aquélla que se refiere a la respuesta social colectiva.

Esta última, de manera inmediata, respondía a las características de un evento súbito: miedo, pavor, gritos, llantos, rezos, huída rápida de la zona dañada, búsqueda momentánea de refugio. Esta última podía alcanzar situaciones extremas, como ocurrió en 1787 cuando a causa de maremotos que afectaron el puerto de Acapulco y las costas de Oaxaca, los habitantes de Jamiltepec "pudieron salvar sus vidas subidos en los árboles hasta que se retiraron las aguas".[263] En las ciudades, las acciones inmediatas se traducían en acudir a las calles y plazas públicas a buscar protección transitoria y apoyo por parte de la colectividad; en zonas rurales, se dirigían a lugares elevados, tales como cerros aledaños, al abrigo de "jacales de palo", "tiendas o chozas de palma o zacate", "barracas de petate" o "chachacuales que provisionalmente se habían levantado", donde pasaban una o varias noches y hasta semanas.

Los residentes en centros urbanos que contaban con fincas rurales, se refugiaban en sus ranchos o haciendas, o bien, como en el caso de la ciudad de Oaxaca con ocasión del temblor del 5 de octubre de 1801, un documento de archivo señala que:

> Las personas pudientes [...] teniendo el doble objetivo de atender a sus intereses y de precaverse del peligro a que se exponían subsistiendo en sus habitacio-

[262] Esto es evidente con sólo hojear la parte correspondiente al siglo XIX que constituye la más abundante dentro del volumen I de *Los sismos en la historia de México* (García Acosta y Suárez Reynoso 1996:219-527).

[263] En: García Acosta y Suárez Reynoso 1996:160.

nes, fabricaron de preferencia en las mismas plazas jacales y casas de palo, en donde podían permanecer sin ningún recelo.[264]

La respuesta colectiva inmediata se manifestaba de manera no estructurada a través de grupos espontáneos e independientes y, por lo mismo, efímeros, surgidos a partir del barrio o de la vecindad. En algunas ocasiones esta respuesta se valía de la existencia de algunos organismos funcionales, tales como los gremios o las cofradías, particularmente para atender la emergencia y auxiliar a los damnificados. Ambas se presentan como una respuesta selectiva, organizada a partir de un grupo, una comunidad u organización, que reunía a los interesados con una causa común: auxiliarse a sí mismos, a los damnificados locales y a veces, incluso a los de otras regiones.

El desplazamiento de la población constituyó otra importante respuesta social. No nos referimos aquí a la huída espontánea, siempre asociada a temblores de alta intensidad, como aquélla que emprendieron los habitantes de la ciudad de Oaxaca que a consecuencia del temblor de 1696, "desampararon sus casas y buscaron su seguridad en las plazas y en el campo [acudiendo al] llano de Guadalupe, en el que pasaban la noche durmiendo bajo de tiendas de campaña y enramadas",[265] sino a movimientos poblacionales con mayor permanencia, que en algunos casos puede calificarse de migración la cual, a su vez, provocaba otro tipo de efectos secundarios.

Las autoridades civiles, temiendo despoblamientos generalizados que en ciertas circunstancias podían provocar situaciones críticas, llegaron incluso a promulgar bandos específicos que prohibían el abandono de los lugares afectados, particularmente a los indios. Un caso claro es el de Guanajuato, centro minero que a fines del siglo XVIII fue el mayor centro productor de plata en el mundo,[266] donde a raíz de los temblores ocurridos durante el mes de enero de 1784, se informó que

> los fondos metálicos han cesado en su giro, pues la gente operaria los ha abandonado [...] se ha salido de esta ciudad mucha parte de sus principales vecinos y una innumerable multitud de gente plebeya.[267]

El despoblamiento de las minas provocaba la suspensión de los trabajos en tan importante productor minero novohispano, con el consecuente daño a los intereses reales, por lo cual el cabildo organizó procesiones y novenarios a la advocación de María Santísima, y envió cartas cordilleras a los lugares cercanos para conocer la extensión que abarcaron los sismos; el 14 de enero el alcalde mayor mandó publicar un bando en toda la jurisdicción para castigar

> con la pena de un mil pesos a los sujetos de caudales para que no abandonasen la ciudad y de dos meses y prisión a los demás [...] haciendo notificar a los

[264] En: García Acosta y Suárez Reynoso 1996:188.
[265] En: García Acosta y Suárez Reynoso 1996:103.
[266] Velasco *et al.*, 1988:218.
[267] Esta cita y las dos siguientes se encuentran en: García Acosta y Suárez Reynoso 1996:152-153.

> vecinos principales de esta ciudad [...] el que inmediatamente se restituyesen a este lugar.

A los dos días, el 16 de enero, se lanzó nuevo bando prohibiendo que

> los individuos que han quedado en esta ciudad salgan de ella, ni menos saquen efectos de mercancía, barrilaje, plata, reales [so pena de] confiscación de dichos efectos y a las personas que ello contravinieren se aprehenderán y, según su estado y clase se pondrán en la cárcel pública.

Tales bandos, pero en especial el cese de los movimientos telúricos a partir del 21 de ese mes, permitieron que el trabajo en este real de minas continuara su ritmo acostumbrado.

En diversos dominios americanos con alta propensión a experimentar terremotos, la migración provocó verdaderos abandonos de poblados enteros, como sucedió en Arequipa, Perú, a causa de frecuentes temblores ocurridos durante la época colonial, en ocasiones asociados con epidemias; en esa misma región, las autoridades virreinales en el siglo XVI recurrieron incluso al repartimiento de indios para que regresaran a la ciudad y llevaran a cabo su reconstrucción.[268]

En otros lugares de la América hispánica, el abandono de ciudades provocada por la presencia de terremotos, influyó para que las autoridades reales concedieran permisos para efectuar traslados de ciudades enteras, con todos los costos asociados en términos económicos, sociales y políticos, y los conflictivos debates que al respecto llevaban a cabo tanto los partidarios como los adversarios de un determinado traslado;[269] "edificar una nueva ciudad implicaba gastos que numerosos habitantes no estaban dispuestos [o en posibilidades] de asumir, preferían reparar los daños".[270] Entre las varias propuestas que se hicieron para mudar de sitio a ciertas ciudades hispanoamericanas y destruidas a causa de temblores, sólo algunas prosperaron, como fueron la de León, capital de la provincia de Nicaragua, que fue reubicada a 30 kilómetros de su original localización después del terremoto de 1609; Arequipa, que cambió dos veces de emplazamiento, y Santiago de Guatemala, reubicada en el valle de Panchoy debido a su destrucción por la corriente de lodo que expulsó el volcán de Agua en 1541, y de nuevo trasladada a raíz del terremoto de 1773.[271] En México, a pesar de que hubo intentos para ello, los traslados de las ciudades coloniales asociados con temblores no siempre se consolidaron.

El abandono de pueblos, comunidades, villas o ciudades que provocaron los sismos en el México colonial por lo general se tradujo en una manifestación temporal, que no siempre puede ser calificada de migración. Quienes dejaban sus lugares de residencia, regresaban al poco tiem-

[268] Sánchez de Albornoz 1982. A diferencia de ello Feldman, en su estudio sobre desastres en el Reino de Guatemala, afirma que los temblores nunca provocaron abandono de sitios (Feldman 1985:53).
[269] Alain Musset (1996) menciona, entre las causas para solicitar traslado de ciudades hispanoamericanas, los riesgos naturales como sismos, epidemias e inundaciones, los ataques piratas y la amenaza india.
[270] Musset 1996:43.
[271] Musset 1996:55.

Perú

Perú

Perú

Chile

Perú

po a recuperar sus deterioradas propiedades para, muchas veces, resentir un nuevo temblor meses o años después. Al respecto son comunes menciones tales como "durante doce días abandonaron sus casas los habitantes", referida a Zapotlán, Jalisco, en 1743.[272]

Debemos, por tanto, distinguir el abandono súbito o huída, del abandono temporal de los lugares de residencia a consecuencia de temblores. Dejar sus casas por periodos superiores a unos cuantos días llevando incluso algunas pertenencias, se presentó asociado con una contínua presencia de temblores, tal como ocurría en los meses o semanas previos y posteriores al nacimiento o erupción de un volcán, secuencias sísmicas que, podían prolongarse por semanas o meses. En pocas ocasiones estuvieron asociadas con la presencia de maremotos o tsunamis.[273] Varias evidencias históricas permiten corroborar tal correlación. Al principio de este capítulo mencionamos el caso del 28 de marzo de 1787, que afectó poblados costeros oaxaqueños y el puerto de Acapulco; en este último

> se vió correr el mar en retirada, y luego crecer y rebosar sobre el muelle, repitiéndose este fenómeno por espacio de 24 horas [...] Los pescadores de la albufera de Alotengo [...] vieron con asombro que el mar se retiraba [...] en más de una legua de extensión [...] y que retrocediendo luego con la velocidad con que se había alejado, cubrió con sus ondas los bosques de las playas.[274]

En esa ocasión se presentaron sismos, sin duda de los más intensos de la época colonial, y sus réplicas continuaron con fuerza durante semanas; los habitantes

> abandonaron sus casas [...] y se retiraron a las plazas y al campo, durmiendo en chozas de zacate o bajo de tiendas, permaneciendo así cuarenta días que duraron los terremotos.[275]

Un ejemplo más proviene de 1759, cuando a raíz de la serie ininterrumpida de temblores que precedieron y sucedieron al nacimiento del volcán Jorullo en Michoacán, mismos que se prolongaron por más de seis meses, de los cuales "llegaron a contarse 47 en un sólo día, o 12 en el que menos,[276] el pueblo de Huacana [Michoacán] y los demás lugares inmediatos quedaron desiertos, porque todos sus habitantes libraban su salvación en la fuga [...] sólo se volvieron a poblar una vez que cesaron los movimientos de tierra".[277]

[272] En: García Acosta y Suárez Reynoso 1996:121.

[273] Los maremotos o tsunamis constituyen un tipo excepcional de olas que pueden alcanzar e incluso superar los 20 metros de altura; se originan a consecuencia de erupciones volcánicas o movimientos sísmicos submarinos o costeros.

[274] En: García Acosta y Suárez Reynoso 1996:160.

[275] Véase García Acosta y Suárez Reynoso 1996:158ss.

[276] Hay que considerar que en esta época no existían aparatos para registrar los temblores, como los sismógrafos, por tanto, los registrados corresponden únicamente a aquéllos que fueron sentidos por la población, es decir, de una intensidad superior a 5 grados en la Escala de Mercalli.

[277] Para este caso véase García Acosta y Suárez Reynoso 1996:132ss. Peraldo y Montero (1996) narran la secuencia sísmica que se presentó entre agosto y octubre de 1717 en la región central de Guatemala, conocida como "temblores de San Miguel", en cuyo caso una de las medidas que adoptaron las autoridades después del último temblor fue la de incentivar a los indígenas a regresar a sus comunidades previamente abandonadas.

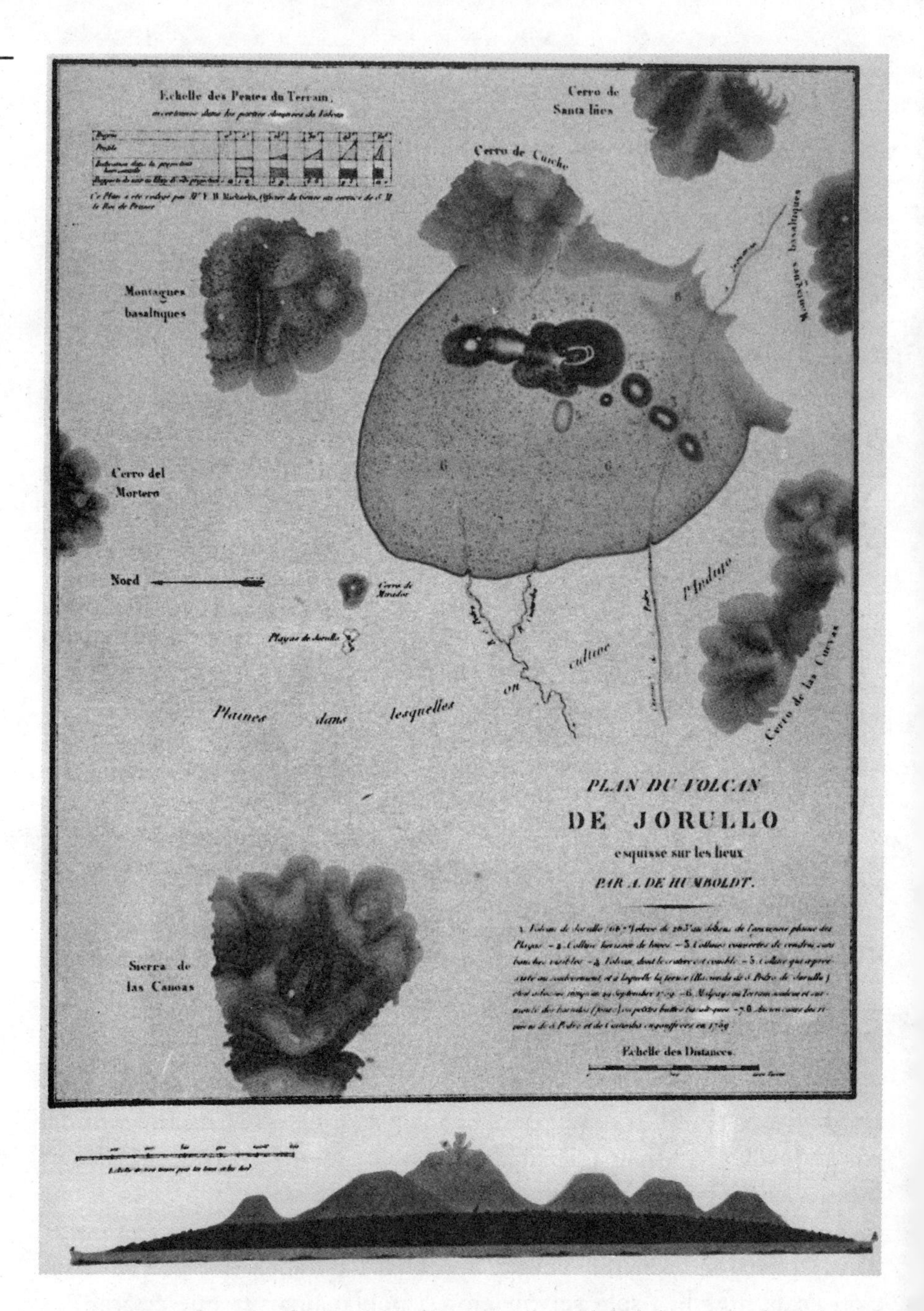

Plano y vista del volcán de Jorullo, según Alejandro von Humboldt.

Otras evidencias documentadas provienen del siglo XIX; tal es el caso de 1875, durante el cual hubo movimientos telúricos a todo lo largo del año, con dos orígenes: un sismo en el Eje Neovolcánico asociado a erupciones del volcán Ceboruco (Nayarit), y uno de subducción en el Pacífico; ambos provocaron severos daños en la región centro-norte del país, particularmente en San Cristóbal, Jalisco. La contínua presencia de temblores, que se concentró en los meses de febrero a abril, cuya cuenta total ascendió a más de 120 movimientos en esos tres meses, provocó que la población saliera hacia los pueblos, ranchos, haciendas y huertas cercanas, gran parte de la cual no regresó sino hasta pasados varios meses.[278]

[278] La información completa de este caso puede consultarse en García Acosta y Suárez Reynoso 1996:358-378; al respecto existe un estudio de caso inédito, véase García Acosta 1990.

El volcán de Jorullo. Anónimo, óleo del siglo XVIII

Este patrón de abandono temporal de los lugares de residencia durante un periodo sísmico prolongado, y cuya duración se relacionaba directamente con el tiempo que se siguieran sintiendo los movimientos de tierra, fue calificado por algunos documentos del siglo XIX como "migración". En 1868 se presentó otra secuencia sísmica a partir del mes de abril que con intervalos, se mantuvo por varios meses en San Luis Potosí en el municipio de San José de Iturbide; hacia noviembre en varias ocasiones se habló de continuas y "considerables emigraciones de la mayor parte de los vecinos", algunos incluso se dirigieron a la Ciudad de México. El 18 de noviembre informó el periódico *El Siglo Diez y Nueve*: "Siguen llegando a la capital emigrados de los pueblos [potosinos] amenazados por los temblores".[279]

Otro tipo de respuestas sociales colectivas que es frecuente encontrar asociadas a desastres agrícolas (sequías, plagas, inundaciones de cultivos), como son los tumultos o bien cierto tipo de levantamientos populares, no fueron localizados para el caso de los sismos. Al parecer estas manifestaciones se relacionan más con desastres que, en sociedades de base agrícola, afectaban el abasto y los precios de los alimentos básicos. Al respecto vale aclarar que no todos los movimientos populares se originan por escasez y carestía provocados por desastres agrícolas, al mismo tiempo que no siempre la carestía y la escasez provocaron levantamientos o movimientos populares.

[279] En: García Acosta y Suárez Reynoso 1996:338.

Colectas, trabajo voluntario, trabajo forzado y exención de impuestos

En segundo lugar se encuentran aquellas prácticas relacionadas de diversas maneras con lo que en términos generales podría caracterizarse como *respuesta económica*, la cual presenta ciertas variantes porque iba dirigida a la reconstrucción del entorno inmediato. Para ello se recurría a diversas medidas: solicitar la así denominada "caridad pública" que se llevaba a cabo a través de colectas y limosnas voluntarias del pueblo en general o bien de los "sujetos acaudalados"; proporcionar tanto trabajo directo como fondos comunales para reconstruir algunos templos, o bien solicitar exención de impuestos diversos para canalizarlos también a la reconstrucción. Esta última solicitud, que provenía de parte de la población indígena y/o campesina, era tan frecuente que constituyó un indicador clave para localizar la ocurrencia de sismos en los documentos de archivo trabajados. Abundaremos un poco más en este tipo de respuestas o prácticas identificadas con factores de índole económica.

Recurrir a la obtención de colectas y limosnas voluntarias constituye un tema recurrente en los documentos tanto coloniales como decimonónicos. Uno de los casos más documentados con que se cuenta refiere a su empleo para la reconstrucción de varios templos dañados por los sismos ocurridos en marzo de 1806. Estos temblores afectaron tanto a la Ciudad de México como a varios poblados de los actuales estados de Colima y Jalisco; las aportaciones obtenidas se utilizaron en la reconstrucción de las iglesias de la zona afectada a partir de "limosnas del vecindario y arbitrios que en lo sucesivo se descubran".[280]

En algunas ocasiones, dichas respuestas se manifestaron a través de la constitución de organismos tales como juntas de beneficiencia o similares, conformadas por sujetos particulares. Durante los primeros siglos de vida colonial no aparecen evidencias de que ante la ocurrencia de temblores se hayan conformado este tipo de organismos de manera formal; tampoco se crearon como tales ante la presencia de escasez de alimentos a causa de crisis agrícolas, o ante epidemias generalizadas como la de *matlazáhuatl* de 1736-1739. La participación era a título individual, proveniente de los así denominados "sujetos acaudalados".[281] Las juntas de beneficencia organizadas para apoyar a los damnificados aparecieron hacia la segunda mitad del siglo XVIII, a partir de la crisis agrícola de 1785-1786 ocasión en que el virrey organizó una Junta de Ciudadanos conformada por hombres "ricos" que proporcionaron fondos para comprar maíz; este tipo de iniciativas han sido consideradas por algunos estudiosos como parte de un cambio de mentalidad, típicamente ilustrada, que transformó la limosna en beneficencia pública.[282]

[280] En: García Acosta y Suárez Reynoso 1996:202. Peraldo y Montero refieren acciones similares en el caso del terremoto de enero de 1715 que dañó el templo de Nuestra Señora de los Ángeles en Cartago, Costa Rica, para lo cual se solicitó "licencia para que así en los términos y jurisdicción de esta ciudad como en las más partes que convenga se pueda pedir limosna para ayuda de dicha fábrica" (Peraldo 1994:84).

[281] Véanse Molina del Villar 1996a y 1996b:25-81.

[282] Pastor 1981:48-49.

Es en temblores posteriores a esas fechas que se encuentran menciones como la siguiente, que proviene del ramo *Ayuntamientos* del Archivo General de la Nación.[283] En marzo de 1787, a raíz de una serie de temblores que afectaron a los actuales estados de Oaxaca y Guerrero y que llegaron incluso a la Ciudad de México, la Real Audiencia determinó que

> formando lista de los sujetos acaudalados y pudientes de esa ciudad [de Oaxaca] cite a una junta [...] y les requiera y exhorte en nombre de esta Real Audiencia Gobernadora a que por los más precisos y urgentes gastos que se necesiten [...] concurran con las cantidades que cada uno pueda anticipar según sus facultades por vía de préstamo sobre los propios y rentas de esa ciudad con calidad de réditos, o sin ellos [...][284]

Sin embargo, la constitución de este tipo de organismos, si bien siempre de carácter temporal, fue mucho más común a lo largo del siglo XIX relacionada tanto con la ocurrencia de temblores como con desastres asociados con otras amenazas naturales.[285]

Por su parte, la utilización de fondos fiscales para la reconstrucción, se llevó a cabo a partir de la obtención de la exención en su pago, o bien del empleo de los existentes en las arcas reales o en las denominadas cajas de comunidad. En este último caso sabemos que las autoridades coloniales hicieron responsables a los cabildos indios del pago de tributos, por lo que crearon las cajas de comunidad, a través de las cuales se intentó asegurar su cobro.[286] Con frecuencia, la solicitud respectiva, que debía ir firmada por el gobernador indígena y avalada por el alcalde y el cura, era dirigida a las autoridades competentes en términos de emplear los fondos existentes en las poco abultadas cajas de comunidad para, con ello, atender tareas de reconstrucción. En ocasiones, la tardanza en la recepción de la autorización era tal, que la reconstrucción duraba décadas y con frecuencia quedaba inconclusa, lo que era más común en poblados pequeños.

A manera de ejemplo podemos citar un caso documentado en el ramo *Templos y Conventos* del AGN, correspondiente al poblado de Misantla en Veracruz, donde un temblor ocurrido en 1767

> perjudicó considerablemente el templo parroquial abriendo las paredes maestras y las bóvedas, amenazando desplome general del mismo. La humedad producida por las lluvias contribuyó a su destrucción

Por ello, los naturales solicitaron al virrey de Croix en 1771 se les autorizara gastar

> seis reales que tenían como sobrantes de las cajas de comunidad, en beneficio de la reparación del templo, pidiendo también se aplicara una parte de los reales tributos para el mismo fin.[287]

[283] En adelante AGN.

[284] En: García Acosta y Suárez Reynoso 1996:161-162.

[285] Véase por ejemplo el estudio de Lagos y Escobar relativa a la conformación de una Junta de beneficencia en San Luis Potosí, a raíz de la inundación que sufrió esa ciudad en 1887 (Lagos y Escobar 1996).

[286] Martínez 1994:94.

[287] En: García Acosta y Suárez Reynoso 1996:134.

Nada sucedió, en buena parte debido a que el alcalde mayor "robó a los nativos como 700 [pesos] que tenía reunidos para la reparación"; 21 años más tarde los naturales informaron que habían llevado a cabo parte de la reconstrucción "con el trabajo de todos los indígenas" y, de nuevo, solicitaron

> retirar de las cajas de comunidad la existencia que tengan para utilizarla en la reparación del templo, y así mismo se les otorgue un año de reales tributos para el mismo objeto.[288]

Desconocemos el destino final de estas peticiones, aunque los datos disponibles demuestran que 25 años después del temblor, a no ser por el trabajo de los misantlecos, el templo hubiera permanecido destruido.

La abulia y lentitud que caracterizaba las autorizaciones o negativas oficiales a tales peticiones, aunadas a lo exiguo de los fondos de las mismas cajas de comunidad, exigía contribuciones extras de los naturales del lugar interesados en reedificar determinada construcción. La iglesia parroquial de San Martín Tilcajete en Oaxaca, fue destruida por un temblor ocurrido en octubre de 1786. Para reconstruirla, cuatro años después del sismo, la Real Audiencia concedió "la gracia de que se les ministrase de la Real Hacienda la cantidad de tres mil pesos librados de los tributos de este corregimiento" de Oaxaca; dicha cantidad resultó insuficiente, por lo que los habitantes de dicho poblado decidieron

> continuar su reparo y reedificio [y] no ser bastantes los [...] pesos [...], lo harán por sí dichos naturales en común por sí y a su costa, sin tener que reclamar ni pedir de nuevo a la Real Hacienda [...] congregándolo al efecto en sus cajas de comunidad [...] A V.S. suplicamos se sirva conceder y mandar como llevamos pedido; juramos no ser de malicia.[289]

El empleo de los tributos para estos fines tuvo así diversas modalidades. Sabemos que éstos eran una de las más evidentes formas de abuso y explotación de las que fueron víctimas los indígenas, constituyendo una carga periódica y constante que debían cubrir con puntualidad. Las condiciones adversas a las que estuvieron sometidos a todo lo largo y ancho del virreinato y sobre todo en ciertos momentos ante la presencia de desastres entre los que se contaban los asociados con temblores, provocaron múltiples solicitudes de exención en su pago.[290] Cuando se presentaban epidemias o sequías prolongadas, que provocaron verdaderas crisis agrícolas, e incluso por inundaciones, tal tipo de petición no se hizo esperar. En esas circunstancias los retrasos en el pago de tributos se multiplicaban, provocando déficits que se iban acumulando a lo largo de los años. Al respecto Gibson explica

[288] En: García Acosta y Suárez Reynoso 1996:134.

[289] En: García Acosta y Suárez Reynoso 1996:157.

[290] Estudios de caso sobre sismos históricos europeos, algunos de los cuales se remontan al siglo XIV, refieren este tipo de respuesta. Véanse los siguientes: Vogt 1979:153-192; Albini y Barbano 1991; Stucchi 1993; Albini y Moroni 1994.

en el siglo XVIII los atrasos en los tributos de todas las jurisdicciones y en todos los pueblos del valle [de México] y las deudas tributarias totales de la colonia equivalían a un millón y medio de pesos [...] Esta situación desesperada fue llevada a su fin legal sólo mediante la independencia.[291]

En ocasiones, a causa de desastres consecutivos que no fueron pocos,[292] se echaba incluso mano de los fondos de la comunidad para pagar las deudas acumuladas,[293] o en definitiva se solicitaba directamente la exención de su pago. Si bien ello no se evitaba la erogación correspondiente sino su canalización a atender los efectos provocados, encontramos casos en que se solicitó una disminución en el sendo pago, como sucedió en 1723, ocasión en que se presentaron "Autos a pedimiento de los naturales del pueblo de San Pedro Yolos, jurisdicción de Teococuilco, del Obispado de Oaxaca, sobre rebaja de tributos por la reconstrucción de su iglesia que se cayó a causa de un terremoto".[294]

Al recibir la petición de dispensa, las autoridades del lugar solicitaban un informe detallado de las causas que animaban dicha demanda; ésta, en ocasiones, iba acompañada de una visita oficial a los lugares para constatar el estado de cosas.[295] La crisis agrícola de 1785-1786, considerada como una de las más graves de todo el periodo novohispano, provocó tales retrasos en los pagos y fue tan prolífica en este tipo de peticiones, que derivó en la Real Ordenanza sobre exención de tributos del 4 de diciembre de 1786, que incluía una serie de "prevenciones" oficiales que se mantuvieron vigentes hasta fines del periodo colonial; iban dirigidas a los intendentes de provincia y a los subdelegados para que, previa autorización del virrey y la Real Hacienda, otorgaran una "exención temporal de tributos en caso de calamidad pública, esterilidad, epidemia u otro suceso extraordinario". Para ello, acompañado de nueve cláusulas, se pedía lo siguiente:

> deben los intendentes informarse del estado de los pueblos y causa de que provenga sus atrasos, averiguándola puntuaria y exactamente para informar a la Junta Superior con la correspondiente justificación, según está dispuesto en los artículos 124, 110 y 114 de Real Ordenanza de cuatro de diciembre de 786.[296]

[291] Gibson 1977:223.

[292] Los casos más lamentables que pueden documentarse corresponden a 1696, en el que confluyeron una plaga de chahuixtle con la consecuente escasez y carestía del maíz y temblores en Oaxaca; 1785-1786, el año de la gran crisis agrícola colonial, que coincidió con continuos temblores a lo largo de los dos años en todo el centro y sur del virreinato.

[293] Un ejemplo de ello aparece en un documento reproducido por Bracamonte y titulado "La República de indígenas de Halachó pide que se paguen de sus fondos de comunidad las deudas de tributos que tienen por la sequía y escasez de maíz ocurrida en 1803". (Bracamonte 1994:180-181).

[294] En: García Acosta y Suárez Reynoso 1996:116.

[295] El historiador peruano Lorenzo Huertas publicó un magnífico documento que se deriva justamente de una solicitud de exención que hicieron los pobladores de Trujillo y Saña, a causa de las "catastróficas lluvias" de 1578, y que brinda una rica información sobre el estado general de esa región a partir de las declaraciones que hicieron los habitantes de las diferentes localidades afectadas (Huertas 1987). Véase también Rostworowski 1994 y Huertas 1994.

[296] AGN, *Tributos*, vol.15, exp.21, f.467.

En algunas ocasiones, y tal vez en aras de animar a los responsables de autorizar la exención solicitada, los peticionarios ofrecían, además de aportar fondos propios, participar con trabajo personal y voluntario para reedificar sus templos, como en el caso citado de Misantla. Esta modalidad, llevada a cabo por los indígenas "sin premio ni jornal alguno", estuvo presente durante la época colonial en diversos lugares del virreinato, y se prolongó a lo largo del siglo XIX.

Los primeros documentos que dan cuenta de ello se refieren al terremoto que en 1568 destruyó casas, templos y conventos en la entonces denominada provincia de Ávalos, al sur de la laguna de Chapala.[297] El Padre Antonio Tello, fraile franciscano que residió en la provincia franciscana de Santiago de Jalisco desde principios del siglo XVII, relató este sismo en diversas secciones de su *Crónica Miscelánea*, escrita en seis libros o "partes" casi 100 años más tarde.[298] Cuenta Tello que al caerse el convento y la iglesia de Cocula, mató al fraile Esteban de Fuente Ovejuna "y fue tanto el sentimiento que los naturales hicieron por su muerte, por la devoción que le tenían, que [...] dentro de 15 días lo volvieron a edificar".[299]

Los relatos sobre la participación de los indios en la reconstrucción se llevó a cabo utilizando trabajo voluntario, aunque también existen varios ejemplos del empleo de mano de obra tanto remunerada como forzada. Para ello se utilizaron métodos similares a los reiteradamente probados por los españoles para abastecer de mano de obra a sus diversas "empresas";[300] incluso algunos de los elementos identificados como parte del costo social y económico que significó para los indígenas la construcción de ciudades y de edificios religiosos durante los primeros años de la época colonial,[301] serían aplicables al caso de la reconstrucción después de la ocurrencia de sismos. Algunos ejemplos de lo anterior provienen de otras posesiones españolas en América, entre los que encontramos solicitudes para trasladar indígenas de "tierra adentro" con objeto de reedificar la ciudad de Cartago, dañada por sismos; al parecer se utilizó tanto mano de obra remunerada ("indios alquilones") como aquélla destinada a encomiendas.[302]

Por lo que toca al trabajo personal y voluntario de los indígenas los ejemplos son numerosos, tanto durante la época colonial, como a lo largo del siglo XIX. Algunos de ellos que reflejan la combinación de esta intervención, asociada con la aplicación de cierta cantidad proveniente del ramo de tributos se refieren a casos como el de la iglesia y convento de Amacueca, Jalisco en 1749, o el de las iglesias de Atlatlauca y Tilcajete en Oaxaca

[297] Los datos localizados mencionan este temblor para diciembre de 1567 y también para diciembre de 1568; al parecer esta última es la fecha correcta (ver García Acosta y Suárez Reynoso 1996:76-80). Sobre los efectos específicos de este temblor, así como sobre sus peculiaridades sismológicas, ver Suárez, García Acosta y Gaulon 1994.

[298] En la bibliografía que aparece al final de la primera parte de este volumen, se citan las ediciones consultadas de la obra del padre Tello.

[299] En: García Acosta y Suárez Reynoso 1996:78.

[300] Sobre el empleo generalizado de mano de obra indígena, durante el primer siglo y medio de conquista y sus diversas modalidades, consultar Martínez 1994:84ss.

[301] Véase Florescano 1980:79ss.

[302] Peraldo y Montero 1994:64-44.

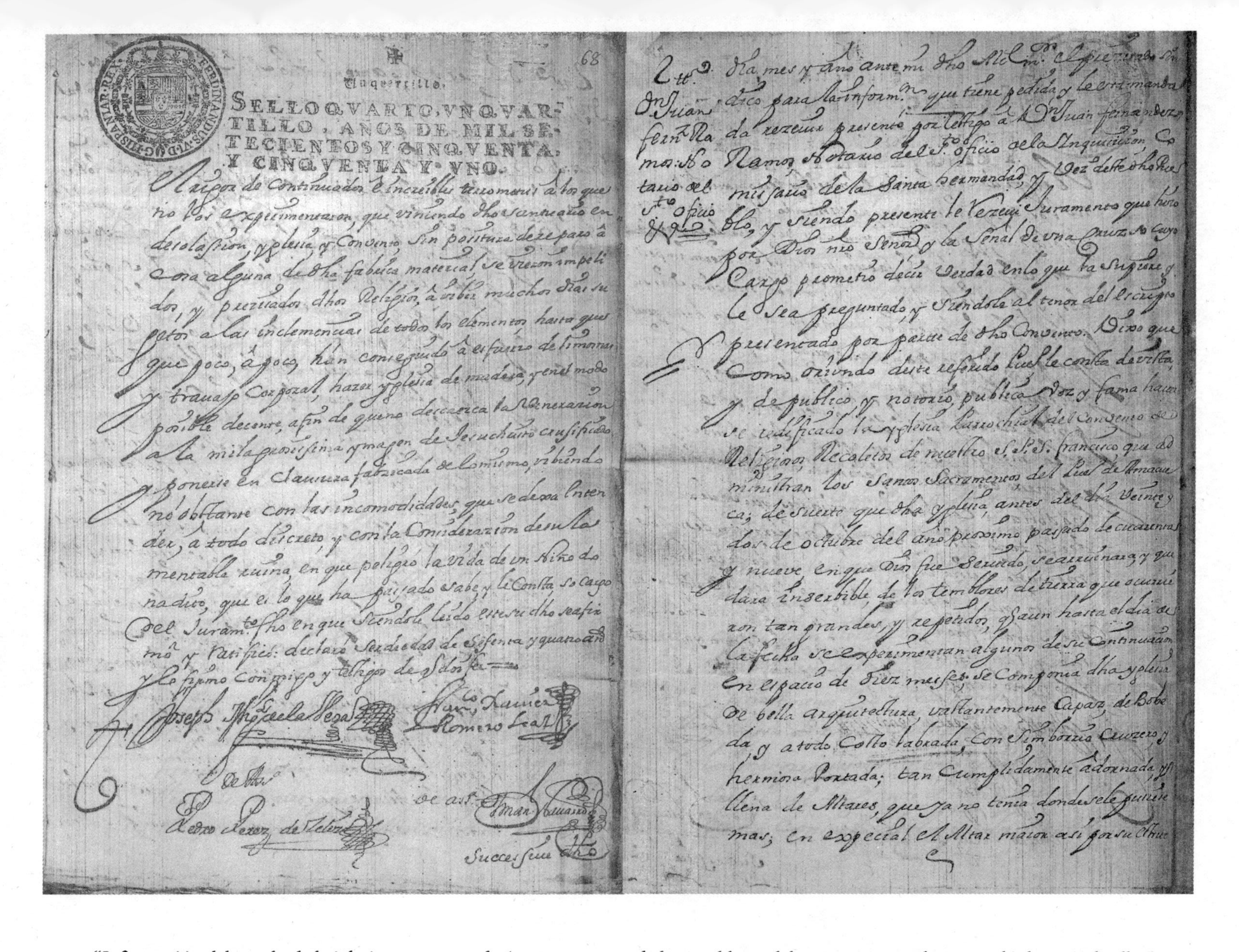
SELLO QVARTO, VN QVARTILLO, AÑOS DE MIL SETECIENTOS Y CINQVENTA, Y CINQVENTA Y VNO.

“Información del estado de la iglesia y convento de Amacueca antes de los temblores del año 1749 y en el que quedó después de ellos”. Sayula, agosto 13 de 1750. (Biblioteca Pública del Estado de Jalisco, Fondos Especiales, Fondo Franciscano, vol. 32.3, exp. 18 fs. 66-67) durante 1785 y 1786, respectivamente.[303] En ellos aparecen menciones como la que corresponde al caso de la parroquia de San Juan Bautista Atlatlauca, para cuya reparación se

> concedió de los tributos de esta jurisdicción, quinientos pesos para la paga de operarios [que fueron insuficientes, por lo que] sus naturales no tienen más arbitrio que el de poner su trabajo personal y mantenerlo como lo han hecho y continuarán hasta su conclusión.

En esta misma ocasión, se pidió al corregidor de Oaxaca que solicitara a un perito identificar las necesidades para continuar con la reedificación de la iglesia, y que a la vez informara si había

> algunas cofradías fundadas en dicha iglesia, cuáles son sus fondos, rentas y gastos anuales y qué existencias halla actualmente en tales rentas o semejantes, y lo mismo respectivamente cuanto al caudal de comunidad de aquel pueblo y sus anexos [...] a fin de calificar si para la conclusión de dicha obra hay verdadera necesidad de gravar de nuevo a la real hacienda.[304]

Desconocemos el rumbo que siguieron dichas diligencias, sin embargo resulta evidente que tanto los permisos para aplicar tributos ya recaudados, como para autorizar su exención en aras de reparar o incluso reedificar ciertas construcciones, estuvo casi siempre asociado con la aportación de trabajo indígena y comunal, voluntario y gratuito.

La abundancia de información relativa a que este tipo de trabajo estuviera siempre dirigido a la reconstrucción de edificios religiosos, hace pensar en la posibilidad de que la decisión de los indígenas de ofrecerlo haya estado de alguna manera inducida por los responsables de impartir el culto católico en el poblado afectado. No obstante, algunos documentos indican que dicho trabajo fue en varias ocasiones efectivamente espontáneo y voluntario; incluso los indígenas aportaron gratuitamente parte del material requerido. En 1806, en plena reconstrucción de la parroquia de la que más tarde se denominaría ciudad Guzmán en Jalisco, se mencionaba que habiéndose invertido ya más de 16 mil pesos

> por motivo de lo que cooperaron los indios con sus trabajos personales que prestaron sin estipendio alguno, como así mismo la porción de arena acopiada por todas estas gentes, la que si se hubiera comprado se hubiera invertido en tal operación algunos miles de pesos.[305]

Tales aportaciones eran aceptadas sin reservas por las autoridades. Contamos con ejemplos similares que permiten constatar y abundar en lo anterior, de los cuales seleccionamos dos más que hacen referencia a la

[303] Véase García Acosta y Suárez Reynoso, 1996: 122ss y 155ss. Cabe aclarar que en los documentos localizados este poblado/curato de San Juan Bautista aparece indistintamente como "Atatlauca" o "Atlatlauca", aunque por haberse encontrado en la mayoría esta última denominación se dejó así, tanto en el primer volumen como en este segundo de *Los sismos en la historia de México.* En las *Relaciones Geográficas de Oaxaca 1777-1778* que editó Manuel Esparza en 1994 (CIESAS/Instituto Oaxaqueño de las Culturas, México) se le menciona como "Atatlauca" o "Atatlahuca".

[304] Tanto ésta como la cita anterior se encuentran en García Acosta y Suárez Reynoso 1996:155.

[305] En: García Acosta y Suárez Reynoso 1996:195.

participacion de los indígenas de San Sebastián, y provenientes de sendos temblores ocurridos en 1806 y 1847 en ese poblado ubicado en el actual estado de Jalisco.

En el primer caso, el sismo se presentó el 25 de marzo de 1806, del cual dan cuenta, además de otros documentos, los localizados en el Archivo Histórico del Arzobispado de Guadalajara, en los cuales se menciona que

> En atención a que los indios del pueblo de San Sebastián, feligresía de Zapotlán el Grande, tratan del reedificio de su iglesia [...], que los gastos de esta obra la harán por sí mismos sin gravar al curato [poniendo] su trabajo y materiales, concedemos diligencia para el reedificio [firma] El Señor Gobernador de este Obispado.[306]

El segundo ocurrió el 2 de octubre de 1847. Un documento proveniente del mismo archivo citado señala:

> Ilustrísimo Señor Obispo. Los ciudadanos que suscribimos, para sí y a nombre de los demás indígenas que no saben firmar, todos vecinos de esta comprensión de San Sebastián [...] este vecindario que gustoso se ha prestado y que va a construir de nuevo la iglesia por haberse arruinado a consecuencia de los temblores acaecidos.[307]

Este templo de San Sebastián en Jalisco sufrió varias veces más de daños a causa de temblores, sin embargo no vuelven a aparecer en los documentos localizados menciones similares a las referidas.

Ejemplos como los anteriores muestran que si bien la capacidad de recuperación de los indígenas dadas sus condiciones de elevada vulnerabilidad han sido siempre precarias, su respuesta ante los daños resentidos en sus templos fue solidaria, traduciéndose en reacciones que evitaron a las autoridades eclesiásticas y/o civiles llevar a cabo inversiones que, de haberse hecho, habrían alcanzado cifras cuantiosas. En suma, se trata de una respuesta no económica que se tradujo en importantes ahorros para el erario. A esto volveremos más adelante en el apartado relativo a la toma de decisiones y la reconstrucción.

Apoyándose en esta vieja idea de compartir con la ciudadanía los costos que requería la atención a los damnificados, a lo largo del siglo XIX fue común que el cabildo tomara la iniciativa y, a partir de convocatorias explícitas, solicitara contribuciones en dinero para atender el desastre. Uno de los casos mejor documentados, no sólo en este aspecto sino en muchos otros, fue el sismo ocurrido el 7 de abril de 1845, mismo que por cálculos de la intensidad alcanzada (escala de Mercalli Modificada) y estimaciones de su magnitud (Escala de Richter) ha llevado a los especialistas a considerarlo como el más parecido al ocurrido en 1985.[308] Este terrible temblor,[309]

[306] En: García Acosta y Suárez Reynoso 1996:194.
[307] En: García Acosta y Suárez Reynoso 1996:288.
[308] Véase la ilustración que muestra la Escala de Mercalli Modificada, incluida en el primer capítulo de este volumen.
[309] Constituye uno de los casos que mayor información ofrece, incluyendo tanto el temblor del día 7 como la réplica ocurrida el día 10 del mismo mes de abril. Véase García Acosta y Suárez Reynoso 1996:237-284.

conocido como el "temblor de Santa Teresa" por haberse derribado la cúpula de la capilla del Señor de Santa Teresa la Antigua, causó profundos estragos en la Ciudad de México al grado que se dispuso que "para hacer cumplir varias disposiciones que exigen las desgracias [se requería] de cincuenta hombres de caballería".[310]

Los daños provocados obligaron al Ayuntamiento de la ciudad a declararse "en cabildo permanente mientras duren las angustiadas circunstancias en que se encuentra la Ciudad".[311] Entre las determinaciones que tomó este organismo relacionadas con el asunto que ahora nos compete, encontramos que el mismo día 7 mandó:

> En todos los cuarteles de la ciudad se abrirán registros bajo la inspección de los respectivos Sres. Regidores y en los cuales se asienten las cantidades con que los vecinos quieran contribuir para el socorro de las familias que hayan padecido con motivo del temblor de esta tarde [...] El Exmo. Ayuntamiento invitará por medio de un manifiesto a los habitantes de la capital para que contribuyan a tan noble y patriótica suscripción.[312]

Esta decisión se difundió por varios medios, incluyendo el *Diario Oficial,* donde además se daban a conocer desde los domicilios de los regidores, que fueron los lugares donde se dispuso podían recibirse los donativos, hasta las cantidades recolectadas de parte de quienes "correspondiendo a la invitación se han servido contribuir para auxiliar a los pobres de esta capital que más han padecido en los últimos temblores":

> ocho pesos de un sujeto de la segunda calle de la Monterilla, que no quiso dar su nombre [...] D. José Rafael Oropeza, por producto de una función dedicada a estos objetos, remitió ciento ochenta y seis pesos seis reales [...] cincuenta pesos dados por el oratorio de San Felipe Neri [...] de una familia que no quiso decir su nombre, una onza de oro [...][313]

A solicitud de un vecino de Xochimilco, sitio que reportaron como "completamente arruinado" a raíz de ese mismo temblor, el Ayuntamiento de la Ciudad de México lanzó una convocatoria similar a la anterior, dada a conocer a través del *Diario Oficial* el 27 de abril:

> Se invitará a los habitantes de esta capital para que se suscriban con las cantidades que gusten, en beneficio del vecindario de Xochimilco [...] Lo que por esta razón se colecte se pondrá a disposición del señor prefecto, para que por su conducto y bajo de su inspección, llegue a manos de los necesitados.[314]

A pesar de que se trató de un temblor que se extendió por todo el centro y el sur del país, provocando considerables daños, similares iniciativas se manifestaron sólo en Huamuxtitlán, Guerrero y en Pátzcuaro, Michoacán.

[310] En: García Acosta y Suárez Reynoso 1996:239.
[311] En: García Acosta y Suárez Reynoso 1996:240.
[312] En: García Acosta y Suárez Reynoso 1996:239.
[313] En: García Acosta y Suárez Reynoso 1996:263 y 264.
[314] En: García Acosta y Suárez Reynoso 1996:266.

Si bien se siguió rastreando esta información en los repositorios disponibles a lo largo de semanas y meses posteriores al desastre, sobre la distribución de las cantidades recolectadas que al parecer alcanzaron sumas considerables sólo sabemos que a más de un mes después de ocurrido el temblor y su lamentable réplica del día 10, el 16 de mayo el cabildo de la Ciudad de México acordó que

> Se pondrán anuncios convocando a las familias de los que hubiesen sido víctimas de los temblores del 7 y 10 del pasado abril para que dentro de quince días [31 de mayo] presenten a la Sria. del Exmo. Ayuntamiento los documentos que acrediten su indigencia y sus padecimientos. Se nombrará una comisión especial que, en vista de los datos necesarios, consulte a V.E. la distribución de la cantidad que por donativo se hubiere reunido para este objeto.[315]

Las convocatorias a contribuir económicamente para atender a los damnificados por los temblores volvieron a aparecer a causa de su ocurrencia durante el resto del siglo XIX. Las formas concretas en que fueron distribuidas entre los que mayores estragos sufrieron distan mucho de estar documentadas, sin embargo, podemos mencionar algunos casos en que se crearon juntas de beneficencia o similares que tuvieron que cumplir esta tarea, tales como la denominada "Junta directiva de auxilio y socorros para los arruinados de Huajuapan" de León, Oaxaca con motivo de los temblores de julio de 1882, la "Junta distribuidora de donativos para las víctimas del terremoto de Tehuantepec" en junio de 1897, y la "Junta Central de Socorros" organizada desde Chilpancingo para atender a los damnificados en ese estado a raíz de los sismos de enero de 1902.[316]

Implorando al cielo

Las referencias sobre las prácticas o manifestaciones relacionadas con lo que podría denominarse respuesta religiosa, son quizás las más abundantes dentro de la información histórica colonial localizada sobre sismos.[317] Dentro de ésta debemos incluir no sólo la proveniente de documentos escritos, sino también aquélla vertida en registros artísticos, tales como óleos y exvotos. En especial el exvoto, definido en general como "un objeto que se ofrece a la divinidad o a seres sobrenaturales para que se cumpla un deseo o en reconocimiento de un favor obtenido",[318] ha servido como una de las expresiones artísticas a través de la cual se manifiestan diversas calamidades, desde enfermedades particulares o epidemias, hasta naufragios, inundaciones y por supuesto, temblores . Al mismo tiempo, el exvo-

[315] En: García Acosta y Suárez Reynoso 196:241.

[316] En: García Acosta y Suárez Reynoso 1996:410, 513 y 541.

[317] Existe un estudio dedicado a la religiosidad colonial relacionada con la ocurrencia de sismos elaborado por Irene Márquez, consultado en la elaboración del presente apartado. No se citan las páginas específicas de dicho trabajo debido que aún constituye un manuscrito en elaboración (Márquez, en preparación).

[318] En su excelente estudio sobre los antecedentes y las permanencias del exvoto, que apareció en la bella publicación que con objeto de una exposición sobre 300 exvotos llevó a cabo el tristemente desaparecido Centro Cultural Arte Contemporáneo, Calvo retoma esta definición de Michel Mollat (Calvo 1996:31).

"En la ciudad de Pinotepa Nacional el día del más fuerte temblor como a eso de las 10 y media de la noche me incontraba yo y mi esposa ya dormidos cuando Comenzó a tenblar la tierra y a cuartiarse las casas y el cielo a ponerse verde y cardenollo y me encomendé a la Santisima Vírgen de la Soledad de Oaxaca escapando de muerte tan segura. Estanislao[...]" Exvoto Virgen de la Soledad. (Colección Particular)

to ha funcionado como "un vínculo material creado por el fiel para unirse con la divinidad",[319] al igual que lo hicieron varias de las prácticas religiosas que a continuación revisaremos.

En una sociedad impregnada de profundidad por el catolicismo cristiano, con una visión providencialista de los fenómenos naturales que resultaban ser actos divinos, externos, fuera del alcance y control del hombre, las manifestaciones religiosas de diversa índole cobraban gran importancia. De hecho, aparecen como una constante a lo largo de los tres siglos coloniales que se mantuvo, aunque con mucha menor intensidad, en la secularizada sociedad decimonónica.

Los sismos, al igual que todos los demás fenómenos naturales potencialmente destructivos, eran entendidos y explicados a partir de un origen sobrenatural, divino. Por medio de ellos se revelaba el castigo ejemplar que la ira divina enviaba a los humanos pecadores, y eran justamente las prác-

[319] Calvo 1996:31. Existen muy pocos exvotos coloniales y, menos aún, asociados con amenazas de origen natural; un ejemplo de ellos es el *Escudo de Armas de México* de Cayetano Cabrera Quintero, al que Gonzalbo califica de "libro-exvoto" (Gonzalbo 1996:49), que sirviera de fuente básica para los estudios de Molina del Villar (1996b, 1998) sobre la epidemia de matlazahuatl de 1736-1739. La presencia de exvotos en México creció a lo largo del siglo XIX y se mantiene en la actualidad; ejemplos de ellas aparecen en algunas publicaciones recientes como la de Thomas Calvo (...) y la de Jorge Durand y Douglas S. Massey. *Miracles on the border. Retablos of Mexican Migrants to the United States*, The University of Arizona Press, Tucson, 1995.

Exvoto titulado *Jueves Negro.* Dulce María Núñez. León, Guanajuato, 1987.

ticas y manifestaciones religiosas los medios que se utilizaron para calmar esa ira y para canalizar el miedo que provocaba:

> La religión integró ese miedo [...] institucionalizado, como una condición *sine qua non* de la verificación de la existencia de la fe [...] Cualquier duda acerca del orden divino, tarde o temprano, provocaría una catástrofe. De modo que el ser humano resultaba poco más o menos que un deudor permanentemente culpable.[320]

Dicha concepción sobre la causalidad de los sismos estaba presente en otros dominios coloniales. En 1607 la ciudad de Santiago de los Caballeros en Guatemala fue, como en tantas otras ocasiones, destruida a causa de terremotos, lo cual atribuyeron los religiosos de la época al castigo divino sobre sus habitantes que 60 años antes habían asesinado a su obispo.[321] Por su parte, los escritos de Guamán Poma de Ayala (1612-1613), uno de los cronistas indígenas más destacados del mundo andino, muestran que consideraba a los temblores como "milagros de dios", entendiendo al castigo divino como un tipo de milagro, de manera tal que llegó incluso a utilizar ambos términos como sinónimos.[322] Estas concepciones resultan evidentes a través de frases como las siguientes: "¡Jesucristo Señor! Por estos perversos cristianos haces esto";[323] "Hémoslo atribuido a nuestros pecados",[324] y otras similares de las cuales está salpicada toda la documentación histórica colonial. Tal como se señala con ocasión del temblor de 1568, que provocara serios daños en la región ubicada al sur de la laguna de Chapala

> De la justicia divina hablaron los frailes luego comentando el terremoto como un castigo del cielo, enviado a los que torpes marchaban por el sendero del error y de los vicios, lo cual fue un recurso bueno, pues que multitud de indios al punto se convirtieron.[325]

De esta manera, además de otros efectos como el que se menciona al final de la cita anterior relacionado con la tarea evangelizadora durante los primeros años de la conquista, la respuesta religiosa tenía como objetivo principal el de calmar el enojo divino y constituía una reacción inmediata y espontánea tanto de la Iglesia como de la sociedad civil en su conjunto. Poco a poco esta visión providencialista cambiaría, así como las respuestas asociadas a ella, cambio que se inició a partir de la segunda mitad del siglo

[320] Barjau hace esta afirmación asociando, en términos generales, al pensamiento mítico-religioso con los temblores en particular (Barjau 1987:124).
[321] Musset 1996:55.
[322] Camino 1996:149-150.
[323] Frase atribuida a fray Jordán de Piamonte, con motivo del sismo del 25 de diciembre de 1545 ocurrido en Chiapas, en: García Acosta y Suárez Reynoso 1996:75.
[324] Ésta apareció en una relación firmada por el escribano Juan Rodríguez, relativa al sismo del 10 de septiembre de 1541 en Guatemala, cuyo título da cuenta de esta misma concepción: "Relación del espantable terremoto que ahora nuevamente ha acontecido en las Indias en una ciudad llamada Guatemala, *es cosa de grande admiración y de grande ejemplo para que todos nos enmendemos* y estemos apercibidos para cuando Dios fuere servido de nos llamar" (cursivas mías; véase García Acosta 1992:5-6).
[325] En: García Acosta y Suárez Reynoso 1996:79.

XVIII con el advenimiento y consolidación de las ideas ilustradas provenientes de Europa, cuando

> las autoridades civiles y religiosas, influidas por el espíritu jansenista y al servicio del racionalismo modernizador, pretendieron establecer límites precisos entre la práctica religiosa y la vida secular. Tuvo que pasar mucho tiempo para que la mentalidad popular asumiese ese distanciamiento [...][326]

"Dama en actitud de plegaria". Óleo de Baltasar Echave Ibía. Siglo XVIII.

La metamorfosis decisiva de estas prácticas y manifestaciones, tanto en términos de su intensidad como en el hecho de dejar de ocupar espacios públicos se dió en la segunda mitad del siglo XIX, a raíz de la promulgación de las Leyes de Reforma, como veremos más adelante.

Las prácticas asociadas con la religión que caracterizamos como respuesta religiosa, se presentaron de diferentes maneras. Algunas eran organizadas por la misma iglesia y otras, directamente por la sociedad civil, diferencia que no siempre es sencillo dilucidar a partir de la información disponible. Revisaremos en particular aquéllas de carácter colectivo, cuya fuerza y frecuencia las hacen aparecer como las más importantes. Entre ellas se encuentran por un lado, los rituales públicos, dentro de los cuales tuvieron gran vigor las procesiones, misas, oraciones públicas y actos piadosos diversos, que eran organizados *ex professo* después de la ocurrencia de temblores. Por otro lado, se ve el caso del surgimiento de ciertos cultos, materializados a través de la identificación y designación de determinados santos, santas o devociones marianas como patronos contra los temblores.

Sin duda fueron los rituales públicos las manifestaciones religiosas que tuvieron una importancia singular, con una permanente presencia después de ocurrido un sismo. Cuando provocaban serios daños, estos rituales se repetían al año siguiente, con la idea de evitar su recurrencia. A las procesiones, que resultaban ser actos masivos, se sumaba la celebración de misas y otra serie de actos piadosos tanto prolongados como suntuosos. Era frecuente el llamado a través de plegarias,[327] para llevar a cabo ya fuera a la par de las procesiones o además de ellas, oraciones públicas diversas tales como rogativas o rogaciones,[328] septenarios y novenarios.[329] En oca

[326] Gonzalbo 1996:59.

[327] Se tocaba a plegaria en una o varias iglesias como señal para que todos los fieles hicieran oración y pedir cesaran los temblores.

[328] Las rogativas eran oraciones públicas para conseguir el remedio de una grave necesidad, en este caso los temblores, mientras que las rogaciones eran las letanías que se rezaban en las procesiones públicas.

[329] Un ejemplo del tipo de oraciones que se generaban para pedir clemencia ante las amenazas naturales puede consultarse en García Acosta y Suárez Reynoso 1996:276-279, en este caso originada en la primera década del siglo XIX y dirigida a la Virgen de los Remedios.

sión del sismo de abril de 1845, uno de los que ha sido comparado por los especialistas con base en estimaciones de magnitud con los de septiembre de 1985, se celebraron todas las variantes de rituales públicos mencionadas tanto en la Ciudad de México, como en el resto del país ya que se ordenó "a las autoridades eclesiásticas para que en todas las iglesias se hagan rogaciones públicas al Todopoderoso y nos libre de nuevas calamidades".[330]

Al constituir actos cuya organización y costeo en general recaía en el ayuntamiento local, la mayor cantidad de información sobre rituales públicos y procesiones, se encuentra en las *Actas de Cabildo.* El registro de los gastos erogados aparece en las secciones referentes a la hacienda municipal, ya que era común que los recursos se extrajeran del ramo de propios y arbitrios inscribiéndose como "gastos extraordinarios".[331] Al igual que en las procesiones comunes o festivas que organizaban las cofradías cada año,[332] en las procesiones caracterizadas como "extraordinarias" participaba gran parte de los habitantes del lugar, siempre precedidos de las autoridades civiles y eclesiásticas.[333] Es común encontrar en los documentos sobre sismos menciones como la que se refiere a una de las varias procesiones organizadas por haber temblado con fuerza de manera consecutiva los días 29 y 30 de junio de 1753:

> los capellanes del coro de esta Santa Iglesia, dispusieron sacar de ella con rosario a la soberana imagen del glorioso patriarca Señor San José; formóse éste de un innumerable concurso de sujetos de todas clases con velas, cirios y hachas encendidas en las manos, la mayor parte de la clerecía y algunos prebendados, la principal música de su capilla y la santa imagen, y detrás innumerables mujeres de todas clases.[334]

Al año siguiente, a causa de los temblores sentidos en agosto de 1754 en la Ciudad de México y en las costas de Guerrero, se llevó a cabo en aquélla una procesión suntuosa y también dedicada a San José

> al que acompañaron como cinco mil personas, y eran de los gremios, parte de las guardias de alabarderos, infantes y de caballería del Real Palacio, del co-

[330] En: García Acosta y Suárez Reynoso 1996:267.

[331] En las cuentas de cargo y data de las denominadas "cuentas de propios y arbitrios" municipales, aparecían dos tipos de erogaciones: los gastos comunes (salarios pagados a escribanos, guardas, administradores y demás encargados o responsables de atender asuntos de la municipalidad; fiestas religiosas anuales como la de Corpus Christi; limpieza de calles, etc.) y los gastos extraordinarios (para costear festividades no proyectadas con antelación). Por lo general los gastos comunes eran del doble de los extraordinarios, salvo en casos excepcionales, como en épocas de sequías o aquellas en que se presentó un temblor y se llevaban a cabo rituales públicos no programados.

[332] Entre las más importantes estaban las de Semana Santa, las que celebraban el Viernes Santo, y la de *Corpus Christi.* Esta última fue una de las más concurridas en la Ciudad de México durante la época colonial, en la cual los gremios ocupaban uno de los lugares principales (García Acosta 1989:105-107).

[333] Durante la época colonial se registraron cerca de 20 procesiones asociadas con temblores ocurridos en diferentes momentos (véase Márquez, en preparación).

[334] En: García Acosta y Suárez Reynoso 1996:129. Referencias similares aparecen en otros dominios americanos; como ejemplo podemos mencionar que con motivo del sismo ocurrido en la ciudad de Panamá en 1621, se hicieron procesiones muy concurridas en las que "fuera de los señores de la Audiencia, no hubo persona de calidad que no procurase el puesto más humilde, y todos descalzos, excepto los enfermos" (Requejo 1908:63).

mercio, varios caballeros, familiares de Su Excelencia y su Ilustrísima, los señoritos hijos de S[u] E[xcelencia], los señores dean arcediano y doctoral con gran parte del clero [...] y todos clamando al Santo Patriarca porque nos liberte de la furia de los temblores.[335]

"San José y el Niño".
Óleo de Andrés López, 1797.

Si bien las procesiones constituían rituales públicos y masivos en los que se pretendía reunir a toda la población del lugar, en su disposición se mantenía un estricto orden jerárquico. Durante la época colonial iba al frente el virrey, seguido de la clerecía (incluidas las diversas comunidades religiosas), los miembros del Ayuntamiento y de la Real Audiencia, para continuar los gremios en orden de importancia, la guardia real y, al final, la población del lugar.

[335] En: García Acosta y Suárez Reynoso 1996:129.

Ya en el siglo XIX, las ultimas evidencias que hemos localizado relativas a la organización de este tipo de procesiones extraordinarias cuando ocurrieron sismos de gran intensidad, están vinculadas con el ocurrido en 1845. La primera se llevó a cabo de inmediato después del temblor, y la otra al año siguiente; ambas fueron las últimas procesiones masivas que se organizaron pública, oficial y formalmente, manteniendo una disposición bastante similar a aquéllas de la época colonial. Como tal, reproducimos la siguiente cita que proviene del *Diario Oficial* en su publicación del 11 de abril de 1845, cuatro días después de presentarse el gran sismo de "Santa Teresa" y uno después de su terrible réplica, en cuyo caso la imagen de la Virgen de los Remedios fue trasladada

> en procesión solemne de la Santa Veracruz a catedral, por el ilustrísimo señor arzobispo y cabildo metropolitano, formando la comitiva el señor gobernador, el Exmo. ayuntamiento, las comunidades religiosas, los colegios y una inmensa muchedumbre [...] por las calles [...] que estaban cubiertas de flores y adornadas con arcos.[336]

Dicha procesión fue ordenada por las autoridades civiles, tal como informó el mismo *Diario Oficial* el día 10 de abril, reproduciendo las disposiciones dictadas por el presidente interino José Joaquín de Herrera, entre las cuales se encontraban las siguientes:

> El supremo gobierno excita, porque es su primera obligación, al Illmo. Sr. Arzobispo, para que se hagan inmediatamente rogaciones al Todopoderoso para que nos libre de las presentes calamidades [...] se servirá excitar también al Exmo. Ayuntamiento para la pronta traslación de María Santísima de los Remedios, patrona especial de esta ciudad.[337]

Casi un año más tarde en febrero y marzo de 1846, en recuerdo de los terribles sucesos ocurridos en 1845, con objeto de evitar su repetición y una vez restaurada la imagen del Señor de Santa Teresa que quedara tan dañada al caerse la cúpula de la capilla de la iglesia de Santa Teresa la Antigua en la que se encontraba, se organizaron solemnes procesiones desde ahí hasta la catedral. La del 26 de febrero se llevó a cabo

> haciendo el camino por las mismas calles que lleva la procesión del Corpus, y asistiendo todas las corporaciones, oficinas y particulares, presididos por el Excelentísimo Señor Presidente Interino de la República, acompañado del Ministerio, Consejo y una numerosa plana mayor. También presidía el venerable clero secular y regular y el Ilustrísimo Señor Arzobispo. La procesión comenzó a caminar a las cinco de la tarde y entró en la Catedral cerca de las ocho.[338]

[336] En: García Acosta y Suárez Reynoso 1996:262.
[337] En: García Acosta y Suárez Reynoso 1996:262.
[338] En: García Acosta y Suárez Reynoso 1996:261.

La Procesión de Monjas. Fragmento del biombo titulado *Entrada del Virrey.* Anónimo, siglo XVIII

Estas serían las últimas procesiones de este tipo organizadas, al menos, hasta 1912.[339]

Las procesiones parecen haber tenido una importante acogida entre la población indígena convertida al cristianismo, mezclándose con la denominada "inmensa muchedumbre" que cerraba el recorrido por las calles de las ciudades. En este caso, sería aplicable la hipótesis de Ricard, en el sentido de que las continuas y suntuosas ceremonias prehispánicas trataron poco a poco de ser reemplazadas por prácticas análogas que evitaran que el cotejo de la antigua religión con la nueva no fuera desfavorable a ésta, y que en ella encontraran los naturales una verdadera sustitución.[340]

De alguna manera la intensidad del o de los temblores se reflejaba tanto en lo opulento y concurrido de la procesión, en lo prolongado de la ruta que seguía,[341] en la cantidad de procesiones organizadas a causa de un mismo evento, como en las manifestaciones de los participantes en ella. Como un ejemplo tenemos que a causa de los constantes temblores experimentados en abril de 1776, que se sintieron en Guerrero, Oaxaca y la Ciudad de México, se organizaron en esta última 16 procesiones a lo largo de tres semanas.[342] En el mismo sentido existen referencias a que antes del "surgimiento" del volcán Jorullo en Michoacán, hubo varios y fuertes sismos a lo largo de más de tres meses en toda la región aledaña al mismo, hasta que finalmente el volcán hizo erupción el 28 de septiembre de 1759; una semana antes de ello, en el mismo pueblo de Jorullo, se hizo una procesión llevando a

> las imágenes que allí se veneraban, cantando las letanías y haciendo otros actos de humillación y penitencia, entre el llanto y vocería confusa de las mujeres y niños, a que respondía sordamente el siniestro bramido subterráneo [...] [343]

Las imágenes que precedían a estas procesiones representaban al patrono local tradicional, o bien a uno elegido en particular contra los temblores. Si bien las procesiones y rogativas estaban dedicadas directamente al "Todopoderoso" o bien a la "Encarnación del Divino Verbo", como ocurrió en Sayula en marzo de 1806 en ocasión de los temblores que se presentaron en Jalisco,[344] por lo general los santos patronos elegidos contra los temblores y aquéllos a quienes se ofrecían los diversos rituales públicos eran intercesores ante el Ser Supremo. Entre ellos figuraba la Virgen

[339] Recuérdese que la información en la que se basa nuestro análisis proviene del primer volumen de *Los sismos en la historia de México*, y que se inicia en el año 1 pedernal (siglo XV) y culmina en el XX con el año de 1912. Recientemente iniciamos en el CIESAS la continuación de este catálogo "cualitativo" de sismos mexicanos (1913-1925) con el apoyo de estudiantes de servicio social de la Escuela Nacional de Antropología e Historia, con la coordinación de Ma. del Carmen León García, lo cual permitirá ampliar nuestros horizontes de análisis en éste y otros campos de interés.

[340] Ricard 1986:273

[341] Márquez ofrece en su tesis las rutas que siguieron algunas de las procesiones organizadas en la época colonial, trazándolas en planos de la ciudad de México del periodo correspondiente (Márquez, en preparación).

[342] En: García Acosta y Suárez Reynoso 1996:146.

[343] En: García Acosta y Suárez Reynoso 1996:133.

[344] En: García Acosta y Suárez Reynoso 1996:195.

María, "la intercesora por excelencia",[345] en sus diferentes advocaciones, o bien ciertos santos y santas. Lo anterior respondía a que

> Conocedores de la teología católica, [los novohispanos] sabían que sólo Dios podía suspender el rigor de las leyes de la naturaleza establecidas por él mismo, pero antes que dirigirse directamente al Creador optaron por comunicarse con mediadores seleccionados entre los ángeles, los santos y, sobre todo, entre las diversas advocaciones marianas.[346]

Parte de la documentación histórica hace referencia expresa a esta labor de intermediación, como lo hizo el *Diario Oficial* con motivo de los sismos de 1845, en cuyo caso mencionó que

> el primer deber de una ciudad cristiana es dirigir sus plegarias al cielo procurando desarmar el Brazo Omnipotente y desempeñar a este fin la mediación de poderes intercesores, se han determinado novenarios solemnes a la Santísima Virgen en sus advocaciones de Guadalupe, de los Remedios y de la Soledad de la Santa Cruz [...] en la iglesia que se designe, por estar horriblemente maltratada la suya. Debe hacerse también un septenario a Sr. San José.[347]

Razón de los costos que tuvo el triduo y septenario que en la casa profesa hizo la nobilísima ciudad al castísimo patriarca Sn. José por motivo de los temblores.

Por doscientos cuarenta y ocho pesos de cera labrada sin estrenar	0248 p.00
Abono por ciento setenta y nueve pesos y media de cera a seis reales: ciento treinta y cuatro pesos y cinco reales	0134 p. 5.0

Cargo	0248p. 0.0
Data	0134p. 5.0
Resta	0113p. 3r

De cera	113 p. 3.0
De música	120 p. 0.0
De misas de los diez díaz y mozos sacristanes	086 p. 3.0
De los chirimeteros dos pesos y un real	002 p. 1.0
Del cohetero veinte pesos cuatro reales	020 p. 4.0
	342 p. 3r

Gastos de triduo y septenario a San José en 1776. (Archivo Histórico de la Ciudad de México, *Patronatos y Santos Patronos*, vol. 3604, exp 26.)

Si bien encontramos algunos santos, santas o vírgenes asociados con más frecuencia con los temblores no hubo, salvo el caso de San José, una divinidad relacionada con ellos. La selección de determinados santos o advocaciones marianas como intercesores para evitar los "males" en general y los temblores en particular, usualmente se regía por las mismas normas que aquellas que reglamentaban la elección de los santos patronos

[345] Calvo 1996:38.
[346] Gonzalbo 1996:49.
[347] En: García Acosta y Suárez Reynoso 1996:283.

"Nuestra Señora de la Soledad", técnica mixta, Pedro Ortega, 1978.

locales.[348] Los elegidos y relacionados con diversos tipos de amenazas aparecen casi siempre en la época colonial, y entre ellos encontramos con mayor frecuencia a la Virgen de Guadalupe y a la de los Remedios, mientras que dentro de los asociados con los temblores aparecen San Felipe de Jesús (1609, 1668 y 1718), San Nicolás Tolentino (1611, 1644), la Virgen de la Soledad (1711) y la de Guadalupe (1806), siendo sin duda San José el

[348] Márquez cita el "Decreto de la Sagrada Congregación de Ritos", aprobada el 23 de marzo de 1630 por el Papa Urbano VIII, en la cual se normaban tres requisitos para tal elección: que se tratara de un santo canonizado, que fuera electo por el pueblo por voto secreto del Ayuntamiento y aprobación del obispo y clero, y que la Sagrada Congregación de Ritos lo aprobara y confirmara (Márquez, en preparación).

que gozó de primacía.[349] Se le eligió por primera vez en 1682, a raíz de los temblores ocurridos el día mismo de su celebración: el 19 de marzo, nombramiento que fue ratificado como permanente "abogado contra los temblores" tanto en la Ciudad de México como en otras ciudades y pueblos del virreinato. Lo encontramos en los rituales organizados en Zapotlán debido a los temblores de 1747 y de 1806 (en este último caso junto con la Virgen de Guadalupe), en la Ciudad de México en los de 1729 y 1845, y en Oaxaca en 1772.[350]

Algunas tradiciones locales imponían de vez en cuando, otros "patrones y abogados contra los temblores", cuya selección obedecía a la celebración de su santoral en alguna fecha cercana al sismo ocurrido, o a ser ya el patrono oficial del lugar. Así, encontramos que a raíz de los temblores que se repitieron por varios días en el mes de enero de 1784 en Guanajuato, se llevó a cabo una procesión y novenario dedicados a la Virgen María Santísima bajo la advocación local, lo cual relató la *Gazeta de México* del mismo mes y año de la siguiente manera:

> el Cabildo [...] ocurrió [...] a implorar los divinos auxilios, disponiendo en la tarde del 13 una devota procesión, y que el siguiente se comenzase Novenario a María Sma. bajo la advocación de la misma ciudad, su principal patrona.[351]

Si durante el siglo XIX desaparece la costumbre de nombrar santos patronos relacionados con los temblores, sí encontramos que se organizaron novenarios, se cantaron salves o se llevaron a cabo rogaciones al señor del Calvario y al patrón local San Miguel en Orizaba en 1819; a la Virgen de Guadalupe en la Ciudad de México en 1820; en 1845 a la misma Virgen de Guadalupe y a la de la Soledad de la Santa Cruz, cuyo templo en la Ciudad de México se arruinó, y en ese mismo año al Todopoderoso en Guadalajara.

Llama la atención que en algunas ocasiones se recurrió incluso al sorteo para elegir al patrono más adecuado, el cual podía incluir desde un par de opciones, hasta una amplia y variada gama de ellas, tal como lo muestran los siguientes ejemplos, provenientes ambos de Guadalajara, con casi 200 años de diferencia. En 1592 se decidió que dada la presencia de

> relámpagos y rayos [...] plagas venenosas [...] temblores de tierra, peste y otras miserias [...] para aplacar la indignación e ira de Dios [...] han convenido se echen a suerte todos los santos del calendario [...] el santo que por suerte así saliere, será el que Dios Nuestro Señor es servido sea abogado de esta ciudad y obispado.[352]

Mientras que en 1771 a raíz de los temblores ocurridos durante el mes de noviembre, mismos que se reportaron en varios poblados de Jalisco, así

[349] En su tesis, Irene Márquez ofrece tanto la descripción como el recuento de cada una de las ocasiones en que fueron nombrados y venerados estos santos y vírgenes (Márquez, en preparación).
[350] Véase Márquez Moreno, en preparación.
[351] En: García Acosta y Suárez Reynoso 1996:152.
[352] Archivo del Cabildo Eclesiástico de Guadalajara, *Actas Capitulares,* libro 3, f.104v-105v, 1592.

como en Michoacán y Guerrero,[353] que provocaron severos daños a las torres de la catedral de Guadalajara, se reunió el cabildo de esa ciudad "en su sala de ayuntamiento a efecto de elegir y votar un santo patrono, interceptor y abogado contra los terremotos". En esta ocasión se decidió llevar a cabo la elección por medio de una rifa, y que fuera la "Divina Clemencia" quien decidiera. En ella participaron tres santos, San José, San Cristóbal y San Emigdio, junto con una Virgen, la de la Soledad:

> y puesto en ejecución el sorteo, se asentaron sus nombres en cuatro cédulas, que introdujeron dentro de la copa de un sombrero de uno de los señores, cubierta con otro [...] y bien movidos los respectivos sombreros salió a la primera saca [...] Nuestra Señora de la Soledad [...] por orden de la Divina Providencia [...][354]

Uno de los casos más peculiares corresponde a la forma en que San Felipe de Jesús resultó electo como santo patrono contra los temblores, a raíz de los experimentados en Colima en 1609. Lo encontramos reproducido en el *Mosaico colimense*, texto basado en documentación de archivo, escrito y publicado por Virginio García Cisneros en 1982. Ocurrió que reunido el ayuntamiento de la villa para tal efecto

> un franciscano se acercó al portero de la casa consistorial, diciéndole que fuera con los regidores y les dijera que pusieran en las cédulas a San Felipe, santo mexicano que fue franciscano, y si resultase electo les sería buen patrón. El portero cumplió el encargo [...] se verificó la rifa y por tres veces seguidas el triunfo fue de San Felipe de Jesús. Se buscó en vano al regidor que había hecho la sugerencia, y como no fuera ninguno de los residentes de la villa, se llegó a la conclusión de que el mismo santo vino a ofrecerse como patrón de la villa.[355]

Relacionada con la designación de ciertos santos, santas o advocaciones marianas, encontramos una interesante costumbre: "bautizar" a los sismos. De hecho constituía una manera de registrarlos con base en el santoral católico, ya fuera tomando al correspondiente del día en que ocurrió el temblor, o bien uno cercano a éste. Como tal se encontraron varios casos, que se remiten a la época colonial: el sismo del 31 de diciembre de 1603, día de San Silvestre, fue conocido como el "temblor de San Silvestre", los ocurridos el 19 de marzo de 1682 y días subsiguientes fueron los "temblores de San José", o el del 3 de mayo de 1819 como "temblor de la Santa Cruz". Otros más, si bien no eran bautizados como tal, se les identificaba con el santoral: el del 8 de diciembre de 1640 ocurrió el "día de la festividad de la Concepción", el del 22 de mayo de 1668 durante el "tercer día de Pascua de Espíritu Santo" o el del 4 de abril de 1817 fue "en viernes santo". A los ocurridos en octubre de 1801 se les nombró "temblores del rosario, por haber durado cuarenta días".[356] Es decir, que en general el

[353] Véase García Acosta y Suárez Reynoso 1996:139-140.
[354] En: García Acosta y Suárez Reynoso 1996:139.
[355] En: García Acosta y Suárez Reynoso 1996:87.
[356] Véase Márquez, en preparación.

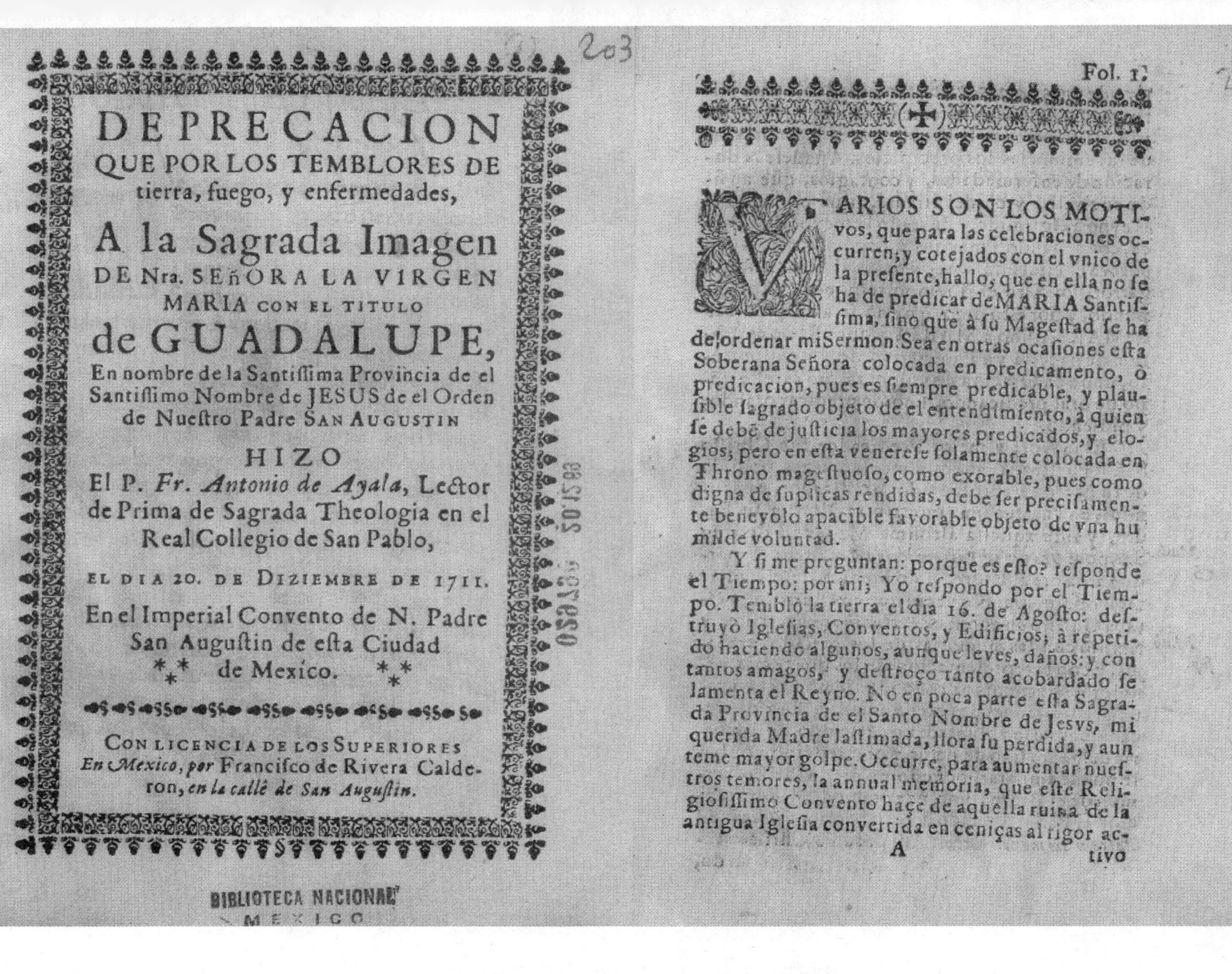

DEPRECACION
QUE POR LOS TEMBLORES DE
tierra, fuego, y enfermedades,
A la Sagrada Imagen
DE Nra. SEñORA LA VIRGEN
MARIA CON EL TITULO
de GUADALUPE,
En nombre de la Santiſſima Provincia de el
Santiſſimo Nombre de JESUS de el Orden
de Nueſtro Padre SAN AUGUSTIN

HIZO

El P. *Fr. Antonio de Ayala*, Lector
de Prima de Sagrada Theologia en el
Real Collegio de San Pablo,

EL DIA 20. DE DIZIEMBRE DE 1711.

En el Imperial Convento de N. Padre
San Auguſtin de eſta Ciudad
de Mexico.

CON LICENCIA DE LOS SUPERIORES
En Mexico, por Franciſco de Rivera Calderon, *en la callè de San Auguſtin.*

Fol. 1.

VARIOS SON LOS MOTIvos, que para las celebraciones occurren; y cotejados con el vnico de la preſente, hallo, que en ella no ſe ha de predicar de MARIA Santiſſima, ſino que à ſu Mageſtad ſe ha de ſordenar mi Sermon. Sea en otras ocaſiones eſta Soberana Señora colocada en predicamento, ò predicacion, pues es ſiempre predicable, y plauſible ſagrado objeto de el entendimiento, à quien ſe debē de juſticia los mayores predicados, y elogios; pero en eſta venereſe ſolamente colocada en Throno mageſtuoſo, como exorable, pues como digna de ſuplicas rendidas, debe ſer preciſamente benevolo apacible favorable objeto de vna humilde voluntad.

Y ſi me preguntan: porque es eſto? reſponde el Tiempo: por mi; Yo reſpondo por el Tiempo. Temblò la tierra el dia 16. de Agoſto: deſtruyò Iglesias, Conventos, y Edificios; à repetido haciendo algunos, aunque leves, daños: y con tantos amagos, y deſtroço tanto acobardado ſe lamenta el Reyno. No en poca parte eſta Sagrada Provincia de el Santo Nombre de Jesvs, mi querida Madre laſtimada, llora ſu perdida, y aun teme mayor golpe. Occurre, para aumentar nueſtros temores, la annual memoria, que eſte Religioſiſſimo Convento haçe de aquella ruina de la antigua Igleſia convertida en ceniças al rigor ac-

A tivo

Deprecación a la Virgen de Guadalupe por temblores, diciembre, 1711.

nombre que se le daba a los temblores provenía de una directa identificación con asuntos de índole religiosa.

Esta costumbre fue perdiéndose a lo largo del siglo XIX, conforme avanzó el fenómeno de secularización, lo cual constituye una prueba más de que en la coyuntura histórica de un desastre se evidencian procesos socioculturales. Después de consumada la Independencia encontramos sólo tres casos en que los temblores fueron bautizados conforme al santoral: al del 24 de enero de 1825 ocurrido en Oaxaca se le nombró "temblor de Ntra. Sra. de Belén", y el del 30 de agosto de 1836 también en Oaxaca fue el "temblor de Santa Rosa". Si bien disminuyó de manera notable, no se abandonó del todo la práctica de darles una denominación, aunque ahora valiéndose de referentes distintos. Algunos de ellos que parecen mantener la misma tendencia, derivan su nombre de otros motivos, tal es el caso del ya varias veces citado de abril de 1845 al que se le conoció como "temblor de Santa Teresa", pero no por el santoral, sino por haberse caído la cúpula de la capilla así denominada; en el mismo sentido los conocidos como "temblores de San Cristóbal", que tanto daño provocaron en la región jaliscience en 1875, recibieron tal nombre por destruir el poblado de ese nombre.

La información relacionada con las respuestas de índole religioso es constante y persistente durante la época colonial, se redujo de manera notable conforme avanzó el siglo XIX, sin correspondencia directa con la cantidad de información disponible, que sin duda resulta ser mucho más abundante para esas décadas, ni mucho menos con una disminución en la sismicidad, pues durante la segunda mitad del siglo XIX y principios del XX hubo temblores de considerable intensidad, tales como los registrados en 1864, 1875, 1882, 1887, 1894, 1902, 1907 y 1911.

Si bien todavía con motivo del terrible sismo de abril de 1845 se organizaron procesiones suntuosas, novenarios y rogaciones públicas "que aplaquen la cólera del Señor irritada por nuestros pecados",[357] la información obtenida para la segunda mitad del siglo XIX e inicios del XX sólo hace referencia a que tanto en el momento del temblor o después del mismo, los habitantes del lugar "entonaban plegarias", "pedían misericordia", "imploraban el auxilio providencial" o "se arrodillaban y oraban en voz alta". Es decir, hace referencia a reacciones a partir de manifestaciones religiosas que no iban más allá de demostraciones momentáneas, incluso en casos en que los sismos provocaron numerosos daños y en que fueron profusamente relatados en las fuentes consultadas. Por ejemplo, Alberto Araus en sus *Cuadros, notas y apuntes de Méjico* publicado en 1902, describió con detalle el desarrollo del temblor ocurrido ocho años antes, el 2 de noviembre de 1894 en la Ciudad de México, así como las diversas reacciones experimentadas; sobre el tema que nos ocupa sólo mencionó que

> En el mismo punto se habían arrodillado casi todas las mujeres, indias de rebozo, como jóvenes de chal, como algunas señoras de sombrero. Casi todas rezaban, unas de modo inteligible, otras mentalmente. A algunas el pavor les

[357] En: García Acosta y Suárez Reynoso 1996:241.

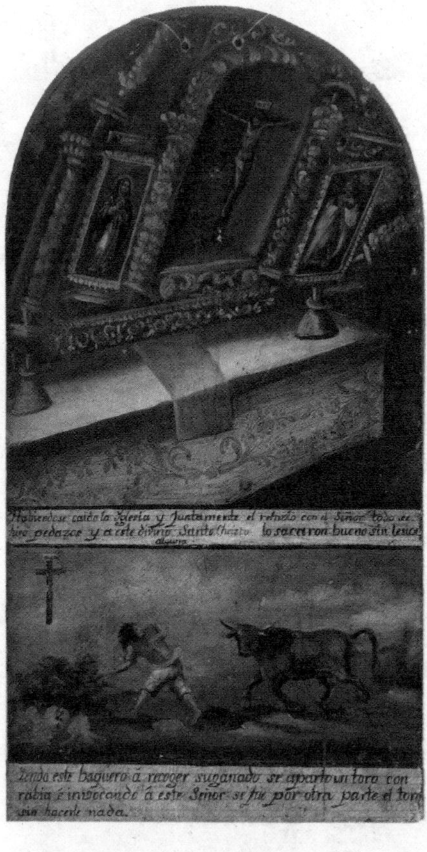

Cartela frente. Parte superior: "Habiéndose caído la Iglesia y juntamente el retavlo con el Señor todo se hiso pedazos y a este divino Santo Christo lo sacaron bueno sin lesión alguna". Parte inferior: "Yendo este baquero á recoger su ganado se aparto un toro con rabia é invocando á este Señor se fue por otra parte el toro sin hacerle nada". Exvoto de dos vistas, óleo en madera. Anónimo, siglo XVIII.

impedía el uso de los labios y hasta el razonamiento, y después de arrodillarse inconscientemente quedaban como clavadas en el suelo.[358]

Durante la segunda mitad del siglo XIX y la primera década del XX sólo encontramos tres referencias claras sobre la organización de rituales públicos, las cuales se remontan a 1897, 1904 y 1911.[359] Ninguno de ellos se llevó a cabo en la Ciudad de México, sino que tuvieron lugar en Tehuantepec, Oaxaca, en Chiapas (sin especificar lugar) y en Ciudad Guzmán, Jalisco, respectivamente.

La primera correspondió a la fuerte secuencia sísmica con que cerró el siglo XIX, misma que provocara numerosos daños particularmente en Tehuantepec, con los fuertes movimientos registrados entre el 5 y el 28 de junio de 1897. En esta ocasión la documentación hemerográfica, del periódico *El Universal* en su edición del 26 de junio, además de mencionar que "señoras de rodillas, lloraban, gritaban y rezaban", mientras "grupos de gente que, de rodillas, unos lloraban [y], otros cantaban salmos y letanía", informó en una sección denominada "Impresiones de una víctima" lo siguiente:

> me parecía estar en semana santa [...] de noche y de día no se oían más que cantos religiosos a la vez que las campanas [de las iglesias] no cesaban de tocar

[358] En: García Acosta y Suárez Reynoso 1996:474.

[359] Existe otras mención que no he incluido en el texto, relativa a una "procesión de penitentes desnudos" que relató el *Monitor Republicano*, misma que se llevó a cabo en Guadalajara con motivo de la larguísima secuencia sísmica de 1875, y de la cual no se cuenta con mayor información para categorizarla como un ritual público.

estando pendientes las del enlosado dela misma y ya monumento del Sagrario; yotras prebenidas por Rl. Cedula de 10 de Junio de 1766, se hallarà embarazada la Aud.a en su eleccion, en el caso de haverse preciso el derrumbe, y Rhedificazion delas torres, pudiendo àcaso parecer bastante la subsistenzia devna deellas, como lo estan las Cathedrales de España.

Esto supuesto, yexaminado el testimonio que se àcompaña, se reconoce q.e el punto de que trata la Aud.a àun ha quedado pendiente ante este mismo tribunal enlo prinzipal dela verdadera calificac.on del estado de àquellas torres, reparos q.e requieran segun su àctual constituzion, yforma de executarse, con la graduaz.on desu coste.

Aunque estas dilig.as resulta, haverse practicado por diferentes Alarifes, yel Maestro q.e corre con la fabrica del Rl. Palazio de Guadalaxara; no obstante por la discordanzia notada entre

Informe del derrumbe de las torres de la catedral de Guadalajara, 1771. (AGI, Audiencia de Guadalajara, 342)

a rogativas; en algunas iglesias sacaron a todos los santos y los pusieron bajo enramadas siendo velados constantemente por los vecinos.[360]

Los movimientos sísmicos no cesaban y el día 20, según informó el mismo periódico, también en Tehuantepec

> se sintió otro nuevo temblor más fuerte que los anteriores [...] nadie ha osado impedir que la multitud llame públicamente al cielo implorando la divina misericordia contra las calamidades que asolan a la ciudad, y así se efectuó una procesión encabezada por un sacerdote, pues entre la generalidad de creyentes se tiene la idea de que aquellos temblores son un castigo del cielo.[361]

Conviene detenerse en esta información. En primer lugar por que se trata de la primera mención de una procesión organizada con motivo de la ocurrencia de un sismo, después de más de 50 años a lo largo de los cuales a pesar de que se sucedieron importantes temblores no encontramos registros sobre procesiones.[362] En segundo lugar, llama la atención que si bien la procesión estuvo conformada por una "multitud" tehuantepecana, la presidió sólo un sacerdote; al respecto cabría recordar las numerosas citas aquí reproducidas, provenientes tanto de la época colonial como de la primera mitad del siglo XIX, en las cuales las procesiones organizadas después de la ocurrencia de sismos iban siempre encabezadas por las principales autoridades civiles y religiosas, seguidas de la "crema y nata" de la sociedad local, para terminar con el resto de la "muchedumbre". En tercer lugar vale la pena resaltar la aclaración hecha por la "víctima" cuyas impresiones registró *El Universal*, y que se refiere a una visión distinta a aquélla que había privado por cientos de años y que atribuía el origen de los temblores a un castigo divino reconociendo, sin embargo, que dicha idea seguía privando "entre la generalidad de creyentes".

El segundo ejemplo se remonta a 1904, con motivo de la ocurrencia de una serie de temblores durante el mes de enero, mismos que se resintieron en la Ciudad de México, Estado de México, Morelos, Puebla, Veracruz y particularmente en Guerrero, Oaxaca y Chiapas. En este último, al decir del historiador Manuel Burguete en sus *Curiosidades y Misterios de la Historia Chiapaneca*, hubo "rezos y procesiones por aquello de que el miedo no anda en burro".[363] Sólo dos años antes, en 1902 y también en el mes de enero, se sucedieron los destructores sismos que provocaron innumerables estragos en Guerrero, provocando numerosos daños en Chilpancingo que quedó prácticamente destruida, incluyendo la casa que en esa capital del estado tenía el presidente Porfirio Díaz.[364] Sin embargo, ni una mención encontramos en este caso relativa a la organización de rituales públicos.

Por último tenemos el ejemplo de 1911, en ocasión del temblor conocido como el de Madero, que ocurrió el día mismo que Francisco I. Made-

[360] En: García Acosta y Suárez Reynoso 1996:513.
[361] En: García Acosta y Suárez Reynoso 1996:515.
[362] Ya se había mencionado párrafos anteriores que las procesiones de 1845 y 1846 fueron las últimas organizadas siguiendo el patrón colonial.
[363] En: García Acosta y Suárez Reynoso 1996:557.
[364] Véase García Acosta y Suárez Reynoso 1996:540ss.

Oración última:

Gigante cananeo, Hércules divino, alcides prodigioso que cargastéis en vuestros hombros mas que el cielo y mundo, pues cargastéis al creador del cielo y tierra, que como varón apostólico convertistéis infinitas almas y con el contacto de vuestra sangre distéis santidad a quien os atormentó, que venciendo los tormentos de azotes, parrillas y zaetas, os rendistéis al símbolo de fé y evangélica predicación, que es el cuchillo. Como devoto vuestro, os suplico alcancéis al gran rey a quien servistéis, me libre de enfermedades contagiosas, de temblores de tierra y de repentinas muertes, para que muriendo contrito y sacaramentado, en garcia de vuestro dios y señor vaya en vuestra compañía a alabarle en la eterna gloria por todos los siglos de los siglos. Amen Laus Deo.

"Novena a él Glorioso Martyr S. Christobal, abogado contra los temblores y muertes repentinas, por un religioso de San Francisco, devoto suyo". Anónimo 1784.

Oración a San Emigdio para los temblores.

Dios nuestro señor nos bendiga y nos defienda: nos de su auxilio y tenga misericordia de nosostros: vuelva a nosotros su piadoso rostro y nos de paz y sanidad: dios nuestro señor bendiga esta casa y a todos los que en ella estamos y habitamos, y a ella y a nosostros nos libre del ímpetu del terremoto, en virtud del dulcícimo nombre de Jesús, Amén. Jesús nazareno, rey de los judios, sea con nosotros. Gánense cuarenta días de indulgencia por cada vez que se diga esta oración. SANCTUS. DEUS. SANCTUS FORTIS. SANCTUS INMORTALIS. MISERERE NOBIS.

Diciéndolo con fervor se ganan ochenta días de indulgencia.

Impreso en la calle de Veneno junto al número 10.

Oración a San Emigdio para los temblores. Anónimo, *ca.* siglo XIX

ro entrara triunfante a la Ciudad de México. Este sismo, que fuera ya registrado en la Estación Sismológica Central en el Observatorio de Tacubaya inaugurada sólo un año antes,[365] fue objeto de sendos estudios realizados por el entonces director del Instituto Geológico José G. Aguilera, y por el científico Manuel Miranda Marrón, quien escribiera un artículo que fue publicado al año siguiente en las *Memorias de la Sociedad Científica* "Antonio Alzate". Miranda relató que este sismo tuvo efectos desastrosos en la Ciudad de México y prácticamente destruyó Ciudad Guzmán, antes denominada Zapotlán el Grande, localidad que tantas veces ha quedado en ruinas a causa de la falta de adecuación y consideración al alto potencial sísmico del terreno. En ella se organizó el día de *Corpus* una procesión solemne con un

> numeroso cortejo de más de diez mil personas [...] portando en andas las imágenes de la Virgen de Guadalupe y de San José, patrono de la ciudad. Muchos iban coronados de espinas cargando en hombros grandes cruces, otros indígenas iban bailando al son de sonajas y pitos destemplados y lanzando de cuando en cuando alaridos estridentes.[366]

[365] La inauguración se llevó a cabo el 5 de septiembre de 1910. Una reproducción de la invitación que lanzó el Secretario de Estado y del Despacho de Fomento, Colonización e Industria, así como del programa de la misma, se encuentra en García Acosta y Suárez Reynoso 1996:613 y 615.

[366] En: García Acosta y Suárez Reynoso 1996:629.

Lo más interesante del relato de Miranda, además de reproducir un ritual público que, como hemos visto, era ya infrecuente en México, es que permite identificar uno de los principales motivos de la casi desaparición de estas manifestaciones públicas, ya que señala que la procesión en Ciudad Guzmán se organizó "a pesar de la prohibición de las Leyes de Reforma".

Si bien una de las explicaciones de este cambio en la respuesta religiosa y en especial, en sus manifestaciones públicas fue la creciente secularización de la sociedad civil durante el siglo XIX,[367] fue sin duda la expedición de dichas leyes la que marcó con fuerza dicha secularización que, en suma, se tradujo en una transformación del uso del espacio público.[368] A partir de la expedición de las leyes de Reforma, nunca más se llevaron a cabo procesiones religiosas en la Ciudad de México, al menos asociadas con la ocurrencia de sismos.

Toma de decisiones y reconstrucción

En el apartado anterior hemos hecho revista a las manifestaciones o prácticas que, caracterizadas como respuestas sociales, económicas y religiosas, resultaron las que con mayor frecuencia se presentaron a lo largo de la historia de México después de ocurrir un sismo. No obstante, quisiéramos abundar en un asunto que a nuestro parecer lo merece dada su importancia, relativo a la forma como se daba el proceso de toma de decisiones para canalizar algunas de esas respuestas, en especial aquéllas que se relacionaron con la reconstrucción.

Algunos estudiosos preocupados por estos asuntos han señalado que el proceso de toma de decisiones puede centralizarse en ciertas áreas y descentralizado en otras.[369] A continuación trataremos de mostrar cómo en la gran mayoría de casos estudiados, estos procesos se caracterizaron por una gran centralización en la toma de decisiones por parte de las instancias oficiales y eclesiásticas, mismas que atendían en particular y a veces de manera exclusiva, la reconstrucción de edificaciones civiles y eclesiásticas.

La sociedad civil intervenía de manera directa y espontánea en este proceso de toma de decisiones a través de acciones específicas. Entre ellas hemos mencionado las siguientes:

a) brindar trabajo voluntario y comunal para la reconstrucción,

b) ofrecer fondos de origen comunal,

c) donar materiales de construcción,

d) contribuir con "limosnas" o donativos diversos destinados a atender la reconstrucción de ciertos edificios, participando en las "suscripcio-

[367] Véase Molina del Villar 1990.

[368] En sus investigaciones recientes en el Estado de México, Brígida von Mentz ha encontrado algunos datos que refuerzan estas ideas, sobre procesiones que durante la segunda mitad del siglo XIX se llevaban a cabo exclusivamente en los atrios de las iglesias, supuestamente debido a una prohibición oficial de utilizar los espacios públicos, como se hizo antes.

[369] Hewitt 1997:171.

nes" o juntas de beneficencia o de ciudadanos que para tal objeto se organizaron sobre todo, durante el XIX.

Algunas de estas acciones estaban sujetas a la aprobación por parte de las autoridades competentes, como era el caso de la solicitud de exenciones de impuestos y la canalización de tributos o fondos comunales para la reconstrucción. Dichas autorizaciones podían tardar meses e incluso años antes de ser recibidas.

Ciertas decisiones que, impuestas por las autoridades civiles, tenían carácter obligatorio y por tanto estaban sujetas a severas sanciones en caso de cumplirse, por lo general se relacionaban con tres asuntos:

a) el empleo de fondos comunales para la reconstrucción,

b) llevar a cabo las reparaciones necesarias, dictadas por peritos-inspectores, en viviendas particulares dañadas, lo cual debía hacerse con recursos propios y en plazos perentorios,

c) dar donativos "voluntario-forzosos", con o sin calidad de reintegro.

De hecho eran estas decisiones las que imperaban en el momento de la emergencia y de la recuperación ante el desastre. Ante ello, las estrategias y alternativas que la sociedad civil estaba en capacidad de ofrecer, parecen ser poco independientes y autónomas. Esta afirmación se vería reforzada al analizar las formas mediante las cuales se llevaba a cabo la reconstrucción misma. Al respecto resulta interesante revisar de qué manera se obtenían y se canalizaban los fondos necesarios para ello.

Una de las primeras respuestas de las autoridades civiles consistía en llevar a cabo un levantamiento de los daños, de lo cual existe constancia para las principales ciudades tanto del virreinato (particularmente a partir del siglo XVIII) como del México independiente.[370] Después de ello, se decidía cuánto, de dónde y en qué edificios se llevaría a cabo la reconstrucción. Durante la época colonial, las sumas empleadas provenían tanto de los caudales de la Real Hacienda como de la Iglesia y de particulares, mientras que en el siglo XIX emanaban sobre todo de fondos municipales y federales y, en segundo lugar, de las aportaciones de los vecinos. En cada caso existían diversas modalidades tanto en su obtención como en su empleo.

Durante la Colonia, los fondos eclesiásticos para la reconstrucción eran obtenidos a través de:

a) limosnas,

b) empleo de rentas de propiedades de la Iglesia,

c) fondos de cofradías,

d) cantidades obtenidas de la exención del pago de diezmos, así como de la cesión de una parte de estos últimos, los denominados "reales novenos".[371]

Se encontraron solicitudes y posteriores aprobaciones para utilizar estos últimos, denominados indistintamente "dos novenos reales", "dos rea-

[370] Sobre este asunto, véase el apartado sobre intensidad que aparece en el primer capítulo del presente volumen, así como los estudios de caso en la segunda parte del mismo.

[371] Éstos correspondían a dos novenas partes del 50% de la gruesa decimal cobrada anualmente por la Iglesia; los dos novenos estaban destinados para el uso particular del rey, que con frecuencia le eran solicitados en donación para la reconstrucción de edificios eclesiásticos dañados a causa de temblores.

Tom. IX. Guadalajara, Domingo 24 de Marzo de 1878. Num. 586

JUAN PANADERO.

CONDICIONES.

Se publica los juéves y domingos.

La suscricion por mes, pago adelantado, vale DOS REALES en esta capital, y DOS REALES Y CUARTILLA, fuera de ella.

Los números sueltos valen CUARTILLA.

Los avisos y remitidos se insertarán á precios convencionales, pagándose adelantado su importe.

TERCERA EPOCA.

POR LA RAZON Ó LA FUERZA.

Periódico político, chancista, claridoso, burlon con sus ribetes de formal, y que hablará de puras actualidades.

SUSCRICIONES.

Los lugares de expendio de este periódico son todas las calles y plazas públicas. El grito de los ladinos expendedores, despertará á los lectores que estén dormidos y picará la curiosidad de los que estén con el ojo abierto.

Esta Constitucion no perderá su fuerza y vigor aun cuando por una rebelion se interrumpa su observancia. En caso de que por un trastorno público se establezca un gobierno contrario á los principios que ella sanciona, tan luego como el pueblo recobre su libertad, se restablecerá su observancia, y con arreglo á ella, y á las leyes que en su virtud se hubiesen expedido, serán juzgados, así los que hubiesen figurado en el gobierno emanado de la rebelion, como los que hubiesen cooperado á ésta.—Constitucion federal de la República, art. 128.

CALENDARIO.

D. 24 3.° de cuar. San Epigmenio presb.
L. 25 ✝✝ La Encarnacion del Señor.
M. 26 San Braulio mr.
M. 26 San Ruperto ob. conf.

EDITORIAL.

Los temblores.

¡No mas eso nos faltaba! Despues de tener la polilla tuxtepecana à cuestas, despues de tantas plagas como nos atosigan, tenemos de nuevo temblores como hace tres años. El miércoles pasado se sintió un ligero temblor á las diez y media de la mañana; pero el que verdaderamente llenó de alarma á Guadalajara fué el que se sintió anteayer à las siete y media de la mañana. Mucha sensacion causò, y con razon sobrada, pues fuè bastante fuerte. No hubo, por fortuna, desgracias personales que lamentar; muchos edificios se cuartearon, en el Sagrario y Jesus María se desprendieron algunas almenas y en una pieza de la Penitenciaría estuvo á punto de desprenderse del techo una de las vigas.

Pero donde verdaderamente se presentò amenazador y terrible el terremoto, fué en San Cristóbal, poblacion por desgracia predestinada para recibir las mas enérgicas caricias de la madre tierra. Para que vdes. se formen idea de aquel fandango público à continuacion el telégrama en que el empleado del telégrafo, dá cuenta del temblor. Està escrito con una sublime sencillez digna de Homero. Vean si no.

"Telégrafo del gobierno de Zacatecas.—Sr. D. Luis Larraza.—Procedente de San Cristóbal el 22 de Marzo de 1878. Recibido en Guadalajara el id. id. á las 8 y 20 minutos de la mañana.

Sr. D. Luis Larraza:

A las 7 y 25 minutos hubo un temblor muy fuerte de trepidacion y duraría 50 segundos; causó muchos estragos, y son los siguientes: cuarteò completamente todas las fincas quedando inservible la oficina parte en tierra, y otros cayeron completamente; se hicieron dos abras en la calle en cruz y otras pequeñas.

Yo fuí al rio y en la playa, por obra de Dios, me tomò el temblor, pero à varias personas y amigos no los dejaba andar hasta que caimos al suelo, yo ya no tenia miedo á los temblores, sino á que se abriera la tierra. Todos los cerros parecia que unos à otros se tiraban pedradas á causa de los peñascos que de ellos desprendian. A esta hora que son las ocho y diez minutos, van seis despues del grande. No hay una sola persona que esté dentro de su casa; aun no sé si habria alguna desgracia.—*Alberto C. Carrasco.*"

He aquí el cuadro de los temblores sentidos el dia de anteayer en S. Cristóbal y comunicados tambien por la oficina telegráfica.

Uno	á	las	4	00	minutos	mañana.
Otro	"	"	7	25	"	"
"	"	"	7	30	"	"
"	"	"	8	00	"	"
"	"	"	8	10	"	"
"	"	"	8	40	"	"
"	"	"	9	03	"	"
"	"	"	9	18	"	"
"	"	"	10	03	"	"
"	"	"	10	10	"	"
"	"	"	10	40	"	"
"	"	"	12	35	"	"
"	"	"	1	14	"	tarde.
"	"	"	1	58	"	"
"	"	"	2	01	"	"
"	"	"	4	50	"	"
"	"	"	5	43	"	"

A continuacion publico un artículo escrito por una persona muy entendida en la materia, que espero verán vdes. con gusto:

Los movimientos vitales de nuestro planeta se manifiestan con mas ó menos intensidad en varios puntos.

Las fuerzas físicas, el movimiento, el calor, la electricidad, la atraccion y el magnetismo, no cesan de obrar y sus efectos aparecen, ya solos ó acompañados, teniendo una influencia mas ó ménos marcada en los terremotos. Esta combinacion que no es hasta ahora bastante conocida corrobora mas bien que destruye la opinion emitida hace tres años.

El año anterior hácia el fin hemos tenido à los planetas Vénus y Júpiter casi en cuadratura y á Saturno y Marte casi en oposicion con la tierra; esta disposicion de los planetas mas grandes de nuestro sistema ha debido ocasionar cierta perturbacion en la marcha de ellos y la atraccion debida á su masa, debe tener sin duda una influencia muy poderosa en el movimiento de la masa fluida que existe en el interior y aun en la superficie de los planetas.

Los temblores mas ó menos fuertes se han estado observando en San Cristobal, muy marcadamente los dias 19, 20 y 22. Por el telégrafo se ha sabido que ayer desde las 4 de la mañana hasta las 5¾ de la tarde se sintieron 17 temblores siendo el de las 7½ el mas fuerte con ruido subterraneo y derrumbamiento de piedras en los cerros vecinos principalmente en el del "Embarcadero;" cayeron algunos edificios, y la polvareda ocasionada por los derrumbes no habia cesado á las 10½ de la mañana. Un ojo de agua que se halla á cerca de 300 varas al Norte de la plaza rumbo al rio de Juchipila, estaba claro antes del temblor y despues de él ha tenido un color que varía entre el amarillo de oro y rojo parduzco.

En Guadalajara se sintió un temblor ligero de oscilacion el dia 20 á las 10½ de la mañana, y ayer á las 7½ de la mañana se sintió otro un poco mas largo y mas fuerte que duró poco mas de 7 segundos, comenzando con movimiento de oscilacion de Norte á Sur y terminando con trepidacion, sin mas desastres causados que el desprendimiento de algunas costras del enjarre de las bóvedas de Catedral y de San Diego.

Este temblor de hoy se ha sentido por el Oriente hasta Silao, por el Sur hasta Santa Ana Acatlan, por el Poniente hasta Tequila; sin poder saber hasta este momento, por estar interrumpido el telégrafo de San Blas, à qué punto ha llegado el movimiento en ese rumbo. No sabemos tampoco de una manera cierta que haya habido algo extraordinario en los volcanes de Colima y del Ceboruco.

CALENDARIO.

D. 24 3.° de cuar. San Epigmenio presb.
L. 25 ✝✝ La Encarnacion del Señor.
M. 26 San Braulio mr.
M. 26 San Ruperto ob. conf.

EDITORIAL.

Los temblores.

¡No mas eso nos faltaba! Despues de tener la polilla tuxtepecana à cuestas, despues de tantas plagas como nos atosigan, tenemos de nuevo temblores como hace tres años. El miércoles pasado se sintió un ligero temblor á las diez y media de la mañana; pero el que verdaderamente llenó de alarma á Guadalajara fué el que se sintió anteayer à las siete y media de la mañana. Mucha sensacion causò, y con razon sobrada, pues fuè bastante fuerte. No hubo, por fortuna, desgracias personales que lamentar; muchos edificios se cuartearon, en el Sagrario y Jesus María se desprendieron algunas almenas y en una pieza de la Penitenciaría estuvo á punto de desprenderse del techo una de las vigas.

Pero donde verdaderamente se presentò amenazador y terrible el terremoto, fué en San Cristóbal, poblacion por desgracia predestinada para recibir las mas enérgicas caricias de la madre tierra. Para que vdes. se formen idea de aquel fandango público à continuacion el telégrama en que el empleado del telégrafo, dá cuenta del temblor. Està escrito con una sublime sencillez digna de Homero.

Periódico *Juan Panadero*, 1878.

les novenos" o simplemente "los novenos" para la reconstrucción de edificios, además de que son una riquísima veta en la localización y documentación de varios temblores ocurridos durante la época colonial, y una forma de constatar la manera cómo se canalizaban dichos fondos y cómo se llevaba a cabo la reconstrucción misma.[372] Un ejemplo de estas solicitudes corresponde al caso del sismo de 1687 y en especial a la previa construcción de la catedral de Guadalajara y a su reconstrucción a raíz de los daños

[372] Ya mencionamos en otra parte de este volumen que algunas de las solicitudes al respecto fueron localizadas en archivos mexicanos en los ramos de *Correspondencia de virreyes y Templos y Conventos* del AGN; sin embargo, la mayoría de las respuestas, bien fueran afirmativas o negativas, se localizaron en el Archivo General de Indias (en adelante AGI), en las secciones *Audiencia de México* o *Audiencia de Guadalajara*.

provocados por dicho temblor, en cuyo caso se solicitó reiteradamente la prórroga por varios años más de

> la gracia de las rentas de los novenos que se concedieron para la construcción de aquella catedral, con lo que podrá terminarse la obra y repararse los daños producidos por el terremoto que hubo el día de Santa Teresa de Jesús de 1687.[373]

Por lo que corresponde al empleo de fondos reales para la reconstrucción, encontramos que provenían de los siguientes ramos:

a) de la Real Hacienda,

b) del fondo de alcabalas,

c) del fondo de tributos, ya fuera utilizando los recaudados por en las cajas de comunidad, o a través de la dispensa de su pago, o bien los derivados de los denominados "propios" del lugar en cuestión.[374]

El empleo conjunto de los dos anteriores, es decir tanto de fondos eclesiásticos como de fondos reales, se presentó durante la época colonial ante la ocurrencia de sismos de gran intensidad. Tal fue el caso en 1785, a raíz del temblor que arruinó la iglesia de la cabecera de Atlatlauca en Oaxaca. En esta ocasión, se informó haber concedido de los tributos de esa jurisdicción un total de 500 pesos para pagar a los maestros y peones que participaron en la reconstrucción y, como dicha cantidad resultó insuficiente, se pidió averiguar los fondos que podrían obtenerse tanto de las cofradías que existieran en tal iglesia, como de las cajas de comunidad del pueblo de Atlatlauca y sus vecinos.[375]

Exaltación del Patronato de la Vírgen de Guadalupe sobre la Nueva España. Óleo de Joseph Sebastian y Johann Baptiste Klauber, siglo XVIII.

Los fondos particulares, por su parte, provenían de:

a) las reparaciones obligatorias que cada dueño debía hacer de su propiedad dañada,

b) donativos pecuniarios o en materiales de construcción,

c) trabajo comunal, generalmente voluntario, de parte de la comunidad afectada,

d) de donativos que hemos denominado "voluntario-forzosos" por parte de sujetos calificados o reconocidos como "acaudalados".

Mencionaremos algunos ejemplos del fuerte sismo ocurrido el 28 de marzo de 1787, que provocó maremotos en las costas de Guerrero e hizo estragos en la Ciudad de México y en la de Oaxaca. En esa ocasión, como en muchas otras, la Real Audiencia ordenó al ayuntamiento de esta última ciudad que hiciera una lista con los nombres de los "sujetos acaudalados y pudientes de esa ciudad" para que ofrecieran préstamos que serían devueltos "con calidad de réditos, o sin ellos, como es de esperarse de sus buenos vecinos".[376]

[373] En: García Acosta y Suárez Reynoso 1996:101.

[374] Cuando los propios no eran suficientes para construir o reconstruir edificios públicos (por desastres o no), podían usarse, previa autorización, multas recogidas por diversos conceptos y que tenían como destino el "ser aplicadas a obras públicas" (AGI, *Audiencia de Guadalajara*, leg.101).

[375] En: García Acosta y Suárez Reynoso 1996:155-156.

[376] En: García Acosta y Suárez Reynoso 1996:161-162.

La canalización de cualquiera de estas sumas, en particular de aquéllas de tipo material (como dinero en efectivo o materiales de construcción), por lo general respondía a una decisión impuesta por las autoridades civiles o eclesiásticas, fueran éstas locales o centrales. Eran ellas quienes decidían cuáles construcciones debían ser reconstruidas con prioridad, que siempre resultaban ser los principales edificios civiles y las iglesias o conventos. Prácticamente nunca encontramos que se destinaran fondos para viviendas de la población pobre. Las autoridades tenían también a su cargo la designación de los responsables de administrar las cantidades autorizadas y de señalar el monto para cada obra, así como de nombrar a los alarifes o arquitectos que habrían de llevar a cabo los trabajos necesarios. Incluso en ocasiones en que se reunieron determinadas sumas para auxiliar directamente a los damnificados, fueron las autoridades civiles locales las encargadas de distribuirlos entre quienes acreditaran estar entre los "más damnificados", acreditación que ignoramos cómo se llevaba a efecto. De esta manera eran las autoridades, los Ayuntamientos, los grandes organizadores y tomadores de decisiones.[377]

Un asunto que en los documentos se deriva de la reconstrucción, es aquél relativo a la prevención. Si bien no hubo un interés persistente y sistemático por parte de las autoridades tanto civiles como eclesiásticas para llevar a cabo verdaderas actitudes preventivas, sí hay evidencias aisladas que en algunos casos tuvieron cierta continuidad. Aparentemente se derivaron de una acumulación de experiencias en determinados lugares con alto riesgo sísmico. Para la época colonial los ejemplos son pocos; corresponden a fines de la misma y se refieren a la conveniencia de utilizar determinados materiales de construcción, así como a la de evitar edificaciones altas.

"El Excelentísimo Señor Dn. Joseph Antonio Manzo de Velasco, Conde del Orden de Santiago, Teniente General de los Reales Ejércitos de Su Majestad, Gentilhombre de Cámara... y de su Real Consejo, Virrey Gobernador y Capitán General de los Reinos del Perú... quien reedificó la Santa Iglesia Catedral Metropolitana de Lima Primada de los Indios Occidentales arruinada con el terremoto de 28 de octubre del Año 1746". (Agradezco la fotografía proporcionada por Antonio Escobar.)

Encontramos menciones relativas a la resistencia demostrada en las construcciones hechas con base en materiales ligeros tales como caña, petates y, en especial, maderas. Por ejemplo, en 1791 se sugirió que la Real Academia de San Carlos calificara la utilidad de "que en los parajes propensos a temblores se hicieran los edificios de madera en los términos en que está construida la iglesia de Amatitlán en el valle de Guatemala".[378] De la misma manera, la "habitación" construida en tiempos del virrey Bucareli en el jardín del Real Palacio "para servir a los virreyes en tiempo de temblores", se reparó en 1792 a raíz de lo cual fue posible localizar la información correspondiente;[379] estaba hecha con tablas de madera, calificando a ésta como un material que ofrecía mejor resistencia a los movimientos sísmicos.

[377] Véase Molina del Villar 1990:198ss.
[378] En: García Acosta y Suárez Reynoso 1996:168.
[379] En: García Acosta y Suárez Reynoso 1996:169.

Hacia 1791 encontramos un documento procedente del ramo *Obras Públicas* del AGN en el que, haciendo alusión a los temblores oaxaqueños de marzo de 1787, se observa la existencia de una pragmática "para que las iglesias de semejantes parajes se fabriquen precisamente todas sobre madera, con el techo de artesón, cubiertas de teja, de uno o tres cuerpos"; acto seguido se explica cómo debe llevarse a cabo el resto de la construcción para alcanzar "una trabazón y fortaleza [...] increíble, por lo que se mueven semejantes templos como una mesa, quedando siempre sobre su propia firmeza".[380] Si bien no conocemos tal pragmática, lo anterior demuestra el creciente interés que se despertaba en términos de prevenir los funestos efectos de los temblores en viviendas vulnerables.

Las referencias más completas al respecto proceden de dos informes enviados por sendos maestros arquitectos al obispo de Oaxaca diez años más tarde, relativos a los daños en esa ciudad a raíz del sismo ocurrido el 5 de octubre de 1801. En ellos se menciona, por un lado, que en la "parte más débil de la ciudad [de Oaxaca] los edificios bajos o sólo de un piso sufren con los temblores mucho menos daño que los de dos pisos", y se sugiere "formar un artículo de policía que [prohiba] construir hacia aquella parte cualesquiera edificios de mampostería ni adobe".[381] Lo anterior parecería negar la existencia de una normatividad previa, pero tampoco sabemos si a raíz de dichas declaraciones se lanzó alguna. Sin embargo, como señala Ángel Taracena en sus *Apuntes Históricos de Oaxaca y Efemérides Oaxaqueñas*

> los edificios públicos y residencias particulares [...] para evitar nuevos derrumbes, los edificaban con muros bajos y macizos, de más de un metro de espesor, por lo que las construcciones oaxaqueñas se apartan en mucho del estilo que imperaba en otras entidades del país.[382]

Esto muestra que fue más bien la experiencia acumulada por la sociedad civil lo que llevó a utilizar determinadas técnicas y materiales de construcción que probaron su resistencia ante la constante presencia de temblores, y no el resultado de una normatividad oficial, que esperó muchas décadas más para ser redactada y ordenada. Al parecer, las autoridades se limitaban a concentrar las decisiones relativas a la reconstrucción de los principales edificios dañados.

De esta manera, tanto en la época colonial como a lo largo del siglo XIX, existió no sólo una tendencia, sino de hecho, una gran centralización en la toma de decisiones relacionadas con la recuperación y en especial con la reconstrucción después de ocurrido un temblor. La obtención y distribución de los fondos públicos y privados, la designación de quiénes debían llevar a cabo la reconstrucción y de cuáles edificios debían reconstruirse, dentro de los cuales cabe decir nunca se mencionan aquéllos en los que habitaba la población más vulnerable, fueron siempre decisiones tomadas de manera unilateral por las autoridades.

[380] En: García Acosta y Suárez Reynoso 1996:161.

[381] En: García Acosta y Suárez Reynoso 1996:189.

[382] Taracena s/d:128.

Vulnerabilidad y estrategias adaptativas

El panorama que hemos presentado refleja la presencia de una sociedad civil pasiva, débilmente estructurada, poco autónoma y sujeta a las decisiones impuestas desde arriba. Sus respuestas se limitaban a enfrentar las pérdidas y daños dentro de sus posibilidades y de aquéllas que "graciosamente" le brindaran las autoridades correspondientes. Sin embargo, para lograr comprender lo anterior, resulta necesario conocer el contexto en el cual ocurrieron los sismos.

Para ello, recurro a un concepto que, poco a poco, se ha vuelto indispensable entre los estudiosos sociales de los desastres. Me refiero a la *vulnerabilidad*. En efecto, si analizamos los desastres, sean contemporáneos o históricos, a partir del estudio exclusivo de los efectos inmediatos y, más aún, si lo identificamos solo con ellos lo que hacemos es atender sólo una parte del problema. Como bien se ha puntualizado

> esa etapa con la cual normalmente identificamos los desastres, la etapa de las sirenas y las carpas, de la distribución de auxilios y de los albergues y hospitales de emergencia, constituye apenas la punta del iceberg: el cráter por donde hacen erupción, estimuladas por fenómenos de origen humano o natural, una serie de situaciones con las cuales cotidianamente convive la comunidad, que son la realidad misma de la comunidad que las padece.[383]

El territorio mexicano es altamente vulnerable a temblores en términos físicos, pero su sociedad civil, tanto la novohispana como la decimonónica y la actual, presenta diversos niveles de vulnerabilidad social y económica. Esta *vulnerabilidad diferencial* afectaba, y afecta aún, a los sectores más desfavorecidos en términos sociales y económicos. La capacidad diferencial de recuperación, producto de la misma *vulnerabilidad diferencial,* marca una distinción sustancial.

Dichos sectores debían enfrentar prácticamente solos, y con sus propios y escasos medios, las consecuencias tanto inmediatas como mediatas que los sismos habían provocado en sus viviendas, fueran éstas propias o arrendadas. Al respecto es común encontrar advertencias como la siguiente, la cual fue lanzada en la Ciudad de México unos días después de ocurrido el sismo del 25 de marzo de 1806:

> se notifique a los dueños de las fincas ruinosas [...] que dentro de tercero día procedan a los reparos que exigen o a derrumbarlas [...] en caso contrario [...] se procederá por uno de los maestros de arquitectura de esta N[oble] C[iudad] a ejecutarlo [cobrándose a partir de] descuentos de las mismas fincas, y se encargue a los celadores de policía que estén a la mira de esta providencia [...][384]

Así, las estrategias para atender las tareas necesarias en especial la reconstrucción, se traducían en esfuerzos sectoriales (del grupo o comunidad afectada), en organizaciones espontáneas y efímeras, en colectas locales

[383] Wilches-Chaux 1993:10.
[384] En: García Acosta y Suárez Reynoso 1996:197-198.

La famosa "Cruz de Popayan", ubicada en el Centro Histórico de esa ciudad colombiana da cuenta en cada uno de los cuatro lados de su pedestal de las oraciones que la población debe hacer para que la divinidad la "defienda" de las calamidades. (Agradezco a Gustavo Wilches-Chaux por haberme proporcionado estas fotografías.)

y en el empleo del trabajo comunal y voluntario. Sólo de esta manera la población más vulnerable lograba encarar la emergencia, su emergencia. La encaraba así a partir del contexto previo existente.

Es probable que, a pesar de la escasez y precariedad de medios, tales estrategias resultaran efectivas. No tenemos referencias históricas concretas que permitan afirmar o negar lo anterior con relación en especial a las viviendas dañadas de la población indígena, de los campesinos o de marginados urbanos, sectores sobre los cuales el material es insuficiente, pero sí sabemos que tales estrategias fueron empleadas.

Pero aunada a la reconstrucción material, la mayor concentración de los esfuerzos de recuperación post-desastre se canalizaban a través de una respuesta religiosa, durante la época colonial. Si bien no debemos olvidar que incluso las procesiones constituían actos gubernamentales, dado que eran las autoridades las encargadas de su organización; la actitud religiosa a nivel popular tenía una doble intención: por un lado la recuperación y, por otro, la prevención.

Resulta evidente que este tipo de respuesta, la más frecuente entre la sociedad civil colonial, la que más fuerza tuvo quizás por ser la más documentada, la que los sectores más vulnerables veían como la más efectiva tanto para enfrentar el desastre ocurrido como para prevenir aquéllos por venir, era producto de un determinado contexto y momento histórico, así como de una determinada cosmovisión; y como tal debe ser entendida y analizada.

En efecto, aunada a la reconstrucción a partir de las escasas posibilidades materiales con que contaba la mayor parte de la población, la respuesta religiosa constituyó una *estrategia adaptativa* fundamental que se derivaba de la concepción existente sobre el origen divino de los fenómenos naturales destructivos. Las prácticas religiosas que se adoptaron como respuesta a los sismos, al igual que cuando amenazaba una sequía o se había expandido una enfermedad, tales como procesiones, misas, novenarios u otras, constituían actividades comunes en momentos de "normalidad", pero nunca faltaban e incluso se intensificaban en casos de desastre; esto ocurrió a todo lo largo de lo que hoy es América Latina. Como dice Morren refiriéndose al ya mencionado "proceso de respuesta", la población "frecuentemente responde [...] ante una gran variedad de problemas de una manera esencialmente similar, o bien usa las mismas respuestas para diferentes problemas".[385] Lo anterior ocurre porque esas respuestas, derivadas del contexto en el cual se presentan, demostraron ya su "eficacia" en ocasiones anteriores.

Al respecto existen varias referencias que muestran que sólo al llevar a cabo dichas prácticas de manera solemne, constante y piadosa era posible "aplacar la ira del cielo", pues se había constatado que, como en Panamá en 1621: "sin duda Nuestro Señor fue muy servido en esta oración pública, pues amansaron los temblores en el rigor y frecuencia".[386]

Los enfoques de los desastres denominados "tecnocráticos" han calificado tales visiones y sus consecuentes respuestas, de primitivas, infantiles e irracionales,[387] al desconocer que el significado mismo de los desastres forma parte inseparable de la cultura de las sociedades que los padecen. Negar lo anterior al descontextualizar los acontecimientos históricos, conlleva a una distorsión de los procesos sociales e históricos que

> con sus intrincadas relaciones causales ocurrieron de verdad; la historiografía puede falsearlos o entenderlos mal, pero no puede en lo más mínimo modificar el estatuto ontológico del pasado.[388]

Las reflexiones anteriores, aún preliminares, relacionadas con los procesos de respuesta y de toma de decisiones en el caso particular de la ocurrencia de sismos en la historia de México, sugieren que sólo a partir de reconocer, de entender las especificidades del contexto, de ubicar los elementos de una determinada cultura, de una sociedad en particular en su espacio y tiempo histórico, es posible comprender los procesos sociales derivados y relacionados con los desastres.

[385] Morren 1983:291.
[386] Requejo 1908:63.
[387] Hewitt 1983:17-18.
[388] Thompson 1981:70.

Bibliografía general de la primera parte

Archivos citados

- Archivo de Notarías de Orizaba (Jalapa, Ver.)
- Archivo del Cabildo Eclesiástico de Guadalajara
- Archivo Diocesano (San Cristóbal de las Casas, Chis.)
- Archivo General de Centroamérica (Guatemala, Guat.)
- Archivo General de la Nación (México, D.F.)
- Archivo General de Indias (Sevilla, España)
- Archivo General del Estado de Oaxaca (Oaxaca, Oax.)
- Archivo Histórico del Distrito Federal (México, D.F.)
- Archivo Histórico de Zapopan (Zapopan, Jal.)
- Archivo Histórico del Arzobispado (Guadalajara, Jal.)
- Archivo Histórico "Manuel Castañeda Ramírez": Casa de Morelos (Morelia, Mich.)
- Archivo Municipal de Guadalajara (Guadalajara, Jal.)
- Archivo Municipal de Huajuapan de León (Huajuapan de León, Oax.)
- Archivo Municipal de Morelia (Morelia, Mich.)
- Archivo Municipal de Puebla (Puebla, Pue.)
- Archivo Paucic (Chilpancingo, Gro.)
- Instituto Dávila Garibi (Guadalajara, Jal.)

Periódicos citados

- *Diario de México*, 1805, 1806, 1811
- *Diario del Gobierno de la República Mexicana*, 1837
- *Diario Oficial*, 1845
- *El Siglo Diez y Nueve*, 1820, 1868
- *Gazeta de México* (ed. Juan Francisco Sahagún de Arévalo), 1729
- *Gazeta de México* (ed. Manuel Antonio Valdés), 1784-1787

Referencias bibliográficas:

ACAL ILISALITURRI, JESÚS

1901 *Romancero de Jalisco*, Talleres de Imprenta y Enc. "La República literaria", Guadalajara, México.

ACOSTA, JOSÉ DE

1977 *Historia natural y moral de las Indias*, edición facsimilar, introducción, apéndice y antología por Barbara G. Beddall, Valencia Cultural, S.A., Valencia, España.

AGÜEROS DE LA PORTILLA, AGUSTÍN

1910 "El periodismo en México durante la dominación española", en: *Anales del Museo Nacional de Arqueología, Historia y Etnografía*, 3a. época, México, II: 357-465.

ALAMÁN, LUCAS

1849a *Historia de Méjico; desde los primeros movimientos que prepararon su Independencia en el año de 1808 hasta la época presente*, 5 vols., Imprenta de J. M. Lara, Méjico, D.F.

1849b *Disertaciones sobre la historia de la república mexicana desde la época de la conquista que los españoles hicieron, a fines del siglo XV y principios del XVI, de las islas y continente americano, hasta la independencia*, 3 vols., Imprenta de J.M. Lara, México.

ALBINI, PAOLA Y ANDREA MORONI, (eds.)

1994 *Historical Investigation of European Earthquakes*, vol. II, Istituto di Ricerca sul Rischio Sismico, Consiglio Nazionale delle Ricerche, Milan, Italia.

ALBINI, PAOLA Y MARÍA SERAFINA BARBANO, (coords).

1991 *Macrosismica*, vol. II, Gruppo Nazionale per la Difesa dai Terremoti, Consiglio Nazionale delle Ricerche, Boloña, Italia.

ALDANA RIVERA, SUSANA

1996 "¿Ocurrencias del tiempo? Fenómenos naturales y sociedad en el Perú colonial", en: V. García Acosta, (coord.), *Historia y Desastres en América Latina*, I: 167-194.

ALVA IXTLIXÓCHITL, FERNANDO DE

1985 *Obras históricas*, 2 vols., edición, estudio introductorio y apéndice documental por Edmundo O'Gorman, UNAM, México.

ALZATE RAMÍREZ, JOSÉ ANTONIO

1831a *Gacetas de Literatura de México por...socio correspondiente de la Real Academia de las Ciencias de París, del Real Jardín Botánico de Madrid, y de la Sociedad Bascongada*, vols. I, II y IV, reimpresas en la oficina del hospital de San Pedro a cargo del ciudadano Manuel Buen Abad, Puebla, México.

1831b [1768] "Observaciones físicas sobre el terremoto acaecido el cuatro de abril del presente año [1768]", en: *Gacetas de Literatura de México*, IV: 27-35.

1980 *Obras. I-Periódicos*, Nueva Biblioteca Mexicana, núm. 76, UNAM, México.

1985 "Observaciones sobre la física y demás ciencias naturales", en: E. Trabulse, *Historia de la ciencia en México. Estudios y textos. Siglo XVIII*, III: 169-174.

AMERLINCK, MA. CONCEPCIÓN
1986 *Relación histórica de movimientos sísmicos en la Ciudad de México (1300-1900)*, Socicultur, México.

ANALES DE CUAUHTITLÁN
1885 *Anales de Cuauhtitlan. Noticias históricas de México y sus contornos, compiladas por D. José Fernando Ramírez y traducidas por los señores Faustino Galicia Chimalpopoca, Gumersindo Mendoza y Felipe Sánchez Solís*, Anales del Museo Nacional, México.

ARROINZ, JOAQUÍN
1959 *Ensayo de una historia de Orizaba*, 2 vols., Ed. Citlaltépetl, México.

AUSOGORRI, JOAQUÍN DE
1920 "Documento relativo a la primera erupción del Jorullo. Copiado del Archivo General de la Nación por el Pbro. D. Jesús García Gutiérrez, M.S.A.", en: *Memorias de la Sociedad Científica "Antonio Alzate"*, XXXVII (4-6):291-294.

BÁEZ, FELIX, AMADO RIVERA Y PEDRO ARRIETA
1985 *Cuando ardió el cielo y se quemó la tierra. Condiciones socioeconómicas y sanitarias de los pueblos zoques afectados por la erupción del volcán Chichonal*, Instituto Nacional Indigenista, México.

BARJAU, LUIS
1987 "Los sismos en la mitología", en: C. San Juan Victoria *et al.*, *Historias para temblar: 19 de septiembre de 1985*, pp.121-127.

BASCETTA, MARCO
1987 "La terra e mobile", en: *La Jornada*, 19 de septiembre, pp.10-11.

BENGESCO, GEORGES
1882-1890 *Voltaire. Bibliographie de ses oeuvres*, 4 vols., Ed. Rouveyne & G. Blond Editeurs, París.

BERLIOZ, JACQUES
1998 *L'effondrement du mont Granier en Savoie (1248). Histoire et légendes*, Centre Alpin et Rhodanien d'Ethnologie, Grenoble.

BERROCAL, J., M. ASSUMPÇAO, R. ANTEZANA, C. M. DIAS NETO, R. ORTEGA, H. FRANÇA Y J. A. VELOSO
1984 *Sismicidade do Brasil*, Instituto Astronômico e Geofísico, Universidade de Sao Paulo/Comissao Nacional de Energia Nuclear, Brasília.

BRACAMONTE, PEDRO
1994 *La memoria enclaustrada. Historia indígena de Yucatán, 1750-1915*, Colección Historia de los pueblos indígenas de México, CIESAS/INI, México.

BUSTAMANTE, CARLOS MARÍA DE
1837 *Temblores de México y justas causas por que se hacen rogaciones públicas*, Imprenta de Luis Abadiano y Valdés a cargo de J. M. Gallegos, México.

BUZETA PEDRO J.
1739 *Relación de los terremotos sucedidos en los días 25 y 26 de junio de 1739*, México.

CALATAYUD ARINERO, MARÍA DE LOS ANGELES
1984 *Catálogo de las expediciones y viajes científicos españoles a América y Filipinas (siglos XVIII y XIX)*, Consejo Superior de Investigaciones Científicas, Museo Nacional de Ciencias Naturales, Madrid.

CALVO, THOMAS
1996 "El exvoto: antecedentes y permanencias", en: *Dones y promesas. 500 años de arte ofrenda (exvotos mexicanos)*, Centro Cultural de Arte Contemporáneo, A.C./Fundación Televisa, A.C., México pp. 31-39.

CAMINO DIEZ CANSECO, LUPE
1996 "Una aproximación a la concepción andina de los desastres a través de la crónica de Guamán Poma, siglo XVII", en: V. García Acosta, (coord.), *Historia y Desastres en América Latina*, I:139-164.

CAPEL, HORACIO
1980 *Organicismo, fuego interior y terremotos en la ciencia española del siglo XVIII*, Geo-Crítica, Cuadernos Críticos de Geografía Humana núm. 27/28, Universidad de Barcelona, Barcelona.
1985 *La física sagrada. Creencias religiosas y teorías científicas en los orígenes de la geomorfología española*, Ediciones del Serbal, Barcelona.

CÁRDENAS, JUAN DE
1980 *Primera Parte de los Problemas y Secretos Maravillosos de las Indias*, edición, estudio preliminar y notas de Xavier Lozoya, Academia Nacional de Medicina, México.

CARRASCO PUENTE, RAFAEL
1962 *La prensa en México. Datos Históricos*, UNAM, México.

CASTRO SANTA-ANNA, JOSÉ MANUEL DE
1854 "Diario de sucesos notables escrito por ...", en: *Documentos para la Historia de México*, vol. 4, Imprenta de Juan N. Navarro, México.

CATALÁN, JUAN CARLOS
1986 "El archivo Paucic en la reconstrucción de la historia del estado de Guerrero", en: *Primer Coloquio de Arqueología y Etnohistoria del Estado de Guerrero*, INAH/Gobierno del estado de Guerrero, México: 563-583.

CHAULOT, RAIMUNDO
1938 "Características y analogías del terremoto de Sampacho de 1934, en la historia de los sismos argentinos", en*: Congreso Internacional de Historia de América*, III: 250-260, Academia Nacional de Historia, Buenos Aires.

CHAVERO, ALFREDO
1984 "Introducción", en: *México a través de los siglos*, I:III-LX, Editorial Cumbre, México.

CLAVIJERO, FRANCISCO JAVIER
1974 *Historia antigua de México*, Porrúa, S.A., México.

CÓDICE AUBIN
s/d *Historia de la Nación Mexicana. Manuscrito figurativo acompañado de textos en lengua náhuatl o mexicana con una traducción en francés por J.M.A.*, Aubin, París.

CÓDICE TELLERIANO-REMENSIS
1964 En: *Antigüedades de México*, basadas en la recopilación de Lord Kingsborough, vol.2, estudio e interpretación de José Corona Núñez, Secretaría de Hacienda y Crédito Público, México.

CUESTIONARIO
1984 *Cuestionario de Don Antonio Berganza y Jordán, Obispo de Antequera a los Señores Curas de la Diócesis*, Irene Huesca, Manuel Esparza y Luis Castañeda Guzmán, (comps.), 2 vols., Gobierno del estado de Oaxaca, Oaxaca.

DONES Y PROMESAS. 500 AÑOS DE ARTE OFRENDA (EXVOTOS MEXICANOS)
1996 Centro Cultural Arte Contemporáneo, A.C./Fundación Cultural Televisa, A.C., México.

DURÁN, FRAY DIEGO DE
2000 *Historia de las indias de Nueva España e islas de tierra firme, escrita por...dominico en el siglo XVI*, 2 vols., Porrúa, S.A., México.

DURAD, JORGE Y DOUGLAS S. MASSEY
1995 *Miracles on the border. Retablos of Mexican Migrants to the United States*, The University of Arizona Press, Tucson.

ELIAS, NORBERT
1989 *Sobre el tiempo*, Fondo de Cultura Económica, México.

ENCICLOPEDIA DE MÉXICO
1987 José Rogelio Álvarez, (dir.), edición especial, Enciclopedia de México/Secretaría de Educación Pública, México.

FELDMAN, LAWRENCE H.
1985 "Disasters, Natural and Otherwise, and their effects upon population centers in the Reino de Guatemala", en: Duncan Kinkead, (ed.), *Estudios del Reino de Guatemala. Homenaje al Profesor S.D. Markman*, Escuela de Estudios Hispanoamericanos, Sevilla:49-60.

FERNÁNDEZ BAÑOS, CÁNDIDA Y CONCEPCIÓN ARIAS SIMARRO
1985 "Introducción", en: E. Trabulse, *Historia de la ciencia en México. Estudios y textos. Siglo XVIII*:9-28.

FERNÁNDEZ DE ECHEVERRÍA Y VEYTIA, MARIANO
1931 *Historia de la fundación de la ciudad de Puebla de [1780] los Angeles*, vol. I, Imprenta Labor, México.

FLORESCANO, ENRIQUE
1980 "La formación de los trabajadores en la época colonial, 1521-1750", en: Enrique Florescano *et al.*, *La clase obrera en la historia*

de México: de la colonia al imperio, UNAM/Siglo XXI Editores, México, pp.9-124.

1987 *Memoria Mexicana. Ensayo sobre la reconstrucción del pasado: época prehispánica-1821*, Editorial Joaquín Mortiz, México.

FUENTES AYALA, MARÍA DEL SOCORRRO

1987 "Apéndice 2. Estudio del glifo 'Temblor de Tierra'", en: T. Rojas Rabiela, J. M. Pérez Zevallos y V. García Acosta, (coords.), *Y volvió a temblar*, pp.173-196.

GALVÁN RIVERA, MARIANO

1950 *Colección de las efemérides publicadas en el calendario del más antiguo Galván; desde su fundación hasta el 30 de Junio de 1950*, Antigua Librería de Murguía, S.A., México.

GARCÍA ACOSTA VIRGINIA

1989 *Las panaderías, sus dueños y sus trabajadores. Ciudad de México. Siglo XVIII*, Ediciones de la Casa Chata núm. 24, CIESAS, México.

1990 "Grandes sismos: el caso de 1875", ponencia presentada en la mesa redonda: "El subsuelo de la cuenca del valle de México y su relación con la Ingeniería de cimentaciones a cinco años del sismo", Sociedad Mexicana de Mecánica de Suelos, México.

1992 "Sismos: fenómenos sin fronteras", en: *Cultura Sur*, 3(20):3-7.

1995 *Los sismos en la historia de México. Análisis historico-social: épocas prehispánica y colonial*, Tesis doctoral en Historia, UNAM, México.

GARCÍA ACOSTA, VIRGINIA, coord.

1996 *Historia y Desastres en América Latina*, vol. I, LA RED/CIESAS, Tercer mundo editores, Bogotá.

1997 *Historia y Desastres en América Latina*, vol. II, LA RED/CIESAS/ITDG, Lima.

GARCÍA ACOSTA, VIRGINIA Y GERARDO SUÁREZ REYNOSO

1996 *Los sismos en la historia de México*, vol. I, Fondo de Cultura Económica/ CIESAS/UNAM, México.

GARCÍA CUBAS, ANTONIO

1904 *El libro de mis recuerdos: narraciones históricas, anécdotas y de costumbres mexicanas anteriores al actual estado social; ilustradas con más de trescientos fotograbados,* Imprenta de Arturo García Cubas Hermanos sucesores, México.

GAY, JOSÉ ANTONIO

1982 *Historia de Oaxaca*, Porrúa, S.A., México. [1881]

GIBSON, CHARLES

1977 *Los aztecas bajo el dominio español, 1519-1810*, 3a. edición, Siglo XXI Editores, México.

GOGUEL, J. Y J. VOGT

1979 "Introduction", en: J. Vogt, (dir.), *Les tremblements de terre en France*, pp.5-8.

GÓMEZ DE LA CORTINA, JOSÉ

1840 *Terremotos. Carta escrita a una señorita por el coronel D...*, Impresa por Ignacio Cumplido, México.

1859 "Observaciones sobre el electromagnetismo", en: *Boletín de la Sociedad Mexicana de Geografía y Estadística*, 1a. época, VII:53-60.

GONZALBO AIZPURU, PILAR
1996 "Lo prodigioso cotidiano en los exvotos novohispanos", en: *Dones y promesas. 500 años de arte ofrenda (exvotos mexicanos)* Centro Cultural Arte Contemporáneo A.C. /Fundación Cultural Televisa A.C. pp. 47-64.

GRASES G., JOSÉ
1990 *Terremotos destructores del Caribe. 1502-1990*, UNESCO/Red Latinoamericana y del Caribe de Centros de Ingeniería Sísmica, Caracas.

GUIDOBONI, EMANUELA Y MASSIMILIANO STUCCHI
1993 "The contribution of historical records of earthquakes to the evaluation of seismic hazard", en: *Annali di Geofisica*, XXXVI (3-4): 201-215.

HERRERA, JOAQUÍN
1889 *Dentro de la República. Episodios, viajes, tradiciones, tipos y costumbres*, Tip. S. Lomelí y Cía., Editores S. Lomelí y Cía., México.

HEWITT, KENNETH
1983 "The idea of calamity in a technocratic age", en: K. Hewitt, (ed.), *Interpretations of Calamity*, pp.3-32.
1997 *Regions of Risk. A Geographical Introduction to Disasters*, Longman, Singapur.

HEWITT, KENNETH, ed.
1983 *Interpretations of Calamity*, Allen /Irwin Inc., Londres/Sidney.

HUERTAS, LORENZO, paleografía y comentarios
1987 *Probanzas de indios y españoles referentes a las catastróficas lluvias de 1578, en los corregimientos de Trujillo y Saña. Francisco Alcocer, Escribano receptor*, CES Solidaridad, Chiclayo (Perú).

HUERTAS, LORENZO
1994 "Provança de los Indios de Lambayeque", en: *Desastres & Sociedad*, 3:130-132.

HUMBOLDT, ALEJANDRO DE
1976 *Cosmos, ó Ensayo de una Descripción Física del Mundo*, 2 vols., México.
1978 *Ensayo político sobre el reino de la Nueva España*, Estudio preliminar, revisión del texto, cotejos, notas y anexos de Juan A. Ortega y Medina, Porrúa, S.A., México.

IGLESIAS, MANUEL, MARIANO BÁRCENA Y JUAN IGNACIO MATUTE
1877 "Informe sobre los temblores de Jalisco y la erupción del volcán del Ceboruco, presentado al Ministerio de Fomento", en: *Anales del Ministerio de Fomento*,I:115-204.

JARAMILLO MAGAÑA, JUVENAL
1996 "Alejandro de Humboldt y su paso por Michoacán", en: *Tzintzun*, 24:47-57.

KIRCHHOFF, PAUL, LINA ODENA GÜEMEZ Y LUIS REYES GARCÍA
1976 *Historia Tolteca-Chichimeca*, CISINAH, México.

KINO, EUSEBIO FRANCISCO
1681 Exposición astronómica de el cometa. Francisco Rodríguez Cupercio, México en: E. Trabulse, 1984, II.

LAGOS PREISSER, PATRICIA Y ANTONIO ESCOBAR OHMSTEDE
1996 "La inundación de San Luis Potosí en 1887: una respuesta organizada", en: V. García Acosta, (coord.), *Historia y Desastres en América Latina*, I: 325-372.

LEÓN Y GAMA, ANTONIO DE
1978 *Descripción histórica y cronológica de las dos piedras por...*, reproducción facsimilar de las primeras ediciones mexicanas: Primera parte 1792, Segunda parte 1832, Miguel Angel Porrúa, México.

LÓPEZ DE BONILLA, GABRIEL
1652 Discurso y relación cometographica. Imprenta Rivera, México, en: E. Trabulse, 1984, II.

LÓPEZ MEDEL, TOMÁS
1990 *De los tres elementos. Tratado sobre la Naturaleza y el Hombre del Nuevo Mundo*, edición y estudio preliminar de Berta Ares Queija, Alianza Editorial, Madrid.

LUCRECIO
1988 *De la naturaleza de las cosas*, Red Editorial Iberoamericana, México.

MALDONADO LÓPEZ, CELIA
1987 "Temblores de tierra y otras calamidades registrados en la capital de la Nueva España en los siglos XVII y XVIII", en: C. San Juan Victoria *et al.*, *Historias para temblar: 19 de septiembre de 1985*, pp.11-26.

MALO, JOSÉ RAMÓN
1948 *Diario de sucesos notables (1823-1864)*, 2 vols., arreglados y anotados por el P. Mariano Cuevas S. J., Patria, México.

MANZANILLA, LINDA
1992 "¿Y si el desastre comenzó en Teotihuacán?", en: *Antropológicas*, 3:9-11.
1993 "Cambios climáticos globales en el pasado", en: *Antropológicas*, 7:83-88.
1997a "The impact of Climate Change on Past Civilizations. A Revisionist Agenda for Further Investigation", en: *Quaternary International*, 43-44:153-159.
1997b "Indicadores arqueológicos de desastres: Mesoamérica, Los Andes y otros casos", en: V. García Acosta, (coord.), *Historia y Desastres en América Latina*, II:33-58.

MÁRQUEZ MORENO, IRENE
en preparación *Religiosidad y sismicidad en la Nueva España. 1600-1820*, Tesis de licenciatura en Etnohistoria, Escuela Nacional de Antropología e Historia, México.

MARROQUÍ, JOSÉ MARÍA

1968 *La ciudad de México*, Editorial Jesús Medina, [1900] México.

MARTÍNEZ, HILDEBERTO

1994 *Codiciaban la tierra. El despojo agrario en los señoríos de Tecamachalco y Queecholac (Puebla, 5 0-1650)*, CIESAS, México.

MARTÍNEZ GRACIDA, MANUEL

1890 "Catálogo de terremotos desde 1507 hasta 1885", en: "Cuadro Sinóptico, Geográfico y Estadístico de Oaxaca", manuscrito inédito.

MASKREY, ANDREW

1989 *El manejo popular de los desastres naturales. Estudios de vulnerabilidad y mitigación*, ITDG, Lima.

MASKREY, ANDREW, comp.

1993 *Los desastres no son naturales*, ITDG/LA RED, Tercer mundo editores, Bogotá.

MASKREY, ANDREW, ed.

1998 *Navegando entre brumas. La aplicación de los sistemas de información geográfica al análisis de riesgo en América Latina*, ITDG/LA RED, Bogotá.

MATÍAS ALONSO, MARCOS Y CONSTANTINO MEDINA LIMA

1985 "La concepción indígena naua sobre los temblores", *mecanoescrito*, CIESAS.

MOLINA DEL VILLAR, AMÉRICA

1990 "Junio de 1858. Temblor, Iglesia y Estado. Hacia una historia social de las catástrofes en la ciudad de México", Tesis de licenciatura en Etnohistoria, Escuela Nacional de Antropología e Historia, México.

1996a "Impacto de la crisis de 1737-1742 en las comunidades indígenas y haciendas del México colonial", en: V. García Acosta, (coord.), *Historia y Desastres en América Latina*, I: 195-220.

1996b *Por voluntad divina: escasez, epidemias y otras calamidades en la Ciudad de México, 1700-1762*, CIESAS, México.

1998 *La propagación del matlazahuatl. Espacio y sociedad en la Nueva España, 1736-1746*, Tesis doctoral en Historia, El Colegio de México, México.

MOLINA, FRAY ALONSO DE

1977 *Vocabulario en Lengua Castellana y Mexicana y Mexicana y Castellana*, edición facsimilar, Porrúa, S.A., México.

MONROY, PEDRO

1888 "Memoria histórica y descriptiva del Real de Minas de Guanajuato", en: *Anales del Ministerio de Fomento*, X: 56-415.

MORENO, ROBERTO

1977 *Joaquín Velázquez de León y sus trabajos científicos sobre el Valle de México*, UNAM, México.

MORREN JR., GEORGES B.
1983a "The Bushmen and the British: problems of the identification of drought and responses to drought", en: K. Hewitt, (ed.), *Interpretations of Calamity*:44-66.
1983b "A general approach to the identification of hazards and responses", en: K. Hewitt, (ed.), *Interpretations of Calamity*: 284-297.

MUCCIARELLI, MARCO Y DARIO ARBARELLO
1991 "The use of historical data in earthquake prediction: an example from water-level variations and seismicity", en: *Tectonophysics*, 192.

MUSSET, ALAIN
1996 "Mudarse o desaparecer. Traslado de ciudades hispanoamericanas y desastres (Siglos XVI-XVIII", en: V. García Acosta, (coord.), *Historia y Desastres en América Latina*, I: 41-69.

NAREDO, JOSÉ MARÍA
1898 *Cantón y de la ciudad de Orizaba*, 2 vols., Imprenta del Hospicio, Orizaba, Veracruz.

NÚÑEZ-CARVALLO, RODRIGO
1997 "Un tesoro y una superstición. El gran terremoto peruano del siglo XIX", en: V. García Acosta, (coord.), *Historia y Desastres en América Latina*, II: 259-285.

OLIVER-SMITH, ANTHONY
1986a "Introduction. Disaster Context and Causation: An Overview of Changing Perspectives in Disaster Research", en: A. Oliver-Smith, (ed.), *Natural Disasters and Cultural Responses*:1-34; Studies in Third World Societies núm. 36, Department of Anthropology, College of William and Mary, Williambsgurg, Virginia.
1986b *The Martyred City. Death and Rebirth in the Andes*, University of New Mexico Press, Albuquerque.
1994 "Perú, 31 de mayo, 1970: quinientos años de desastre", en: *Desastres & Sociedad*, 2:9-22.
1997 "El terremoto de 1746 en Lima: el modelo colonial, el desarrollo urbano y los peligros naturales", en: V. García Acosta, (coord.), *Historia y Desastres en América Latina*, II:133-161.

OLIVER-SMITH, ANTHONY Y SUSANNA HOFFMAN
en prensa *Anthropology of Disaster*, School of American Research Press, New Mexico

OROZCO Y BERRA, JUAN
1887 "Efemérides seísmicas mexicanas", en: *Memorias de la Sociedad Científica "Antonio Alzate"*, Imprenta del Gobierno en el Ex-Arzobispado, México.

ORTEGA Y MEDINA, JUAN A.
1985 "Impacto del liberalismo europeo", en: *Secuencia*, marzo:15-24.

PASO Y TRONCOSO, FERNANDO DEL
1904-07 *Papeles de la Nueva España*, 6 vols., Madrid.

PASTOR, RODOLFO

1981 "Introducción", en: Enrique Florescano, (comp.), *Fuentes para la historia de la crisis agrícola de 1785-1786*, Archivo General de la Nación, México, I:29-63.

PERALDO HUERTAS, GIOVANNI Y WALTER MONTERO

1994 *Temblores del período colonial de Costa Rica*, Editorial Tecnológica de Costa Rica, Cartago, Costa Rica.

1996 "La secuencia sísmica de agosto a octubre de 1717 en Guatemala. Efectos y respuestas sociales", en: V. García Acosta, (coord.), *Historia y Desastres en América Latina*, I: 295-324.

RAMÍREZ, JESÚS EMILIO S. J.

1975 *Historia de los terremotos en Colombia*, 2a. ed., Instituto Geográfico "Agustín Codazzi", Bogotá.

REQUEJO SALCEDO, JUAN

1908 *Relaciones Históricas y Geográficas de América Central*, Colección de Libros y Documentos referentes a la Historia de América, vol. VIII, Librería General de Victoriano Suárez, Madrid.

RICARD, ROBERT

1986 *La conquista espiritual de México*, Fondo de Cultura Económica, México.

RÍO DE LA LOZA, LEOPOLDO

1863 "Extracto del expediente antiguo instruído por el subdelegado de Colima sobre el terremoto que destruyó parte de aquella ciudad el año de 1818", en: *Boletín de la Sociedad Mexicana de Geografía y Estadística*, 1a. época, X: 39-41.

RIVERA CAMBAS, MANUEL

1883 *México pintoresco, artístico y monumental*, 3 vols., Imprenta de la Reforma, México.

ROJAS RABIELA, TERESA

1995 "Las chinampas del Valle de México", en: T. Rojas R., (coord.), *Presente, pasado y futuro de las chinampas*, CIESAS/ Patronato del Parque Ecológico de Xochimilco, México, pp.53-70.

ROJAS RABIELA, TERESA, JUAN MANUEL PÉREZ ZEVALLOS Y VIRGINIA GARCÍA ACOSTA, coords.

1987 *Y volvió a temblar. Cronología de los sismos en México (de 1 pedernal a 1821)*, Cuadernos de la Casa Chata núm.135, CIESAS, México.

ROMERO, JOSÉ GUADALUPE

1861 "Noticia de los terremotos que se han sentido en la República Mexicana, desde la conquista hasta nuestros días", en: *Boletín de la Sociedad Mexicana de Geografía y Estadística*, 1a. época, VIII:468-470.

1972 *Michoacán y Guanajuato en 1860. Noticias para [1862] formar la historia y la estadística del Obispado de Michoacán*, Fimax Publicadas, México.

ROSTWOROWSKI, MARÍA

1994 "El diluvio de 1578", en: *Desastre & Sociedad*, 4:128-129.

RUIZ, JUAN

1653 Discurso hecho sobre dos impresiones meteorológicas que se vieron el año pasado de 1652. La primera, de un arco que se terminaba de oriente a occidente a 18 de noviembre. Y la segunda, del cometa visto por todo el orbe terrestre desde 17 de diciembre del mismo año de 1652. Imprenta del Autor, México, en: E. Trabulse, 1984, II.

SAHAGÚN, FRAY BERNARDINO DE

1979 *Historia General de las cosas de Nueva España*, edición, numeración, anotaciones y apéndices de Angel María Garibay K., Porrúa, S.A., México.

SAN JUAN VICTORIA, CARLOS, *et al*,.

1987 *Historias para temblar: 19 de septiembre de 1985*, Colección Divulgación, INAH, México.

SÁNCHEZ ALBORNOZ, NICOLÁS

1982 "Migración urbana y trabajo. Los indios de Arequipa, 1571-1645", en: Sergio Bagú, *et al.*, *De historia e historiadores. Homenaje a José Luis Romero,* Siglo XXI Editores, México:259-281.

SARAMANGO, JOSÉ

1994 *O ano da morte de Ricardo Reis*, Companhia das Letras, Sao Paulo.

SEDANO, FRANCISCO

1880 *Noticias de México, recogidas por Joaquín García Icazbalceta desde el año de 1756, coordinadas, escritas de nuevo y puestas por orden alfabético en 1800*, vol. II, con notas y apéndices del Presbítero V. de P.A., Edición de la "Voz de México", Imprenta de J. R. Barbedillo y Ca., México.

SIERRA VALENTÍ, EDUARDO

1981 *El geocosmos de Kircher. Una cosmovisión científica del siglo XVII*, Geo-Crítica, Cuadernos críticos de Geografía Humana núm. 33/34, Universidad de Barcelona, Barcelona.

STUCCHI MASSIMILIANO, ed.

1993 *Historical Investigation of European Earthquakes*, vol. I, Istituto di Ricerca sul Rischio Sismico, Consiglio Nazionale delle Ricerche, Milan.

SUÁREZ, GERARDO

1990 "La Revolución de Wegener: Nuevas ideas para una vieja Tierra", en: *Revista de la UNAM*, marzo.

SUÁREZ, GERARDO, VIRGINIA GARCÍA ACOSTA Y ROLAND GAULON

1994 "Active crustal deformation in the Jalisco block, Mexico: evidence of a great historical earthquake in the 16th century", en: *Tectonophysics*, 234:117-127.

SUÁREZ R. GERARDO Y ZENÓN JIMÉNEZ J.

1987 *Sismos en la ciudad de México y el terremoto del 19 de Septiembre de 1985*, Cuadernos del Instituto de Geofísica núm. 2, UNAM, México.

TARACENA, ÁNGEL

s/d — *Apuntes Históricos de Oaxaca y Efemérides Oaxaqueñas*, s.p.i.

TELLO, FRAY ANTONIO

1891 — *Libro Segundo de la Crónica Miscelánea en que se [1652] trata de la conquista espiritual y temporal de la Santa Provincia de Xalisco en el Nuevo Reino de la Galicia y Nueva Vizcaya y descubrimiento del Nuevo México, compuesta por...*, Imprenta de la "República Literaria" de Ciro L. de Guevara y Ca., Jalisco.

1942 — *Crónica Miscelánea de la Sancta Provincia de Xalisco,* Libro [1652] tercero, Editorial Font, Jalisco.

1945 — *Crónica Miscelánea de la Sancta Provincia de [1652] Xalisco,* Libro cuarto, Editorial Font, Jalisco.

1968 — *Crónica Miscelánea de la Sancta Provincia de Xalisco por...*, [1652] Libro segundo, vol. I, Gobierno del estado de Jalisco/Universidad de Guadalajara/IJAH/INAH, Jalisco.

1973 — *Crónica Miscelánea de la Sancta Provincia de Xalisco por...*, [1652] Libro segundo, vol. II, Gobierno del Estado de Jalisco/Universidad de Guadalajara/IJAH/INAH, Jalisco.

THOMPSON, FRAY JUAN DE

1981 — *Miseria de la teoría*, Editorial Crítica, Barcelona.

1994 — "Folclor, antropología e historia social", en: E.P. Thompson, [1977] *Historia social y Antropología*, Instituto Mora, México:55-82.

TORQUEMADA, FRAY JUAN DE

1969 — *Monarquía Indiana,* 3 vols., introducción por Miguel León-Portilla, Porrúa, S.A., México.

TORRY, WILLIAM I.

1978 — "Natural Disasters, Social Structure and Change in Traditional Societies", en: *Journal of Asian and African Studies*, XIII(3-4):167-183.

1979 — "Anthropology and Disaster Research", en: *Disasters*, 3(1):43-52.

TRABULSE, ELÍAS

1982 — *La ciencia y la técnica en el México colonial,* Discurso de recepción del Dr... en la Academia Mexicana de la Historia, México.

1983 — *Historia de la ciencia en México. Estudios y textos. Siglo XVIII,* vol. 1, CONACyT/Fondo de Cultura Económica, México.

1984 — *Historia de la ciencia en México. Estudios y textos. Siglo XVIII,* vol. 2, CONACyT/Fondo de Cultura Económica, México.

1984 — *El círculo roto*, Fondo de Cultura Económica, México.

1985 — *Historia de la ciencia en México. Estudios y textos. Siglo XVIII,* vol. 3, CONACyT/Fondo de Cultura Económica, México.

1985 — *Historia de la ciencia en México. Estudios y textos. Siglo XVIII,* vol. 4, CONACyT/Fondo de Cultura Económica, México.

1988 — "Tres momentos de la heterodoxia científica en el México colonial", en: *Quipu*, 5(1):7-17.

URRUTIA DE HAZBUN, ROSA Y CARLOS LANZA LAZCANO

1993 — *Catástrofes en Chile. 1541-1992*, Editorial La Noria, Santiago de Chile.

VELÁSCO AVILA, CUAUHTÉMOC; EDUARDO FLORES CLAIR, ALMA LAURA PARRA CAMPOS Y EDGAR OMAR GUTIÉRREZ LÓPEZ

1988 *Estado y Minería en México (1767-1910)*, FCE/SEMIP (Secretaría de Energía, Minas e Industria Paraestatal), INAH/Comisión de Fomento Minero, México.

VILLASEÑOR Y SÁNCHEZ, JOSÉ ANTONIO DE

1980 *Suplemento al Theatro Americano. (La ciudad de* [1755] *México en 1755)*, estudio preliminar y notas de Ramón María Serrera, Instituto de Investigaciones Históricas y Escuela de Estudios Hispanoamericanos del Consejo Superior de Investigaciones Científicas, UNAM, México.

VIQUEIRA, JUAN-PEDRO

1987 "Introducción", en: T. Rojas Rabiela, J. M. Pérez Zevallos y V. García Acosta, (coords.)., *Y volvió a temblar*, pp.4-49.

VITALIANO, DOROTHY

1987 *Leyendas de la Tierra*, Biblioteca Científica Salvat, Salvat Editores, S.A., Barcelona.

VOGT, J.

1979 *Les tremblements de terre en France*, Bureau de Recherches Géologiques et Minieres, Orléans.

VOLTAIRE (FRANÇOIS MARIE AROUET)

1995 "Cándido o el Optimismo", en: *Desastre & Sociedad*, 4187-189

1996 "Poema sobre el desastre de Lisboa o examen de este axioma: Todo está bien", en: *Desastre & Sociedad*, 6:173-176.

WAITZ, PAUL

1920 "El volcán del Jorullo (Calendario de Momo y de Minerva para el año de 1859, México 1858)", en: *Memorias de la Sociedad Científica "Antonio Alzate"*, XXXVII (4-6):278-290.

WAITZ, PAUL Y F. URBINA

1919 "Los temblores de Guadalajara en 1912", en: *Boletín del Instituto Geológico de México*, 19:83.

WESTGATE, K.N. Y P. O'KEEFE

1976 *Some definitions of disaster*, Disaster Research Unit Occasional Paper num. 4, Department of Geography, University of Bradford.

WILCHES-CHAUX, GUSTAVO

1993 "La vulnerabilidad global", en: A. Maskrey, (comp.), *Los desastres no son naturales:* 9-50.

WINCHESTER, PETER

1992 *Power, Choice and Vulnerability*, James and James Publications, Londres.

WOBESER, GISELA VON

1994 *El crédito eclesiástico en la Nueva España. Siglo XVIII*, UNAM, México.

PARTE 2

Dos estudios de caso

Dicho día tembló con tanta fuerza que la campana del reloj de la Catedral [Puebla] se tocó sola. El ilustrísimo señor Biempica estaba celebrando órdenes en la iglesia de la Soledad y los ordenados lo dejaron solo, saliéndose a la calle para que la iglesia no se les cayese. Su ilustrísima, imposibilitado para correr, no hacía otra cosa que llorar el abandono en que lo habían dejado.

Pedro López de Villaseñor, *Cartilla vieja de la nobilísima ciudad de Puebla*

Glifo *tlalollin* o temblor de tierra. Año de 1468.
"Hubo temblor de tierra" (*Códice Telleriano-Remensis*, folio 34v).

Esta ilustración incluye sólo dos representaciones glíficas: el cuadrete cronológico dos pedernal, que corresponde a 1468, y un *tlalollin*, en el cual el *ollin*, totalmente dentro de *tlalli*, tiene al "ojo de la noche" al centro indicando que se trata de un temblor nocturno, mientras que *tlalli* no presenta divisiones en franjas como en la mayoría de los otros. Según Fuentes (1987: 180) "pictográficamente se lee: en el año 2 pedernal hubo un temblor de tierra durante el día, en un lugar donde la tierra contenía tiza, yeso o polvo blanco".

El temblor del 8 de marzo de 1800

Irene Márquez Moreno

El sismo del 8 de marzo de 1800 fue conocido con el nombre de "San Juan de Dios", en virtud de que acaeció el día en que se conmemora ese santo. Fue uno de los más graves que se manifestaron en la Ciudad de México durante la época colonial. Antes de éste, se habían presentado varios sismos de gran intensidad, como los de agosto de 1611, octubre de 1687, marzo de 1729 y abril de 1768, entre otros.[389] Sin embargo, el estudio histórico del sismo de 1800 es importante por dos razones. Primero, porque en comparación con los anteriores de los siglos XVII y XVIII, el de 1800 cuenta con un mayor número de referencias e informes detallados sobre sus repercusiones en la Ciudad de México. La segunda razón tiene que ver con el momento histórico en que aconteció, ya que se trata de uno de los últimos eventos sísmicos de importancia del periodo colonial.[390]

El análisis de este sismo permite adentrarse desde una perspectiva novedosa en un momento particular de la historia de México, muy cercano a la Independencia. Pero hay que hacer notar que en lo que se refiere a los sismos hay más continuidades que rupturas en el tránsito de la época colonial al México independiente. Como se verá en el segundo estudio de caso, el tipo de informes, descripciones, así como la respuesta gubernamental ante el sismo de 1800 no variará mucho con respecto al ocurrido a mediados del siglo XIX. Lo anterior obedece a que ambos eventos se inscriben en esa larga etapa de la "Ilustración" que significó con respecto a los siglos anteriores, un cambio importante en la manera de explicar y responder ante estos fenómenos de la naturaleza.

A continuación se hará referencia a las características de la documentación histórica consultada para estudiar el sismo. Después de este balance

[389] Sobre el impacto de estos sismos en la Ciudad de México, véase García Acosta y Suárez Reynoso, 1996, I:87-138.

[390] En marzo de 1806, febrero de 1811 y mayo de 1820 ocurrieron otros temblores que dañaron acueductos, edificios religiosos, civiles y provocaron muertes en la Ciudad de México. Sin embargo, sobre estos sismos no se dispone de las abundantes referencias a comparación de las que existen para el que se estudia en este capítulo. García Acosta y Suárez Reynoso, 1996, I:196-211.

documental, se presentará un breve acercamiento al contexto histórico de la época, para posteriormente, describir los daños provocados y las diversas respuestas del gobierno y de la sociedad.

Documentos y fuentes consultados

Para este estudio se contó con referencias primarias y secundarias. La información primaria provino de fuentes bibliográficas y de archivo. Estas últimas brindaron la mayor parte de la documentación utilizada, en particular, el Archivo General de la Nación (AGN), en los ramos de *Obras Públicas, Templos y Conventos* y *Correspondencia de Virreyes* y el Archivo Histórico del Distrito Federal (AHDF). De este último cabe destacar la valiosa información sobre daños que se halla en los ramos *Puentes* e *Historia. Temblores.*

La bibliografía es menos abundante, ya que solo dos fuentes aportaron información. Por un lado, existe un manuscrito de Juan Nepomuceno Castillo Quintero, quien se hallaba en la Ciudad de México al momento del sismo en cuestión. Este testimonio fue incluido en una publicación del historiador poblano Pedro López de Villaseñor, titulada *Cartilla vieja de la nobilísima ciudad de Puebla.*[391] Por otro lado, se dispone del diario de Carlos María de Bustamante, quien publicó y continuó la labor iniciada antes por el jesuita Andrés Cavo. Bustamante tituló a este diario con el nombre de *Los tres siglos en México durante el gobierno español*, complementando la recopilación del padre Cavo hasta 1821.[392]

Con respecto a las fuentes secundarias, se cuenta con la producción bibliográfica de historiadores, geógrafos y científicos que, si bien no vivieron el sismo, lo describieron e interpretaron. En particular cabe mencionar al geógrafo y escritor José Gómez de la Cortina, mejor conocido, como Conde de la Cortina, nacido un año antes de ocurrir el sismo del 8 de marzo de 1800. En su "Carta escrita a una señorita", fechada el 19 de diciembre de 1840, así como en un trabajo publicado en 1858 sobre el electromagnetismo, ofrece datos sobre el temblor de 1800. En este último, aparece además una interpretación científica de las características y fenómenos naturales que acompañaron al sismo.

Otras descripciones históricas valiosas sobre el objeto de estudio, son los de Manuel Martínez Gracida en su *Catálogo de terremotos desde 1507 hasta 1885*;[393] Emilio del Castillo Negrete, en su obra *México en el siglo XIX* y Francisco Sedano en sus *Noticias de México* de 1880.

[391] La *Cartilla vieja* incluye información hasta 1811. En 1781 este manuscrito fue obtenido por López de Villaseñor, quien en aquel entonces era cronista de la ciudad de Puebla. La parte restante del escrito aparece en el texto de Castillo Quintero. La UNAM reunió estos dos manuscritos originales y los publicó juntos (véase *Diccionario Porrúa* 1986,II:169 y la introducción a la *Cartilla vieja* 1961:28).
[392] La obra de Cavo se inicia en 1521 y termina en 1766; Bustamante añadió la información restante, (véase *Enciclopedia de México*, 1987, II:1093-1094 y III;1439).
[393] Martínez Gracida hizo un recuento de los fenómenos sismológicos ocurridos, tanto en la República Mexicana, como en el extranjero. Identificó a Oaxaca como un lugar propenso a temblores constantes y al mismo tiempo, estableció correlaciones con los movimientos teluricos de México, desechando cualquier explicación religiosa sobre el origen divino de estos fenómenos de la naturaleza.

En relación con otro tipo de interpretaciones sobre el sismo de 1800, conviene mencionar el estudio de Paul Waitz, miembro de la Sociedad Científica "Antonio Alzate", quien realizó un análisis sobre el origen del temblor. Por último, hay que referir el trabajo del ahora ya fallecido Jesús Figueroa, profesor e investigador de la Facultad de Ingeniería y del Instituto de Geofísica de la UNAM, quien llevó a cabo diversas investigaciones sobre la historia sísmica del país y elaboró su primera carta sísmica.[394]

Las fuentes hemerográficas ofrecieron menos información. A diferencia de los sismos de mediados y fines del siglo XIX, sobre el de 1800 escasean las referencias periodísticas. Lo anterior obedece a que en ese momento únicamente circulaban las *Gazetas de México*, cuya publicación no era tan regular.[395] La información hemerográfica disponible fue de carácter básicamente secundario, ya que se trata de material aparecido en el *Diario Oficial* y *El Siglo Diez y Nueve* decenas de años después del sismo. Por ejemplo, una nota periodística de 1858 hizo referencia al de 1800 como uno de los más fuertes que azotaron a la ciudad de México durante la primera mitad del siglo XIX. Por su parte, el *Diario Oficial*, cuya primera edición data de 1849, publicó una reseña sobre este mismo temblor en 1869.

Es así que el balance sobre el contenido de estas fuentes muestra que la mayor parte de datos proviene de fuentes primarias, lo cual fue uno de los motivos que animaron a la elaboración de un estudio histórico a este respecto. Sin embargo, cabe señalar que hay más información para la Ciudad de México en comparación con la de otras zonas del virreinato porque faltan referencias de archivos locales, como los de Oaxaca, Veracruz y Puebla en donde también se sucedieron daños materiales. A pesar de esa carencia, se puede sostener que este sismo causó mayores estragos en la capital mexicana, debido en gran medida a su importante concentración demográfica y características urbanas. Pero, como sucede en la actualidad, lo que ocurría ahí siempre originaba una gran preocupación por parte de las autoridades, ya que se trataba de la sede de los poderes políticos y el lugar de residencia de los grupos más acaudalados de la sociedad novohispana.

Contexto histórico

El sismo del 8 de marzo de 1800 ocurrió en el periodo que se conoce como el de las Reformas Borbónicas y que en general cubre los años de 1760 y 1821. Durante este tiempo, se ensayó la reforma política y administrativa más radical que emprendió España en sus colonias y ocurrió el auge económico más importante de la Nueva España.[396] Los Borbones transformaron la política colonial de sus antecesores, los Habsburgo, quienes delegaron en las corporaciones, los gremios y la Iglesia un gran poder. La

[394] Figueroa 1963.

[395] Sobre las fechas de circulación de las *Gazetas de México*, véase el cuadro núm. 3 de García Acosta y Suárez Reynoso, 1996,:21.

[396] Las reformas borbónicas fueron decretadas en 1760 y el visitador José de Galvez (1765-1771) fue el encargado de provomoverlas en la Nueva España, las cuales significaron una transformación radical en la economía y administración política del virreinato (Florescano y Menegus, 2000: 366).

política borbónica también buscó acrecentar la aportación de la Colonia al funcionamiento del imperio y de la metrópoli.

La Iglesia, en particular el clero secular, había se construyó como una institución de gran influencia. Las reformas pretendieron limitar su influencia política y económica. Desde principios del siglo XVIII los Borbones prohibieron la fundación de nuevos conventos y en 1767 expulsaron a los jesuitas del imperio español. Estos hechos establecieron en América la política desamortizadora que la Corona había comenzado a aplicar en España a finales del siglo XVIII, con el objeto de disminuir el poder de esa institución.[397] Este proceso, como se sabe, culminaría con las Leyes de Reforma, asunto que será tratado en el estudio de caso sobre el sismo ocurrido el 19 de junio de 1858, incluido en el presente volumen.

El consulado de comerciantes de la Ciudad de México, corporación de gran poderío económico, también sufrió severos ataques, principalmente por el impulso gubernamental al libre comercio. Como se verá, las nuevas políticas coloniales emergieron a raíz del terremoto del 8 de marzo de 1800, cuando se permitió la liberación del precio de los materiales de construcción. Otra reforma tuvo que ver con la supresión de la administración de las alcabalas por parte de los comerciantes. En este caso, se acabó con la estrecha colaboración entre estos y los alcaldes mayores, quienes eran vistos como funcionarios oportunistas que utilizaban su poder en beneficio propio. Fueron sustituidos por otros funcionarios que dependerían directamente de la Corona española. En el ámbito del gobierno superior, la reforma restó poder y control político al virrey y a la Real Audiencia. En esta última instancia se sustituyó a los encargados de las Cajas Reales por funcionarios nombrados desde Madrid.[398]

La Real Hacienda sufrió verdaderas mutaciones. Se mejoró el sistema fiscal con el objeto de evitar la evasión y aumentar la recaudación. La minería se convirtió en una de las ramas más apoyadas por el gobierno español, debido a que la exportación de plata tenía gran importancia económica para el Imperio.[399] Desde mediados del siglo XVIII la minería creció de manera sostenida hasta 1810. En el año del sismo estudiado en este trabajo, se extrajeron de las minas de Nueva España 2,098,712 marcos de plata, cifra que representó cerca del doble de lo producido en 1764.[400] El auge minero tuvo un efecto de arrastre en otras ramas productivas, como la agricultura, las manufacturas y el comercio. En conjunto, estas actividades convirtieron Nueva España en la colonia más importante del Imperio español. A lo largo del siglo XVIII y hasta los primeros años del siglo XIX hubo un crecimiento extraordinario de la economía. Este desarrollo económico general estimuló a su vez el incremento demográfico. La población novohispana pasó de 3.3 millones de habitantes en 1742 a 5.8 millones en 1803.[401]

[397] Florescano y Menegus, 2000: 368-370.

[398] Florescano y Menegus, 2000: 371.

[399] Florescano y Menegus, 2000: 382-383.

[400] Esta cifra fue tomada del cuadro de producción de plata de 1690 a 1800 elaborada por Humboldt (1991: 387).

[401] Klein, 1985. De acuerdo con Humboldt (1991:38) en 1793 en el país había 4,483,559 habitantes.

El crecimiento económico y demográfico, así como la influencia de la política borbónica, se reflejaron en la fisonomía de la capital virreinal. A principios del siglo XIX la Ciudad de México era una de las más grandes del mundo. De acuerdo con Humboldt, en 1802 el número de habitantes podía estimarse en 137 mil habitantes. Sólo Londres, Dublin, París y Madrid eran más grandes. En América, la capital del virreinato llevaba la delantera, pues únicamente se le acercaban Nueva York, con 96 mil habitantes, Filadelfia con 53 mil y Boston con 33 mil.[402] La populosa capital también fue objeto de atención por parte de los ilustrados, quienes implantaron una política de tranformación urbana. Estas iniciativas se inspiraron en nuevas concepciones derivadas del racionalismo europeo; junto a las ideas de progreso surgió una crítica sobre el uso del espacio urbano.[403]

La política urbana impulsada por los Borbones explica algunas características de la Ciudad de México en 1800. Como se verá en el estudio de caso relativo al sismo de junio de 1858, la política ilustrada y la influencia del urbanismo neoclásico continuó hasta mediados del siglo XIX,[404] pero fue a partir de la segunda mitad del siglo XVIII que la imagen de la capital virreinal fue objeto de críticas. La ciudad era ciertamente monumental pero un tanto anárquica, insegura, sucia y descuidada. Había crecido vertiginosamente sin mayor organización. Las ideas ilustradas y del urbanismo neoclásico sobre la reestructuración del espacio urbano se tradujeron en planes para reorganizar el trazado urbano, mejorar los paseos y someter a ciertas reglas la edificación. El buen funcionamiento de la ciudad y su limpieza se convirtieron en una preocupación constante del gobierno virreinal.[405]

Asimismo se tomaron medidas para mejorar la iluminación, el empedrado y la limpieza de calles, con el objeto de cambiar los hábitos de los habitantes de la ciudad, fomentando los principios de orden y seguridad.[406] De igual modo, la reforma contempló una reorganización de la administración local para facilitar el control sobre los grupos sociales que habitaban en la ciudad; para ello

> se ensayaron diversas opciones en 1720, 1744 y 1782. En su versión final –que heredará el siglo XIX– esta organización incluía la delimitación de "cuarteles" mayores (subdivididos en menores) que definían el territorio donde ejercía su autoridad un "alcalde de cuartel".[407]

Es menester considerar las funciones de los alcaldes de cuartel, porque tuvieron una participación sobresaliente en los recorridos de inspección realizados después del sismo de 1800. Estos funcionarios eran piezas claves

[402] Humboldt, 1991, 131-132.
[403] Hernández, 1994: 118-119.
[404] Los proyectos de urbanización dirgidos a transformar la ciudad se desarrollaron de 1788 a 1836. Estos fueron obra de inviduos que compartían ideas comunes y principios básicos sobre la ciudad ilustrada. Entre ellos destacaron Baltasar Ladrón de Guevara, Ignacio Castera, Simón Tadeo Ortiz de Ayala y Adolfo Theodore (Hernández, 1994: 124-125).
[405] Hernández, 1994: 116-117.
[406] Dávalos, 1994: 281.
[407] Moreno Toscano, 1978:18.

Plano de la Ciudad de México, 1628

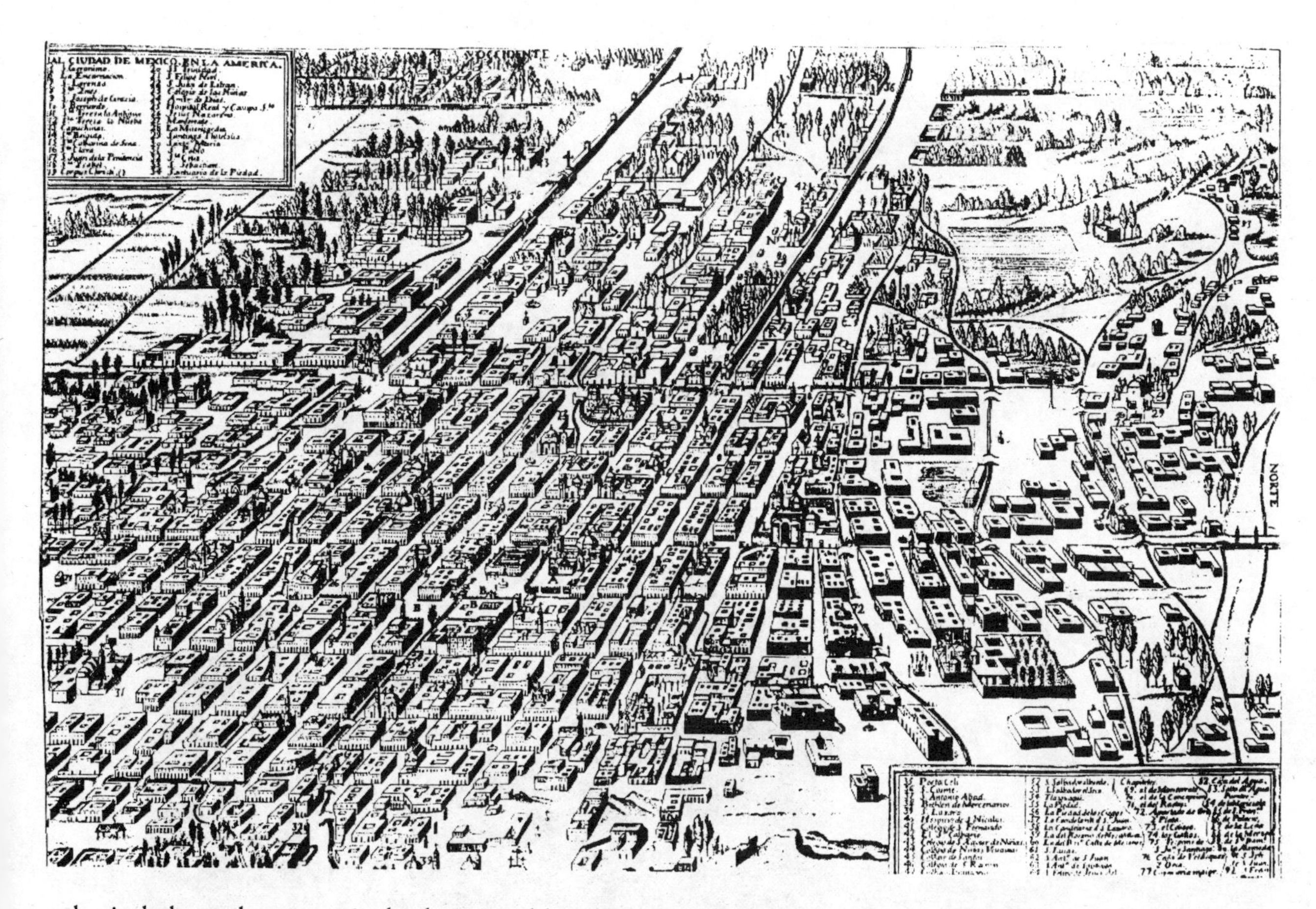

Manzanas y calles que formaban la ciudad, con sus plazas, edificios, acueductos, y zonas arboladas. Carlos López, primera mitad del siglo XVIII.

en la ciudad ante la presencia de algún temblor, pues gracias a los informes que rendían al virrey sobre las desgracias ocurridas en sus respectivos cuarteles, se agilizaba la ayuda a los damnificados y la labor de reconstrucción.

Aún se requiere profundizar con mayor detalle en cómo se materializó esta política ilustrada en la respuesta social ante los sismos. Sin embargo, no hay duda de la influencia que tuvieron estas ideas sobre el progreso en la explicación del origen de estos fenómenos, tal como expuso García Acosta en el capítulo segundo de este volumen. En este período, los gobernantes respondieron de una manera más práctica al presentarse estos eventos, en particular cuando se desataban epidemias que frecuentemente afectaban la ciudad. La procuración del orden y de la higiene fueron temas importantes de la política urbana.[408] En esa perspectiva se situan las acciones de los distintos sectores gubernamentales involucrados en la ayuda y reconstrucción material de los daños causados por el sismo de 1800.

En ese año el virrey en funciones era Miguel José de Azanza, cuya reacción ante el sismo fue rápida y enérgica. Esta respuesta debe explicarse a la luz del proyecto de urbanización emprendido por el virrey Revillagigedo (1791-1794), quien materializó en gran medida, la reforma ideada por los Borbones:

> Inició la limpieza de las calles y plazas, realizó muchos empedrados, desazolvó las acequias, introdujo el alumbrado, instauró la policía, abrió nuevas calles,

[408] Hernández, 1994: 135-143.

Virrey Juan Vicente de Güemes Pacheco de Padilla Horcasitas y Aguayo, Segundo Conde de Revillagigedo, Virrey de Nueva España de 1789 a 1794.

restauró los paseos y jardines y en fin, tuvo una actividad extraordinaria en el ramo de obras públicas.[409]

Aparte de estas medidas, que estaban dirigidas a embellecer y modernizar a la ciudad, otras de carácter estético, fueron aplicadas a la arquitectura urbana con el fin de expresar

> la imagen racionalista concebida por la Ilustración. El neoclásico se convirtió en un símbolo de la modernidad y fue el estilo representativo de la ideología reformadora de los Borbones, difundido como estilo oficial por la Real Academia de Bellas Artes de San Carlos creada en 1785 como uno de los aparatos ideológicos del Estado, por una real orden del mismo Carlos III.[410]

[409] Lombardo 1978:176.
[410] Lombardo 1978:179.

Ésto permite ilustrar cómo hacia 1800 la Ciudad de México estaba inmersa en una gran proyecto de transformación, resultado en buena parte de las reformas instauradas por los Borbones desde mediados del siglo XVIII. En particular, cabe destacar las ideas urbanísticas de Ignacio Castera, quien además tuvo una participación relevante en las labores de reconstrucción realizadas después del sismo de 1800. En 1794, Castera elaboró un proyecto de transformación urbana que sometió a la consideración del segundo conde de Revillagigedo. Se trata del primer plano regulador de la ciudad para mejorar la traza irregular de los barrios:

> Del centro de esta ciudad atravesando todos los barrios de su circunferencia [...] hasta la acequia maestra que en figura cuadrada y circunferencia de 13,200 varas ha de ser de término de sus calles, recipiente de sus aguas, circulación de ellas por lo interior de sus tarjeas y navegación de sus comestibles y materiales.[411]

Este proyecto sintentizó los principios básicos de orden, funcionalidad, rectitud, higiene y economía del estilo neoclásico y del racionalismo ilustrado. Este tipo de reformas, a la larga, traerían cambios más profundos en el pensamiento novohispano que contribuyeron a la independencia de Nueva España y de otras colonias.

Caracteríticas generales del sismo [412]

El sábado 8 de marzo de 1800, entre las ocho y media y las nueve de la mañana, la Ciudad de México se vió estremecida por un terrible sismo que causó gran consternación entre la población, debido a su magnitud y duración. Cuatro días después, Ignacio de Iglesias Pablo, regidor perpetuo de Nueva España, informó al virrey que el sismo se había iniciado a las nueve de la mañana.[413] Sin embargo, años después, en julio de 1858 en *El Siglo Diez y Nueve* se mencionó que el temblor había ocurrido entre las ocho y media y nueve de la mañana. Se trata de una nota remitida al *Diario de Avisos,* aunque se desconoce el motivo del envío. Como se ve, la información de ambas fuentes acerca de la hora no varía mucho.

Sobre su duración contamos con referencias de Sedano, quien señala que "duró de cuatro a cinco minutos".[414] Por otro lado, Martínez Gracida hace referencia al impacto del sismo en Oaxaca y señala que el fenómeno se prolongó por más de 20 segundos, mientras en 1920, Waitz mencionó que el sismo había durado de cuatro a cinco minutos y que tuvo algunas

[411] Hernández, 1994: 126-127. Existe un excelente trabajo, de reciente aparición, sobre este insigne arquitecto y urbanista: véase Hernández, 1997.

[412] La información específica sobre este sismo y las fuentes correspondientes pueden verse en García Acosta y Suárez Reynoso 1996:175-187; sin embargo, en adelante se citarán directamente las fuentes originales de las cuales se obtuvo la información.

[413] AHDF, *Historia. Temblores*, vol.2287, exp.3, f.79; *Puentes*, vol.2, exp.74. .

[414] Sedano 1880,II:167. Francisco Sedano (1742-1812) fue un ingeniero que realizó una compilación de noticias de México desde 1756, cuando contaba con 14 años de edad. Algunas noticias fueron extraídas de los libros del cabildo de ayuntamiento de la ciudad de México, otras de libros impresos, manuscritos y apuntes, pero el autor no cita esas fuentes.

réplicas ligeras.[415] Con respecto a la dirección, el propio Martínez Gracida afirma que se trató de un temblor oscilatorio de "norte a sur"; Waitz complementa esta información afirmando que el "primer movimiento fue de oriente a poniente, y después con mayor duración de norte a sur siendo ambos muy fuertes".[416] Gómez de la Cortina da información adicional sobre las características del sismo, vinculándolo con ciertas condiciones meteorológicas: "Estado de la luna, cuarto creciente. Atmósfera, buen tiempo". Por su parte, Bustamente señala que en Guanajuato "se notó una gran opacidad en la atmósfera, cosa rara en el azul cielo hermoso y en el mes de marzo."[417] Como ha señalado García Acosta, era común que los científicos de la época establecieran asociaciones entre el origen de los sismos y ciertas condiciones meteorológicas. Se puede conocer la intensidad del sismo gracias también al diario de Sedano, en el que se dice que el temblor "rajó y lastimó las iglesias y casas y derribó algunas paredes de adobe".[418] Este tipo de referencias, al igual que las mencionadas, son sumamente valiosas para los científicos contemporáneos interesados en calcular la intensidad de los sismos más severos del pasado. [419]

Existe un indicio adicional que merece señalarse. Se halla en la *Carta dirigida a una señorita* fechada en 1840 y escrita por el conde de la Cortina; en ella relató algunas características sobre la intensidad del sismo que divergen bastante de las señaladas por Sedano. De acuerdo con el conde de la Cortina, el sismo no causó hundimientos ni muertos. Sin desmentir las cuarteaduras y el derrumbe de paredes, el conde minimizaba los efectos del temblor de 1800, arguyendo que en México eran muy raros los sismos de gran magnitud:

> Se habla de los terremotos acaecidos en los días de San Juan de Dios (año de 1800), y de Santa Cecilia (1837), como de una cosa espantosa; pero esto mismo prueba cuán raros son los terremotos peligrosos, o mejor diré, cuán libre está de ellos esta ciudad, puesto que pasan por los más fuertes de que hay memoria esos dos que no causaron desgracia alguna; y si no, pregunte Ud. ¿cuántos terrenos se hundieron, y cuántas personas perecieron? Verá Ud. cómo se redujo todo el daño a que se abriesen algunas paredes, o se maltratasen algunos edificios viejos o mal construidos. A mi casa por lo menos, y a las de todos mis parientes y conocidos, presentes y pasados, nada les sucedió.[420]

Ignoramos cuáles fueron las intenciones del conde de la Cortina al afirmar que los sismos no eran fuertes en la Ciudad de México, aunque se puede suponer que la contundencia de su afirmación obedeció a su interés

[415] Paul Waitz, científico de finales del siglo XIX y principios del XX, reprodujo en las *Memorias de la Sociedad Científica "Antonio Alzate"* el artículo "El volcán del Jorullo (calendario de Momo y Minerva para el año de 1859)", que apareció editado por primera vez en dicho calendario en 1858, por parecerle un testimonio importante sobre la erupción de ese volcán. Al final del calendario incluye una lista de los principales terremotos ocurridos entre 1800 y 1858.

[416] Gómez de la Cortina 1859:58 y Waitz 1920:286.

[417] Bustamante 1852:226

[418] Sedano 1880, II:165-167.

[419] Figueroa 1963, III:116; Suárez y Jiménez 1988:49.

[420] Gómez de la Cortina 1840:16-17.

La nobilísima Ciudad de México de principios del siglo XIX. Grabado de Carlos Clemente López

por convencer a la señorita, a quien le dirigió la carta, de mudarse a la capital.

Al parecer el fenómeno fue perceptible en el actual estado de Oaxaca y en las ciudades de Puebla, Veracruz e Irapuato, aunque Martínez Gracida agrega que el sismo alcanzó "otras localidades", sin especificar cuáles. Por su parte, Bustamante confirmó estos datos mencionando que

> Este horrible temblor se sintió hasta Irapuato, aunque levemente; yo me hallaba a la sazón en Guanajuato, donde no se percibió movimiento alguno, acaso por los muchos socavones de minas que hay en sus montañas [...][421]

Martínez Gracida abundó en la información concerniente al estado de Oaxaca, de donde era originario, afirmando que el temblor se sintió en todos los pueblos, particularmente en la región de la Mixteca y en la Cañada, y que se presentó con movimientos trepidatorios. Pero, no se localizó información específica sobre la dirección del sismo en estos lugares.

Los registros relativos a daños humanos y materiales constituyen un indicador de suma importancia para determinar la intensidad de un sismo; por desgracia, esta información escasea para la provincia. A continuación se hará referencia a los daños provocados en estos otros lugares

[421] Bustamante 1852:226.

del interior, para pasar después abordar lo ocurrido en la capital de Nueva España.

Los efectos del sismo al interior del virreinato

Este temblor fue perceptible en Oaxaca, Veracruz, Puebla y Guanajuanto. A pesar de la severidad que se le atribuye, ninguna de las fuentes consultadas reportó muertos. En relación con los daños materiales, se dispone de referencias para Oaxaca, en donde se sabe que algunas construcciones de la región de la Mixteca y de La Cañada sufrieron "notables averías".[422] Tiempo después y a partir de este tipo de referencias, Figueroa, interesado en la sismicidad de Oaxaca, calculó la magnitud e intensidad del sismo en dicha entidad en 7 grados Richter y VIII Mercalli Modificada, respectivamente.[423]

Para la ciudad de Puebla y Veracruz existen datos acerca de que el temblor "causó espantosos estragos",[424] sin ofrecer mayores detalles al respecto. En relación con Puebla, Castillo Quintero proporciona detalles que podrían servir como indicadores de intensidad:

> Dicho día tembló con tanta fuerza que la campana del reloj de la catedral se tocó sola. El Ilustrísimo señor Biempica estaba celebrando órdenes en la iglesia de la Soledad y los ordenados lo dejaron solo saliéndose a la calle para que la iglesia no se les cayese. Su Ilustrísima, imposibilitado para correr, no hacía otra cosa que llorar el abandono en que lo habían dejado.[425]

La información sobre Irapuato es aún más escueta pues Bustamente mencionó que se sintió "levemente",[426] lo que lleva a suponer que el sismo no causó ni siquiera pérdidas materiales.

Los efectos del sismo en la Ciudad de México

En el segundo apartado se vio que la población de la capital en 1800 se estimó entre los 130 a 137 mil habitantes. El sismo acaeció en un periodo de auge y crecimiento económico, pero sobre todo, en un momento de grandes transformaciones que de algún modo, repercutieron en el tipo de informes oficiales y respuestas ante el evento. Esta populosa ciudad, como se le consideraba entonces, limitaba al norte con la garita de Santiago, al sur con San Antonio Abad y la garita de la Piedad, al oriente con la garita de San Lázaro y al poniente con Bucareli y San Cosme.[427]

[422] Martínez 1890:s/p.
[423] Figueroa se basó en los estudios de Martínez Gracida para estimar la magnitud e intensidad del sismo de 1800. Figueroa 1975:14. En el primer capítulo de este volumen aparece una ilustracion mostrando esta escala.
[424] Martínez 1890:s/p.
[425] López de Villaseñor 1961:365.
[426] Bustamante 1852:226.
[427] Orozco y Berra 1973:93-94.

Iglesia de la Profesa. Dibujo a lápiz de Fernando Pereznieto Castro, 1975.

La primera referencia del sismo de 1800 en la ciudad proviene de una carta enviada al virrey de Azanza unos días después de registrarse el fenómeno. En esta carta se mencionó que "fue grande la consternación que causó el primero en esta población, pero por fortuna no pereció ninguno".[428] Sin embargo, el informe señalaba que los daños materiales habían sido cuantiosos.

¿Cómo estaba gobernada y organizada administrativamente la ciudad de México en 1800? Ya se mencionó que a partir de 1786 la capital quedó dividida en ocho cuarteles mayores, cada uno subdividido a su vez en cuatro menores, sumando en total 32. En ellos ejercía la autoridad el alcalde de cuartel, quien era el encargado de procurar la dotación de servicios públicos en sus respectivas demarcaciones. Estos funcionarios colaboraron con la junta de policía, organismo que el virrey Revillagigedo intentó mejorar a través del reglamento de 1790, que estipulaba que a las funciones tradicionales de los miembros de la junta debían agregarse las de "aplicar las normas indispensables (en caso de) incendios".[429] Esta nueva disposición no surgió por casualidad, pues se sabe que en 1776 hubo un gran incendio en la Ciudad de México que destruyó, entre otros, el edificio del Hospital de San Juan de Dios.[430] Dos años antes de éste en 1774, el oidor Don Francisco Leandro de Viana formuló el "Reglamento para precaver y extinguir en México los incendios de sus casas y edificios públicos", dedicado a la "Princesa Nuestra Señora", el cual no fue publicado sino hasta 1782.[431]

A partir de la expedición del reglamento de 1790, se instituyó que el cuerpo de policía tenía la obligación de entregar informes diarios de los acontecimientos que ocurrieran en sus respectivas manzanas.[432] En caso de algún suceso imprevisto, como un incendio o temblor, los alcaldes de cuartel debían reportarlo a la junta de policía para que recorriera el lugar del siniestro y así girar las medidas conducentes para remediar sus efectos. Esta organización fue la que existía durante el sismo de marzo de 1800, cuando por primera vez, después de la promulgación del decreto de Revillagigedo, se pusieron en práctica las actividades desempeñadas por la junta de policía y los alcaldes de cuartel. Los informes elaborados éstos resultaron de suma importancia para ubicar los daños materiales provocados por el sismo. Los datos sobre desperfectos provienen justamente de las inspecciones realizadas por estos funcionarios, ya que después del sismo se dedicaron a recolectar información sobre los derrumbes y grietas que había en las construcciones. Uno de esos informes, fechado el mismo 8 de marzo de 1800, dice:

> Esta junta de policía en vista del terrible temblor que se ha experimentado esta mañana, cumpliendo con sus deberes ha determinado que sin pérdida de tiempo salgan los vocales de ella a reconocer sus respectivos cuarteles acompañados de los maestros de arquitectura y adaptar las providencias oportunas, a reparar

[428] AGN, *Correspondencia de Virreyes*, vol.201, f.93.

[429] Nacif 1986:24-28; Molina 1990:48.

[430] Muriel 1960, II:31.

[431] Existe una edición facsimilar de este último: véase Viana, 1982.

[432] Nacif 1986:29.

daños, y a evitar resultas, lo que anticipa a Vuestra Excelencia y que con mención a lo muy maltratadas que se hallan las fincas y otros edificios, según se ha informado, parece conveniente si fuese de su agrado, se prohíba por bando público el que a lo menos por tres días no deben de andar los coches mientras se verifica el precitado reconocimiento.[433]

Los maestros de arquitectura también eran requeridos, porque tenían la obligación de rendir los dictámenes correspondientes supervisando "iglesias, conventos, colegios, hospitales, cuarteles, garitas, casas particulares, acueductos, puentes y atarjeas".[434] En 1800 se solicitó la presencia de los siguientes arquitectos, también denominados "Maestros Mayores": José Buitón y Velasco, Esteban González, José Gutiérrez, Pedro Ortiz, José Joaquín García de Torres, Francisco Ortiz, Ignacio de Castera, José del Mazo y Avilés, Antonio Velázquez, Manuel Tolsá, Luis Martín, Joaquín de Heredia y Juan Francisco Bohórquez. Todos ellos gozaban de gran prestigio y algunos, como Castera y Tolsá fueron personajes claves de la reforma urbana emprendida por los Borbones; sobre el papel que desempeñaron estos maestros de arquitectura, al ocurrir el temblor, se hablará más tarde.

Los informes que elaboraban los arquitectos en colaboración con la junta de policía y los alcaldes de cuartel, eran testimonios que iban antecedidos de una notificación a los jueces de policía, misma que rezaba:

> Parte general comprensivo y substancial de los que han pasado los ocho jueces de policía de sus respectivos cuarteles, en que se expresan las ruinas que causó en esta capital el temblor de tierra acaecido el ocho del corriente a las nueve y minutos de la mañana, con que esta Junta de Policía da cuenta al virrey Miguel José de Azanza [...][435]

En el plano núm. 1, en donde aparecen los daños provocados por el sismo, se aprecia la división de la ciudad en ocho cuarteles. Esta delimitación fue importante para conocer las áreas afectadas y así echar a andar las labores de reconstrucción.[436] Como se puede observar, para algunos cuarteles menores no existe información.[437] Lo anterior quizá obedezca a que se extravió, tal como parece confirmarlo la siguiente referencia:

> Aquí debía ir la relación del terrible terremoto que se experimentó en México el día 8 de marzo de 1800, pero falta como faltan muchas cosas importantes quién sabe por qué y que parece se desglosaron maliciosamente al tiempo de encuadernar estos tomos.[438]

[433] AHDF, *Historia. Temblores,* vol.2287, exp.3, f.26-27.
[434] AGN, *Obras Públicas*, vol.6, exp.16, f.290-336.
[435] AHDF, *Historia. Temblores*, vol.2287, exp. 4, f. 4.
[436] En el plano aparecen indicados los cuarteles mayores con número romanos y con arábigos los edificios dañados, colocando delante de cada número, el código correspondiente según el estado de la construcción dañada. La relación de edificios y puentes afectados en cada cuartel se localiza en el la relación 1.
[437] Entre estos se encuentran los siguientes: cuarteles menores 2, 3 y 4 ubicados en el cuartel mayor 1; menor 5 en el mayor 2; menores 9 a 12 en el mayor 3; menor 15 en el mayor 4; menores 17 1 19 en el mayor 5; los cuarteles menores 21 a 24 del cuartel mayor 6; y de ninguno de los menores de los cuarteles mayores 7 y 8.
[438] AGN, *Correspondencia de virreyes,*vol. 199, exp. 831, f. 144v, 164v; vol.200, f. 92v,698; vol. 201, f. 249.

Fuente: Elaborado por Irene Márquez a partir del plano original: Plano Geométrico de la Imperial Noble y Leal Ciudad de México,... por Ignacio Castera, 1785, localizado en el AHCM y citado en González y Terán, 1976. Los registros sobre daños provienen de fuentes de archivo.

Plano 2. Edificios públicos, puentes y barrios afectados por el sismo del 8 de marzo de 1800, en la Ciudad de México.

De cualquier forma, la documentación disponible permite identificar los edificios y áreas afectadas por el sismo de 1800. A continuación se presentarán y describirán los desperfectos materiales en la Ciudad de México, para lo cual se utilizará la delimitación por cuarteles, con el objeto de respetar la procedencia de los informes y de agilizar de algún modo la descripción y ubicación de daños.

Cuartel Mayor I[439]

Este primer cuartel se ubicaba al noroeste de la plaza central y constituía uno de los que concentraba mayor número de manzanas y habitantes, al igual que los cuarteles II, III y IV. En la confluencia de estos mayores estaba el centro urbano, donde se localizaba gran parte de los edificios públicos más importantes, así como los establecimientos comerciales y las casas de los residentes más ricos de la ciudad. De acuerdo con un plano sobre el valor de la propiedad de 1813, al norte del cuartel predominaban manzanas con terrenos valuados entre 11.01 y 22 pesos por metro cuadrado, cifra que representaba un valor promedio de la propiedad en la capital.

Convento de Santo Domingo Dibujo a lápiz de Fernando Pereznieto Castro, 1972.

El encargado de este cuartel era el juez de policía Camaño quien, junto con el arquitecto Antonio Velázquez, fue el responsable de inspeccionar los daños ocurridos después del temblor y de rendir el informe correspondiente. También se cuenta con el reporte enviado por un alcalde menor, Juan Cánova, al alcalde mayor del cuartel, José Urrutia. En dichos informes se mencionan deterioros en varias propiedades de la iglesia, que era una de las principales propietarias de fincas urbanas. Entre los edificios más dañados aparece la iglesia de la Profesa, la iglesia y convento de monjas de Santa Clara y el convento de Santo Domingo. También se reportaron daños en varias casas habitadas por individuos integrantes de algunas corporaciones religiosas (plano núm.1 y relación. 1)

Los reportes mencionados señalan con detalle daños en la iglesia de la Profesa, antiguamente conocida como casa de la Profesa y transformada en recinto sagrario en 1720.[440] Su torre resultó dañada y se advirtió una "veleta tuerta", que amenazaba con caerse y por lo cual se ordenó retirarla para evitar mayores desgracias. Por su parte, en la iglesia de Santa Clara se encontraron varias cuarteaduras. Los arquitectos ordenaron reparar el edificio, sí como retirar una cruz de piedra que se había desplomado de la azotea.

[439] Toda la información para este cuartel proviene de AHDF, *Historia. Temblores*, vol.2287, exp. 4, f. 4-11 y exp. 12, f. 65-66.

[440] Esta iglesia se ubicó en la antigua calle de Plateros, hoy esquina de Isabel la Católica y Madero (Pereznieto 1972, grabado 10 y Boletín 1932:223.)

El convento de Santo Domingo, cuyo edificio incluía la iglesia construida en 1754,[441] reportó los siguientes desperfectos: daños en la bóveda, arcos y cuarteaduras en la sacristía y antesacristía. En ese lugar se recomendó reparar una sala del propio convento. Por último, el convento de Monjas de Santa Clara resultó con una cuarteadura en la bóveda.

Por fortuna, los informes elaborados por los alcaldes y arquitectos señalan la calle y el nombre de los propietarios de varias casas particulares que también resultaron afectadas por el sismo. De este modo, se sabe que en la calle de Tacuba, la casa en donde habitaba el famoso comerciante Cosme de Mier tuvo desperfectos en las puertas principales. Esta finca pertenecía al convento de Santa Clara y quizá era arrendada al rico comerciante. De igual modo, el sismo dañó la casa en donde vivía Juan Crisóstomo de Vega y Castro, ubicada en la calle de Santa Clara. En esta misma calle se encontraba otra casa propiedad del convento de Santo Domingo, en la cual se registró una cuarteadura en una pared interior. Al parecer este último fue el que reportó mayor número de averías en sus fincas, pues en otra casa de su propiedad, ubicada en la esquina de la cerca de Santo Domingo, se mencionaba que se habían cuarteado los cerramientos de las puertas. Una librería, propiedad también del convento, fue dañada por el temblor. Ésta se localizaba en la confluencia de las calles de Tacuba y Santo Domingo.

Se reportaron cuarteaduras "de riesgo" en otras fincas pertenecientes a los conventos de Regina Coeli y de Santa Isabel, ubicadas en la calle de San Lorenzo. Otra finca propiedad del convento de la Concepción sufrió deterioros en las claves de los arcos interiores. Este inmueble se encontraba en la calle de Santa Catarina. Llama la atención que gran parte de las edificaciones dañadas eran propiedad de la iglesia. Sólo se sabe de cuatro casas que no estaban en manos de esta institución, tales como la número 4 de la calle de la Canoa en donde vivía el procurador Córdoba y que quedó en ruinas; la casa de la marquesa de Salvatierra, ubicada en la esquina de Manrique y que sufrió una cuarteadura que atravesaba los cerramientos; una casa de la calle de la Pila seca, donde se mandó derribar un pedazo de pretil de la azotea debido a que amenazaba con venirse abajo; y por último, una casa ubicada en la esquina de la Cruz del Factor perteneciente a Esteban Flores y que se mandó demoler.

El informe rendido por Juan Cánova, alcalde del cuartel menor número 1, ofrece información diversa sobre cuarteaduras, derrumbes en casas particulares y desperfectos en cañerías.[442] Cánova informó que la casa marcada con el número 3 del puente de la Misericordia amenazaba con desplomarse, mientras en el mesón de las Corralitas se cayó una pared. El puente del Clérigo se vino abajo. Finalmente, añade, se rompió "la cañería en varias partes y calles, en particular en la de Sn. Lorenzo que sale por toda la calle a borbollones el agua con notable perjuicio del tránsito".

[441] Actualmente el convento de Santo Domingo ya no existe, aunque todavía podemos admirar la belleza del interior de la iglesia (Pereznieto 1972, grabado 38).

[442] Información obtenida en AGN, *Obras Públicas*, vol.6, exp.15, f.289,299.

Cuartel Mayor II[443]

Este cuartel se localizaba al suroeste de la plaza principal. El encargado del cuartel mayor II era Juan Velasco, quien junto con el maestro arquitecto, detectaron varios inmuebles dañados a consecuencia del sismo. En esta sección de la ciudad se encontraban comercios como platerías, tocinerías, un gran número de pulperías, tendajones, zapaterías y panaderías.[444] El valor del terreno por metro cuadrado era de los más altos; entre 22 y 66 pesos. Las casas eran habitadas por individuos muy ricos, sobre todo las ubicadas en el extremo poniente del cuartel donde la densidad de población era media, es decir, entre 0.34 y 0.55 hab/m^2.[445] El suroeste de este cuartel estaba constituido por tres barrios indígenas: el del Salto del Agua, el de San Salvador el Verde y el barrio de Tizapan. Aquí el valor de la propiedad era muy bajo, en contraste con la densidad de población que era bastante elevada. Este hecho obedece a que en esta sección del cuartel vivían personas de escasos recursos, concentrados en numerosas vecindades.

Como se ve en el plano núm. 1, la población que resultó más afectada fue la más pobre que vivía en los barrios arriba mencionados, aunque también sufrieron daños severos las casas ubicadas al norte y noroeste del cuartel. Entre los barrios indígenas afectados estaban los del Salto del Agua y el de San Salvador el Verde, ubicados al suroeste y sur del cuartel.[446] En el primero se reportó la caída de una pared de una casa y en el segundo, se informó que la pared de un jacal se vino abajo. Estos barrios formaban parte de algunos cuarteles menores, como los números VI, VII y VIII. En el primer cuartel menor su alcalde informó que gran parte de las casas estaban dañadas. Las más maltratadas fueron las de los números 3 y 4 de la calle de la Aduana vieja, las números 12 y 13 de la calle del Cochero, la número 18 de la calle de San Salvador el grande, las números 4 y 5 de la calle de Necatitlán, las casas 3 y 6 y accesorias inmediatas de la calle de San Jerónimo, así como las marcadas con los números 5, 6, 8 y 9 del puente del Monzón.[447]

Por su parte, Manuel Cerguera, alcalde del cuartel menor siete, no reportó daños en su demarcación y solo una que otra casa requería de algunos reparos sin importancia.[448] En cambio, el alcalde del cuartel menor ocho informó sobre daños de consideración en el barrio indígena de Tizapan, localizado en la periferia del mismo cuartel.[449] Ahí se cayeron dos casas y muchas otras amenazaban ruina; en ese barrio todas las cañerías se reventaron, quedándose sin agua las pilas que abastecían al vecindario al igual que el "vivanque" de San Ignacio.

[443] AHDF, *Historia. Temblores*, vol.2287, exp.4, f.4-11

[444] Castilleja 1978:44; González Angulo 1978:28,30. En 1799 se registraron en la Ciudad de México 48 panaderías, buena parte de las cuales se encontraban al sur de la ciudad (García Acosta 1989:175).

[445] Morales 1978:92-94.

[446] Lira, 1983:30.

[447] La información sobre este cuartel aparece en AGN, *Obras Públicas*, vol.6, exp.15, f.416.

[448] AGN, *Obras Públicas*, vol. 6, exp. 15, f. 417.

[449] AGN, *Obras Públicas*, vol. 6, exp. 15, f. 318; Lira, 1983:30..

En los informes elaborados por los arquitectos y alcaldes de cuartel también se consignaron daños en varios edificios públicos. Por ejemplo, el convento de San Francisco, que era uno de los más grandes y cuya iglesia fue concluida en 1716,[450] sufrió varias cuarteaduras que inmediatamente se mandaron reparar. El convento de San Agustín presentó varias cuarteaduras,[451] al igual que el del Espíritu Santo. Otro edificio que resintió el temblor fue el Colegio de las Vizcaínas, fundado por la cofradía del mismo nombre. Esta edificación, con un inigualable estilo barroco,[452] reportó varias cuarteaduras. Lo mismo ocurrió en el Colegio de Niñas.

En este cuartel se encontraban varios establecimientos comerciales. Sin embargo, sólo se reportaron daños en una tocinería en la esquina del Salto del Agua, en donde se desplomó una bóveda de las zahurdas.[453] También se notificó la caída de paredes en las almidonerías localizadas en el barrio indígena de San Salvador el Verde. El informe es más detallado con respecto a los daños que sufrieron varias casas de gente adinerada, como la del comerciante platero José de la Borda y la de Felipe Teruel, regidor de la Ciudad de México. En esas residencias se reportaron desperfectos y cuarteaduras en las paredes. Otra finca ubicada en la calle Real del Salto del Agua, cuyo propietario se desconoce, quedó en ruinas, por lo que inmediatamente los peritos ordenaron desalojarla para repararla o en todo caso, derrumbarla.

Por último, los alcaldes de cuartel reportaron daños en la casa que fue "picadero de la plaza de las Vizcaínas",[454] en donde se notó la caída de una barda y la pérdida total de otro inmueble ubicado atrás del "banco del herrador",[455] así como de una accesoria que se encontraba en deplorables condiciones.

Edificio de la Santa Inquisición Dibujo a lápiz de Fernando Pereznieto Castro, 1972.

Cuartel Mayor III

Este cuartel se ubicaba al sur de la catedral, en donde la densidad demográfica era elevada. Formaba parte de los tres primeros cuarteles mayores en donde se desarrollaban las principales actividades comerciales y se encontraban las edificaciones civiles y religiosas más importantes de la ciudad. Además en este cuartel se localizaba buena parte de las fincas pertenecientes a la Iglesia. Como es de suponer, el valor de la propiedad era elevado pero iba disminuyendo hacia el sur y periferia del cuartel. Es-

[450] Pereznieto 1972, grabados 5 y 6.
[451] Hasta hace poco tiempo el convento de San Agustín albergaba la Biblioteca Nacional, cuyo edificio se encuentra en las calles de Uruguay e Isabel La Católica (Boletín 1932:222).
[452] Boletín 1932:222.
[453] AHDF, *Historia. Temblores*, vol. 2287, exp. 4, f. 4-11.
[454] AHCH, *Historia. Temblores*, vol. 2287, exp. 4, f. 4-11.
[455] AHDF, *Historia. Temblores*, vol. 2287, exp. 4, f. 4-11.

tas características se perciben en los informes rendidos por el juez Villanueva y el alcalde de cuartel, Antonio Méndez y Fernández. Estos individuos, junto con el arquitecto Jose Buitrón y Velasco, notificaron sobre los siguientes daños materiales.

Entre los edificios públicos afectados por el sismo estaban algunos de importancia singular, como la Real Pontificia Universidad, la Casa de Moneda, la Real Cárcel de Corte, el Hospital de Jesús Nazareno y el estanco de la Real Fábrica de Pólvora. La Universidad fue uno de los recintos más averiados, ya que una de sus paredes maestras fue derribada para evitar futuros percances; gran parte de las fincas pertenecientes a la Universidad resultaron sumamente maltratadas. En relación con la casa de Moneda, construida en 1734 en tiempos del virrey marqués de Casa Fuerte,[456] sólo se registraron daños sin importancia. La Real Cárcel de Corte resultó con un calabozo dañado y en el patio principal quedaron algunas vigas tiradas, en tanto que los techos del estanco de la Real Fábrica de Pólvora se "estaban hundiendo".[457]

El hospital de Jesús Nazareno fue uno de los más afectados por el movimiento sísmico.[458] Este hospital fue construido en 1528 y originalmente se conoció con el nombre de la Purísima Concepción. En 1663 cambió de nominación debido a que en ese año albergó a la imagen de Jesús Nazareno;[459] el inmueble sufrió graves daños en las arquerías de los patios, la escalera principal y en varias paredes. El reconocimiento original del edificio fue realizado por el director de arquitectura de la Academia de San Carlos, Antonio Velázquez, quien rindió un detallado informe el 21 de junio de 1800 sobre el estado del edificio y el costo de su reparación, calculándola en 3,300 pesos.[460] El informe de Velázquez reportó daños en casi todos los arcos del edificio, en los patios y bajos que sostenían la escalera y enfermería. Los trabajos de reparación se prolongaron hasta 1809 y estuvieron a cargo del mismo Antonio Velázquez, quien recibía un salario de un peso al día. Estas obras consistieron en la sustitución de las arquerías, que originalmente eran de cantera y se apoyaban sobre columnas, por pilares "más adustos y fríos", debido a que

> casi todos los salmeres y capiteles de las columnas [estaban] tan corroídas del tequesquite [...] en el segundo patio [...] decidieron [...] quitar las columnas bajas por su debilidad y formar pilares cuadrados de cantería con zócalo de Chiluca.[461]

En relación con las fincas de las órdenes religiosas, los informes reportaron cuarteaduras en los tabiques del convento de Santa Teresa la Antigua que estaba en la calle de los Bajos de San Agustín. Por otro lado, en la calle

[456] Pereznieto 1972, grabado 24; Boletín, 1932:22.
[457] AHDF, *Historia. Temblores*, vol. 2287, exp. 7, f. 37-41v.
[458] AHDF, *Historia. Temblores*, vol. 2287, exp. 7, f. 37-41v.
[459] Báez 1982:9 y 26. El arquitecto Eduardo Báez realizó un estudio sobre la historia de este hospital con base en documentos del ramo *Hospital de Jesús* del AGN, en el que amplía los datos sobre los desperfectos que sufrió el hospital a raíz del terremoto del 8 de marzo de 1800.
[460] AGN, *Hospital de Jesús*, leg. 57, exp. 8, en: Báez 1982: 73.
[461] AGN, *Hospital de Jesús*, leg. 57, exp. 8, en: Báez 1982:73-74.

del Puente de la Aduana Vieja número 8, la finca de Santa Clara resultó con daños considerables, así como una casa perteneciente a los padres mercedarios de la calle del Hormiguero. Las fincas pertenecientes al padre Bolea resultaron también afectadas, por lo que se ordenó repararlas de inmediato. Por último, en la calle de la Joya, en la finca del convento de San Jerónimo, se encontraron desperfectos desde la casa número 10 al 14.

En este cuartel también se afectaron varias tiendas y habitaciones altas de la calle de la Monterilla Nueva, en donde se registraron diversas cuarteaduras de los que se desprendían los tabiques y las paredes maestras. Una bodega ubicada en la esquina que daba vuelta a la calle de San Bernardo resultó con el zaguán bastante deteriorado, al igual que la vinatería perteneciente al sargento Pedro Quintana. Esta propiedad estaba localizada en la esquina de la primera calle de Necatitlán y se recomendó repararla urgentemente. En otra tienda de la esquina de la plazuela del Volador y Reja de Balvanera, una de sus paredes maestras se desplomó.

Antigua Casa de Moneda. Dibujo a lápiz de Fernando Pereznieto Castro, 1973.

Las casas de varios personajes ilustres de la época también sufrieron daños severos. Tal fue el caso de la propiedad del señor Campos; la casa habitada por Pascual de los Ríos; la de Tomás Ybarrola y la del capitán Manuel Brena. Los peritos consideraron que la finca perteneciente a los señores Avilenés, en la calle primera de Necatitlán, necesitaba una reparación general, mientras que la del bachiller Miguel Rodríguez y la de Luca Glanies, que se ubicaba en la calzada del Paseo Nuevo, resultaron muy averiadas. Los puentes de Balvanera y de San Antonio Abad también sufrieron daños de consideración.

Al final del informe se menciona que el Portal de las Flores resintió bastantes desperfectos y mostraba daños en la pilastra, en 17 arcos y cuarteaduras en las paredes. Las casas contiguas al Portal, específicamente las números 1, 2, 3 y 5 resultaron con numerosas cuarteaduras en sus plantas altas y bajas, por lo que se ordenó desocuparlas de inmediato. Este mandamiento fue notificado a Juan Bulnes, administrador del mayorazgo al que pertenecían las fincas del Portal, para que iniciara las reparaciones necesarias y con ello, evitar futuros perjuicios a los inquilinos y transeúntes.[462]

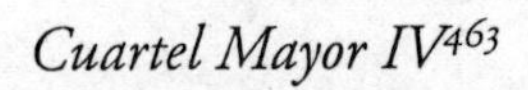

Cuartel Mayor IV[463]

Este cuartel se hallaba al norte de la catedral y fue uno de los más afectados de la ciudad. Ahí residían un gran número de habitantes, además de concentrar varios edificios del gobierno y de la Iglesia, así como algunos establecimientos comerciales. Por todo lo anterior, el valor de la propiedad era de medio a alto.[464] Sin embago, al norte del cuartel las propiedades eran

[462] AHDF, *Historia. Temblores*, vol.2287, exp. 7, f.37-41v, 43v, 44v-46.

[463] Información obtenida del AHDF, *Historia. Temblores*, vol. 2287, exp. 4, f. 4-11 y 72.

[464] Morales, 1978:94.

menos valiosas y años después, albergarían varias viviendas de artesanos pobres.

El informe sobre este cuartel fue elaborado por el regidor perpetuo Ignacio León, el alcalde Joaquín Mosqueira y el arquitecto Esteban González. En la inspección realizada por estos individuos se reconocieron perjuicios en diez edificios públicos de importancia, tales como la Real Aduana, el edificio de la Inquisición, los conventos de la Enseñanza, el de Santa Inés y el de la Encarnación, el colegio de San Gregorio, el Real Apartado, la parroquia de Santa Catarina Mártir, el Real Palacio y el Palacio Arzobispal. El edificio de la Real Aduana, ubicado en la plaza de Santo Domingo,[465] padeció leves cuarteaduras, al igual que el de la Inquisición.[466] El convento de la Enseñanza y el de Santa Inés, de clásico estílo churrigueresco,[467] reportaron leves cuarteaduras. Por su parte, el convento de la Encarnación resintió varias cuarteaduras en la fachada, cañón de la bóveda y el coro.

Palacio Nacional
Dibujo a lápiz de Fernando Pereznieto Castro, 1972.

Los arcos y ventanas de el colegio de San Gregorio también resultaron con varias cuarteaduras. En el templo del colegio se detectó una muy grande. En contraste, el edificio del Real Apartado y la parroquia de Santa Catarina Mártir sufrieron menos los embates del sismo, ya que solo reportaron cuarteaduras de menor consideración. La edificación de esta iglesia de Santa Catarina se concluyó en 1538, aunque en 1662 y 1740 se llevaron a cabo varias reconstrucciones;[468] por fortuna, en 1800 se salvó de otra reconstrucción.

Como ya se dijo, este cuartel albergaba a dos de los edificios más importantes del gobierno civil y eclesiástico de la capital novohispana. Por un lado, el Real Palacio, que fue vendido por Martín Cortés en 1562 a la Corona española. A lo largo de su historia este edificio ha sido objeto de diversas modificaciones, la más reciente hecha en 1927, cuando se le agregó un piso.[469] El sismo de 1800 cuarteó gravemente una de sus paredes y hubo que repararla de inmediato, aunque se ignora si tal desperfecto obligó a hacer algún otro cambio importante en el edificio. Por otro lado, el Palacio Arzobispal, sede del arzobispo, sufrió deterioros en la pared de la torrecilla. Este edificio eclesiástico fue construido dos siglos antes.[470]

[465] La Real Aduana, de estilo barroco churrigueresco, se concluyó en tiempos del virrey marqués de Casa Fuerte, quien gobernó Nueva España entre 1722 y 1734 (Boletín 1932:232).

[466] El edificio de la Inquisición fue construido por los dominicos en 1530. Esta edificación se convirtió en la sede del tribunal del Santo Oficio de la Inquisición 41 años después de haber sido construido. Su actual construcción data de 1736 y se ubica frente a la plaza de Santo Domingo (Pereznieto 1972, grabado 38; Boletín 1932:222).

[467] Pereznieto 1972, grabados 18 y 26; Boletín 1932:222.

[468] Pereznieto 1972, grabado 41.

[469] Pereznieto 1972, grabado 12.

[470] Pereznieto 1972, grabado 22.

Se reportaron desperfectos en algunas fincas pertenecientes a las corporaciones religiosas. Por ejemplo, en la librería del convento del Carmen, se cayeron algunas piedras y había diversas cuarteaduras en su interior.[471] Por otro lado, se detectaron deterioros en algunas casas de particulares, como las de Juan Nepomuceno, Lesaca y el oidor Carvajal. En la del primero se encontraron cuarteaduras; en la de Lesaca, localizada en el puente de San Sebastián número 5, sus techos y paredes se arruinaron por completo y en la del oidor Carvajal sólo se reportaron leves cuarteaduras. En una casa, cercana al colegio de San Ildefonso, se dañó su balcón, por lo que los peritos ordenaron reconstruirla inmediatamente. En la calle de la Aduana sólo se encontraba un casa con leves cuarteaduras. En relación con los comercios, una vinateria de la esquina de la plazuela de Santa Ana estaba en ruina.

Existe información muy detallada en relación con los cuarteles menores 13, 14 y 16.[472] El alcalde del cuartel menor 13, Pedro Barela, encontró que en la calle de Santo Domingo y en la de las Moras, la casa de Francisco Alvarez estaba completamente cuarteada en su interior. En la calle de la Encarnación, una casa cercana al convento de la Enseñanza estaba dañada. El alcalde notificó que el resto de las fincas del cuartel tenían cuarteaduras, aunque ninguna de ellas amenazaba con provocar desplomes.

El cuartel menor número 14 también reportó daños en inmuebles particulares. Los que estaban en estado lamentable eran las casas número 1, 8 y 9 de la calle del Parque de la Moneda, la casa número 2 del callejón del Amor de Dios; la número 17 de la calle del Hospicio; la casa de vecindad de la "Cruz Verde" de la calle de los Plantados, la casa número 9, accesoria y la número 19 de la calle Puente del Cuervo; las casas número 3 y 6, así como la oficina de Temporalidades de la calle del Apartado. En contraste con estas edificaciones, se reportaron leves cuarteaduras sin consideración en las casas número 4 y 5 de la calle de la Estampa de Jesús María, la casa número 1 de la calle de Santa Inés, la casa del oidor Ciriaco González Carvajal en la calle primera del Indio Triste; las marcadas con los números 17 y 19 en la calle de Monte Alegre y la casa número 2 de la calle de la Cerbatana.

Por último, José Antonio Oviedo, alcalde del cuartel menor 16, advirtió que había desperfectos de consideración en las casas números 3, 6, 9 y B del callejón de Vázquez, la número 1 del mesón de San Cayetano y la casa número 2 localizada en el barrio indígena de Pasguacán. El informe también reportó cuarteaduras en los puentes de Cantaritos, pero sobre todo en los en los de San Sebastián y del Cuervo, en donde las acequias se azolvaron.[473]

[471] AHDF, *Historia. Temblores*, vol. 2287, exp.7, f.37-41v.

[472] Cuarteles menores 13 y 14 localizados en AGN, *Obras Públicas*, vol. 6, exp. 15, f .30. Cuartel menor 16 en: AGN, *Obras Públicas*, vol.6, exp. 15, f. 306.

[473] AHDF, *Historia. Temblores*, vol. 2287, exp. 12, f. 61-64.

Cuartel mayor V

Este cuartel se localizó al sureste de la plaza principal. En él había manzanas en donde la concentración demográfica no era tan elevada, sobre todo las ubicadas en el extremo sur. Sólo unas cuantas manzanas que colindaban con el cuartel mayor número III registraron un mayor número de habitantes.[474] En éste habían establecimientos artesanales, como zapaterías y gamucerías, así como pulperías y tendajones.[475] Se trataba de un área predominantemente comercial, en donde el valor de la propiedad no era elevado, pues oscilaba entre 11 y 22 pesos por metro cuadrado, en contraste con el cuartel mayor III en donde el valor de la propiedad era de los más altos, de 44 a 65 pesos.[476]

El alcalde y arquitecto que elaboraron el informe y recorrieron el área afectada eran, , el juez Gamboa y José Gutiérrez; no encontraron más de novedad que daños en el cerramiento y el arco de la escalera de la casa del cura de Santa Cruz, ubicada en la calle de Machincuepa.[477] De igual modo, encontraron cuarteaduras en 16 puentes, entre los que estaban el de Santiaguito, Curtidores, San Lázaro, el de la "espalda" de Santa Cruz, Alhondiguita de San Pedro, las Vacas, Santa Cruz, Santa Ifigenia, de la Merced, de Solana, colorada, Blanquillo, San Pablo, Pipis y la Alamedita "que va a la pulquería"[478] (plano núm. 1). [479]

Sobre este cuartel llama la atención la parquedad de los informes disponibles. Lo anterior puede deberse a un desinterés por parte de las autoridades, ya que se trataba de un área periférica en donde no había edificios públicos de importancia y residencias de gente adinerada. Como ya vimos, en ese cuartel había un gran número de pequeños establecimientos comerciales y artesanales, por lo que, sin duda, los alcalces y peritos mostraron mayor interés por los cuarteles anteriores, en donde vivían los ricos y se concentraban las principales actividades políticas y religiosas de la ciudad.

Cuartel Mayor VI [480]

Este cuartel se localizó al norte de la Alameda. En las manzanas cercanas a ella había un gran número de habitantes, mientras que en las situadas al norte la densidad demográfica disminuía.[481] En ese cuartel residían personas de escasos recursos y barrios de indígenas;[482] había pocos comercios y unas cuantas panaderías, pulperías y tendajones.[483]

[474] Moreno, 1978:14.
[475] Castilleja 1978:44; González Angulo 1978:28, 30.
[476] Morales, 1978: 93.
[477] AGN, *Obras Públicas*, vol. 6, exp. 15, f. 315.
[478] AHDF, *Historia. Temblores*, vol. 2287, exp. 12, f. 61-64.
[479] Entre los puentes dañados se cita el del Manquillo o de la Higuera, que por su lamentable estado se mandó demoler. Este puente no se pudo localizar en el plano.
[480] La información para este cuartel fue extraída de AGN, *Obras Públicas*, vol. 6, exp. 5, f. 288-289.
[481] Moreno 1978:14.
[482] Morales 1978:92-93.
[483] Castilleja 1978:44; García Acosta, 1989: 175.

El encargado de este cuartel era Juan de la Cadena, quien nombró al arquitecto Pedro Ortiz como su asistente en la visita. En su informe respectivo, Cadena reportó daños en varios edificios religiosos, como en el convento de San Hipólito, la parroquia de la Santa Veracruz y el hospital de la orden de los desamparados de San Juan de Dios. El convento de San Hipólito registró daños en el arco de la puerta de la portería y en la torre, mientras que en la parroquia de la Santa Veracruz,[484] sólo se advirtieron algunas cuarteaduras. En relación con el hospital de San Juan de Dios,[485] sólo se sabe que algunas personas "caritativas" contribuyeron con dinero a reconstruirlo,[486] debido a que el sismo casi lo había destuido. Otro inmueble afectado fue el cuartel de Milicias, en donde se advirtieron varias cuarteaduras y se detectó una viga rota en un calabozo.

Este cuartel reportó desperfectos materiales de consideración en siete casas particulares. Las edificaciones se localizaban al noroeste y este del cuartel: las marcadas con el número 6, en la esquina de la calle de Soto; la número 12, que resultó "bastante maltratada" y que se ubicada en la misma calle de Soto; las número 7 y 8, que quedaron en ruinas y que estaban en el Puente de Villamil, la casa del "portalito" de la Plazuela de Juan Carbonero en donde los peritos ordenaron apuntalar cinco puertas. En el Puente de la Mariscala, la casa número 5 tenía todas sus esquinas cuarteadas, mientras que en la número 35, en el curato de Santa María, se ordenó reparar cinco cuartos. Algunas casas de vecindad de la calle de la Concepción, como las del número 1 al 4, propiedad del teniente de milicia Ponciano Medina, demanaron una inmediata reparación, ya que resultaron muy afectadas. Otro buen número de casas tuvieron que ser derribadas, debido a los múltiples daños que presentaron. Hay que decir que este cuartel contaban con un mayor número de casas de particulares, en comparación con el de edificios públicos y religiosos que predominaban en los primeros cuatro cuarteles mayores.[487]

Cuartel Mayor VII[488]

Para este cuartel, ubicado al noreste de la plaza principal, no se dispone de un informe detallado como los anteriores. De cierto modo, se trató de un área marginal con respecto a las zonas de alta densidad demográfica y gran número de edificios públicos detectados en los primeros cuatro cuarteles mayores. En éste había sobre todo propiedades pertenecientes a particulares, cuyo valor no era de los más altos de la ciudad.[489] Curiosamente no se reportan desperfectos en estos inmuebles, quizá porque no importaba reportarlos debido a que pertenecían a pobres o porque realmente no sufrie-

[484] La parroquia de la Veracruz fue fundada en 1527 por Hernán Cortés y posteriormente fue reedificada con fachadas de estilo barroco (Pereznieto 1972, grabado 2).

[485] En 1604 este hospital fue donado a los juaninos por concesión del virrey marqués de Montesclaros. Este nosocomio fue concebido para la atención exclusiva de negros, mulatos e indígenas (Muriel 1960:29-30).

[486] AGN, *Templos y Conventos*, vol. 28, exp. 7, f. 219.

[487] Morales, 1978: 95.

[488] Información extraída de AHDF, *Historia. Temblores*, vol. 2287, exp. 12, f. 61-64.

[489] Morales, 1978:95; Moreno, 1978: 14.

ron deterioros a consecuencia del sismo. Sobre este cuartel únicamente se informa acerca de daños en los puentes de San Antonio Tomatlán y de San Marcos. La descripción de estos puentes aparece en un expediente aislado, cuyo autor y procedencia no se especifica. Estos puentes aparecen indicados en el plano núm.1.

Cuartel Mayor VIII

Se encontraba al sur de la Alameda y tenía una elevada concentración de habitantes que en su mayoría vivían en cuartos de vecindad y en jacales. El valor medio por metro cuadrado fue notablemente bajo: oscilaba entre 0.20 centavos y 11 pesos.[490] También existían algunos comercios como zapaterías, panaderías, tiendas de pulpería y tendajones. El encargado del cuartel fue el alcalde Francisco Ortiz Castro, quien elaboró el informe correspondiente.

Entre los edificios públicos afectados se encontraron el colegio de San Juan de Letrán y el Hospital Real de Naturales. En este último, solo se registraron daños en el cerramiento de la puerta, varias cuarteaduras en el interior del edificio y la caída del corredor del primer patio. El encargado de llevar a cabo las reparaciones necesarias fue el conocido arquitecto Ignacio Castera, quien, como ya vimos, fue uno de los urbanistas más destacados del periodo borbónico.

El arquitecto informó que en dos casas particulares se reportaron daños de consideración; la primera marcada con el número 7, ubicada junto al convento de *Corpus Christi*, estaba completamente en ruinas, y la otra marcada con el número 1A, localizada en el puente de San Francisco, cuyo cerramiento de la puerta se dañó. El sismo también dañó la esquina de la parte trasera de una casa de panadería perteneciente a Clemente Ortega, quien fuera dueño de una panadería en la Ciudad de México por más de 30 años, y propietario de la finca que albergaba dicho comercio ubicada en el Puente del Santísimo.[491]

Por último, se informó sobre daños materiales en algunas casas del barrio indígena de Tarasquillo, ubicado en la parte central y norte del cuartel. En este barrio resultaron afectadas la casa número 6, propiedad del convento de San Juan de Dios, en donde se encontró ruina total en tres cuartos interiores "tanto por la materia del adobe viejo de que se componen, como por estar la madera de sus techos muy apolillada".[492]

Como se puede apreciar, este cuartel, al igual que el anterior, fue uno de los menos afectados, aunque hay que considerar que para ambos no se cuenta con información de ninguno de los cuatro cuarteles menores. Esta ausencia de información puede obedecer a que se trató de áreas en donde no había edificios públicos de importancia, además de que ahí residían sectores pobres de la ciudad. Es posible que debido a estas características, los alcaldes y peritos encargados de la reconstrucción no mostraron mayor interés en los daños materiales y en la situación que reinaba en estos luga-

[490] Castilleja 1978:44; González Angulo 1978:28.

[491] García Acosta, 1989: Apéndice III: Directorio de Dueños de Panadería.

[492] AGN, *Obras públicas,* v.6, e.15, ff.321-324; AHDF, *Historia-Temblores*, v.2287, e.4-12.

res a raíz del sismo. De cualquier forma, sí les preocupó el estado de los arcos que abastecían de agua a la ciudad y que se encontraban precisamente en dicho cuartel, como los de Santa Fe y Chapultepec. En el primero se rompieron 80 arcos de su estructura,[493] mientras que en la de Chapultepec:

> [se abrieron] 79 arcos y [se desprendió] la clave de muchos más, se arruinó y cayó la reposadera del que está en el puente de Belén y se está supliendo su falta con canoas que se habilitaron para poder dar abasto el día siguiente [...][494]

Por fortuna, la provisión de agua proveniente de estos acueductos se restableció el mismo día del temblor. En contraste, la reparación de los edificios públicos y casas particulares dañados por el sismo llevó más tiempo, quizá meses y hasta años.

Un balance general sobre las áreas e inmuebles afectados por el temblor del 8 de marzo de 1800, recordado como el "temblor de San Juan de Dios", permite hacer las siguientes consideraciones. Primero, en el plano núm. 1 se observa que la zona más afectada estaba en el corazón de la capital virreinal, particularmente en los sectores norte, sur y suroeste de la catedral que pertenecían a los cuarteles mayores II, III y IV. En menor proporción y en orden decreciente, estaban los cuarteles I, VIII, V y VI, en donde se reporta información diversa: desde edificios en ruina y caídas de bardas hasta cuarteaduras leves y graves en edificios públicos y casas de particulares, así como daños en arcos y atarjeas. Segundo, del conjunto de informes disponibles llama la atención que el mayor número de datos y descripciones detalladas corresponden a los cuarteles I, II, III y IV, que eran las zonas en donde se concentraba más población y en donde se hallaban las edificaciones religiosas y civiles más notables de la ciudad. De ahí la gran dedicación que mostraron los alcaldes y peritos en la elaboración de sus informes.

Vale la pena destacar las características de estos informes. Como se aprecia, se trata de reportes elaborados por gente experta, como arquitectos y peritos. El punto de vista de estos especialistas permite conocer con lujo de detalle los diversos daños provocados por este sismo en la Ciudad de México, ya que no sólo se indica el área de afectación general sino también aparecen descripciones minuciosas sobre cuarteaduras graves, leves y daños severos en estructuras. Sin duda, este tipo de informes es producto indirecto de la gran reforma urbana de los borbones, que estaba interesada en mejorar la fisonomía de la ciudad y, en ocasión de un sismo, en restablecer con mayor prontitud el orden y la reconstrucción material.

Respuesta social e intervención de las autoridades civiles y religiosas

La respuesta del gobierno y de la sociedad ante el sismo de 1800 fue resultado en gran medida de la política ilustrada, que significó un cambio en la

[493] AHDF, *Historia. Temblores*, vol. 2287, exp. 12, f. 79.
[494] AHDF, *Historia. Temblores*, vol. 2287, exp. 12, f. 61-64.

manera de explicar y prevenir estos fenómenos de la naturaleza. Las concepciones divinas sobre el origen de los sismos, así como de las epidemias y de otros eventos naturales (sequías, heladas, inundaciones) fueron reemplazadas por explicaciones naturalistas y respuestas de carácter más práctico. En este orden de ideas modernizadoras, las grandes manifestaciones religiosas del barroco, como las procesiones, novenarios y misas, fueron limitadas y sujetas a diversas reglamentaciones con el objeto de eliminar algunas de sus características festivas y multitudinarias.[495] Un ejemplo de este tipo de actividades públicas eran las conocidas procesiones a San José que, como señala García Acosta, era uno de los santos más socorridos cuando ocurrían temblores.[496] Así, el 26 de enero de 1757 se sintió un temblor en la Ciudad de México, por lo que esa misma tarde salió:

> Un ostentoso y lúcido rosario del gloriosísimo patriarca señor San José, jurado patrón de esta ciudad, para que nos liberte de los temblores, componiéndose de más de 400 personas, así de los gremios, comercio, nobleza y clero, con velas, cirios y hachas de cera de Castilla, la música de los más diestros [...] fue la concurrencia numerosísima.

La descripción, que proviene del *Diario de sucesos notables* escrito por José Manuel de Castro Santa-Anna, abunda en datos sobre el arreglo del santo "ricamente aderezado bajo de palio", y relata el recorrido que siguió la procesión, el cual generalmente seguía el trazado para las procesiones del *Corpus Christi:*

> salió por la puerta del costado, que mira a la calle del Relox, tomó luego la de Santa Teresa, Arzobispado, Real Palacio, plazuela del Volador, calles de San Bernardo, Capuchinas, Espírtu Santo, Profesa, San Francisco, Vergara, Santa Clara, Tacuba, Empedradillo, entrando en dicha Santa Iglesia por la puerta del costado que mira al palacio del Marqués del Valle; gastaron en esta devota procesión cinco horas [...][497]

Las procesiones recorrían las calles más importantes de la ciudad. La iglesia, el gobierno civil, las corporaciones religiosas, los gremios, los indios, los comerciantes y los diversos sectores sociales participaban entusiasta y activamente en el desarrollo de estas manifestaciones públicas. El espacio público, como las calles, las plazas y las iglesias eran compartidas por todos estos grupos. La reforma ilustrada limitó el uso de esos espacios y la realización multitudinaria de estos actos religiosos que, en lugar de servir a la devoción, generaban desórdenes sociales y cuando se manifestaban epidemias contribuían a diseminar el contagio. Es posible que este espíritu reformista explique la ausencia de referencias sobre procesiones y de otro tipo de actos religiosos al manifestarse el sismo de 1800. De cierto modo, esta falta de información se confirma en el propio catálogo histórico de sismos, ya que de 1787 a 1820 no aparecen datos sobre procesiones

[495] Sobre estas reglamentaciones ilustradas a las actividades públicas, véase Viqueira, 1987 y Vásquez Melendez, 1999.
[496] Véase capítulo tercero de este volumen.
[497] En García Acosta y Suárez Reynoso, 1996: 131-132.

realizadas a raíz de la presencia de este tipo de amenazas naturales y de la ocurrencia de desastres.[498] ¿Hasta qué punto estos vacíos de información fueron consecuencia de la reforma ilustrada? Este es un asunto que merece un análisis más profundo.

De cualquier forma, el estudio del sismo de 1800 destaca la respuesta de las autoridades civiles, principalmente del virrey Miguel José de Azanza, quien gobernó Nueva España del 31 de mayo de 1798 al 30 de abril de 1800.[499] Aún cuando estaba por concluir su mandato, actuó de manera inmediata al presentarse el fenómeno. Según Castillo Negrete, Azanza gozó de gran popularidad debido a que "dictó providencias oportunas en aquellos momentos, y personalmente auxilió en cuanto pudo a los necesitados. Su trato afable le atrajo las simpatías en general de todos."[500] De este modo, su participación en auxilio de los damnificados fue valorada, lo que debió dar una imagen positiva a sus acciones. Seguramente Azanza se empeñó en demostrar su buena voluntad en vísperas de finalizar su gobierno.[501]

Entre las medidas decretadas por el virrey Azanza figura un bando que prohibe la circulación de coches por las calles y plazas, con el fin de evitar el derrumbe de los inmuebles afectados. Ordenó realizar un reconocimiento de la ciudad para reparar los daños en acueductos y edificios reales, considerando que eran las edificaciones que ameritaban la más urgente reconstrucción.[502]

La respuesta del gobierno civil también se expresaba en las acciones de los alcaldes de cuartel y jueces de policia que, como ya vimos, llevaron a cabo las inspecciones y rindieron informes detallados sobre el estado de las construcciones. Tiempo después del sismo, estos individuos continuaron preocupados por el notable deterioro de algunas construcciones, sobre todo de aquéllas cuyos dueños hicieron caso omiso de sus recomendaciones. Esta falta de interés se muestra en algunas referencias que, como la siguiente, aparecieron reiteradamente a partir del 28 de marzo de 1800:

> Se acordó que sacándose testimonio de las ruinas respectivas a cada cuartel, se notifique a las personas que no hubiese cumplido lo pactado respecto a su reparo, que dentro del tercer día lo ejecute, satisfaciendo por su omisión los

[498] La última referencia del siglo XVIII sobre una procesión por un sismo aparece en abril de 1787, cuando en la Ciudad de México se llevó a cabo una novena a San José en la iglesia de la Profesa, con el objeto de mitigar los temblores y la destrucción que había padecido la ciudad de Oaxaca. Este tipo de datos no vuelven a aparecer sino hasta 1820, cuando en mayo de ese año en Chilapa, Guerrero, se realizaron procesiones de sangre y misas de rogación en el cementerio "implorando la divina misericordia" (Véase García Acosta y Suárez Reynoso, 1996: 162-213, así como el capítulo núm. 3 del presente volumen).

[499] En mayo de 1800 fue nombrado virrey de Nueva España Félix Berenguer de Marquina, quien se mantendría en el cargo hasta el 4 de enero de 1803.

[500] Castillo 1875,I:39.

[501] De nada valieron las buenas acciones de este virrey, pues con el tiempo su mandato no resultó muy bien valorado. Por lo menos así parece confirmarlo un expediente inventariado pero inexistente en el ramo *Historia* del AGN (lo reportaron "perdido"), que está fechado en 1809 y se titula "Sobre quemar retratos de Azanza y quitar su nombre a una calzada, por traidor" (AGN, *Historia*, vol. 282, exp. 11).

[502] AGN, *Correspondencia de Virreyes*, vol. 201, f .93.

costos del testimonio y diligencias que se practique, apercibido de que no haciéndolo en el expresado término, lo ejecute el maestro mayor del distrito de cuenta de los arrendamientos.[503]

En los alcaldes de cuartel recayó la responsabilidad de normalizar la situación de la ciudad. En las labores de reconstrucción, estos oficiales recibieron el apoyo de los maestros de arquitectura, quienes debían ser egresados de la escuela de San Carlos, institución que fue símbolo de la época ilustrada. Ya se mencionó que entre estos arquitectos destacaron Manuel Tolsá, Ignacio Castera y Antonio Velázquez. El primero, valenciano, llegó a Nueva España como director de escultura de la recién creada Academia de San Carlos en 1791, mientras Castera fue un destacado urbanista desde el periodo de Revillagigedo.[504] Tolsá, Castera y Velázquez construyeron numerosos edificios públicos y religiosos en distintos lugares del territorio novohispano. Al manifestarse el sismo de 1800, Castera fue comisionado para elaborar un presupuesto general de reconstrucción del Real Palacio y del Hospital Real de Naturales.[505] Por su parte, Velázquez, director de arquitectura de la Academia de San Carlos, realizó un reconocimiento pormenorizado en el Hospital de Jesús, rindiendo el informe ya referido.[506]

Manuel Tolsá. Óleo de Rafael Jimeno y Planes (*ca.* 1795)

Uno de los problemas principales que preocupó a las autoridades fue frenar el alza inmoderada de los precios de los materiales de construcción. Seguramente la gran demanda de estos materiales para reparar las numerosas estructuras dañadas había generado la tendencia alcista. Al respecto, se dispone de un documento fechado casi un mes después del sismo:

> con motivo de las obras que hay que hacer con urgencia en los edificios de esta capital por resultas de los daños que ocasionó el terremoto del día 8, pueden experimentar una subida extraordinaria los precios de los materiales [...][507]

De este modo, el maestro mayor de obras, Castera, solicitó al diputado de policía su opinión acerca de que si era conveniente o no "establecer por ahora una tarifa o tasa en dichos precios y si sería equitativa y justa la que me han propuesto". En el documento citado antes aparece una lista con los precios de los materiales más usuales, tales como arena, cal, piedra, duna, tezontle, recinto, piedra negra, cantería, chiluca, lozas de mayorca y de madera. Los precios de estos materiales se habían mantenido sin grandes alteraciones. En este sen-

[503] AHDF, *Historia. Temblores*, vol. 2287, exp. 3-5,7,9,10.
[504] Hernández, 1997.
[505] AGN, *Obras Públicas*, vol. 24, exp. 16, f. 207-276.
[506] AGN, *Hospital de Jesús*, leg. 57, exp. 8, en: Báez 1982:73.
[507] AGN, *Obras Públicas*, vol. 10, exp. 5, f. 94.

tido, se desató una discusión entre Castera y los fiscales encargados de regular los precios. Un fiscal de lo civil consideró que existía un gran peligro si se tasaba el precio de estos materiales, debido a que podía desalentar su venta por parte de los introductores, quienes retirarían sus productos del mercado, "faltando éstos enteramente, lo que sería peor que el comprarlos a precios más altos". Como ya se dijo, este tipo de consideraciones fueron comunes en una época en la cual las ideas sobre la libertad de comercio estaban muy en boga; por ejemplo, en el caso del abasto de alimentos estas concepciones se concretaron bajo la máxima de "que haya, aunque sea caro". En ocasión del sismo de 1800, las autoridades temían que el control de precios fomentara la especulación de los materiales, lo cual incluso afectaría a quienes "no necesitan hacer obras de reparos ocasionados por el temblor sino por otros motivos". Así pues, el consenso al que se llegó fue de no

> poner aquella tasa y dejando las cosas en el natural estado de libertad importantísima en los comercios y tratos, que no menos se recomienda por las leyes, aunque por los primeos días se sufriera la carestía o exceso del precio, después esto mismo atraería la abundancia de los introductores y de los efectos a que seguiría la comodidad en sus valores.[508]

Por desgracia, se desconoce si finalmente los precios de los materiales de construcción se elevaron o no. Sin embargo, este tipo de testimonios resulta muy aleccionador con respecto a las ideas y reformas sobre libre comercio impuestas por los Borbones. Del mismo modo, refleja el pensamiento de la época, en el sentido que subraya el hecho importante de la existencia de materiales para reconstruir la ciudad, aunque fuera a precios altos. Al parecer, el alza en los precios no llegó a ser alarmante, a pesar de la constante preocupación por parte de las autoridades referentes a que un encarecimiento de los materiales agravara la situación en la ciudad.

En el mismo sentido aparece la petición de algunas corporaciones religiosas que solicitaron al virrey la exención de impuestos para la reconstrucción de sus propiedades. Tal fue el caso de las monjas del convento de la Enseñanza,[509] sobre cuya petición se ignora si fue tomada en cuenta. Fuera de la esfera gubernamental, se sabe muy poco acerca de la respuesta del conjunto de la sociedad ante el sismo. Sólo se cuenta con una mención aislada sobre "personas caritativas" que brindaron ayuda en la reconstrucción del Hospital de los Desamparados de la Orden de San Juan de Dios, recinto "tan necesario para los pobres enfermos".[510] Este tipo de colaboraciones altruistas en conventos, hospitales, iglesias eran muy comúnes en la época, por lo que debieron proliferar a raíz del sismo.

[508] AGN, *Obras Públicas*, vol. 10, exp. 5, f. 102.
[509] AGN, *Templos y Conventos*, vol. 28, exp. 7, f. 219.
[510] Santiago 1959:77.

Reflexiones finales

Uno de los aspectos que llama la atención es la ausencia de información sobre los efectos de este sismo fuera de la capital del virreinato. A pesar de haber sido uno de los más intensos del periodo colonial, existen datos muy aislados y parcos en torno al impacto de este temblor en otras localidades, como Veracruz, Puebla y Oaxaca, en donde debió causar numerosos desperfectos. Este desbalance obedece también a los escasos periódicos que circulaban en aquellos años. Como veremos en el siguiente estudio de caso, la edición periódica de estos medios impresos permitía conocer a unos cuantos días del evento el alcance geográfico de estos fenómenos de la naturaleza. Sin duda, los periódicos y boletines científicos marcaron otra etapa en el conocimiento de los sismos en el pasado, los cuales, al igual que en el presente, han dejado profundas huellas en los edificios y seguramente en la memoria de los habitantes que vivimos en esta gran ciudad.

Iglesia de la Santa Veracruz Dibujo a lápiz de Fernando Pereznieto Castro, 1972.

Otro aspecto que debe resaltarse es que la respuesta ante el sismo de marzo de 1800 se inscribe en la etapa de la gran reforma urbana del periodo borbónico. No es casualidad que sobre este evento en particular se disponga de un gran número de reportes e informes detallados, elaborados por personajes comprometidos con la idea de transformar a la ciudad en un espacio más ordenado, agradable y funcional. Puede pensarse que este sismo significó un cambio importante en la manera en cómo el gobierno debía registrar y reparar los daños materiales provocados por estos fenómenos. Estos informes pormenorizados reflejaban nuevas formas de participación de individuos y expertos, a quienes se les encomendó las labores de reconstrucción. Un ejemplo del papel desempeñado por estos personajes fueron los alcaldes de cuartel y de la Junta de Policía, cuyas acciones figurarán en ocasión de otros sismos severos del siglo XIX, como veremos claramente en el siguiente estudio de caso.

Relación de edificios públicos y puentes afectados en la Ciudad de México por el sistema de 1800 división por cuarteles mayores

CUARTEL MAYOR I:
1. Iglesia de la Profesa
2. Iglesia de Santa Clara
3. Convento de Santo Domingo

CUARTEL MAYOR II:
4. Convento de San Francisco
5. Convento de San Agustín
6. Convento del Espíritu Santo
7. Colegio de Vizcaínas
8. Colegio de Niñas

CUARTEL MAYOR III:
9. Real Pontificia Universidad
10. Casa de Moneda
11. Real Cárcel de Corte
12. Hospital de Jesús Nazareno
— Puente de Balvanera
— Puente de San Antonio Abad

CUARTEL MAYOR IV:
13. Real Aduana
14. Edificio de la Inquisición
15. Convento de la Enseñanza
16. Convento de Santa Inés
17. Colegio de San Gregorio
18. Edificio del Real Apartado
19. Parroquia de Santa Catarina Mártir
20. Real Palacio
21. Palacio Arzobispal
22. Convento de la Encarnación
— Puente de Cantaritos
— Puente de San Sebastián el Cuervo

CUARTEL MAYOR V:
— Puente de Santiaguito
— Puente de Curtidores
— Puente de San Lázaro
— Puente de la Espalda de Santa Cruz
— Puente de la Alhondiguita de San Pedro
— Puente de las Vacas

— Puente de Santa Cruz
— Puente de Santa Ifigenia
— Puente de la Leña
— Puente de la Merced
— Puente Colorada
— Puente del Blanquillo
— Puente de San Pablo
— Puente de Pipis
— Puente de la Alamedita "que va a la pulquería"
— Puente de Solana

CUARTEL MAYOR VI:
23. Convento de San Hipólito
24. Parroquia de la Santa Veracruz
25. Hospital de San Juan de Dios

CUARTEL MAYOR VII
— Puente de San Antonio Tomatlán
— Puente de San Marcos

CUARTEL MAYOR VIII:
26. Hospital Real de Naturales
27. Colegio de San Juan de Letrán
— Puente del Santísimo

Fuentes y bibliografía

Fondos documentales:

Archivo Histórico del Distrito Federal (AHDF)
Historia. Temblores 1768-1858
Puentes
Archivo General de la Nación (AGN)
Correspondencia de virreyes
Hospital de Jesús
Obras Públicas
Templos y Conventos

Fuentes hemerográficas:

El Siglo Diez y Nueve, 1858
Diario Oficial, 1869

Fuentes impresas y bibliografía:

BÁEZ, EDUARDO
1982 *El edificio del Hospital de Jesús. Historia y documentos sobre su construcción,* UNAM, México.

BOLETÍN DEL MUSEO NACIONAL DE ANTROPOLOGÍA
1932 "Edificios públicos, casas coloniales, iglesias, ex-conventos, monumentos arqueológicos, y sitios pintorescos de interés para el turista en el valle de México", en: *Boletín del Museo Nacional de Antropología*, 5ª. época, t. I-38, 222-225.

BUSTAMANTE, CARLOS MARÍA
1852 *Los tres siglos en México durante el gobierno español, hasta la entrada del ejército trigarante*, obra escrita en Roma por el padre Andrés Cavo, publicada con notas y suplementos por el Lic..., Imprenta de J. R. Navarro, México.

CASTILLEJA, AÍDA
1978 "Asignación del espacio urbano: el gremio de panaderos, 1770-1793", en: *Ciudad de México: Ensayo de construcción de una historia*, Colección Científica 61, INAH, México, pp.37-47.

CASTILLO NEGRETE, EMILIO DEL
1875 *México en el siglo XIX, o sea su historia desde 1800 hasta la época presente*, Imprenta de las Escalerillas, Editor E. Neve, México, 29 vols.

DÁVALOS, MARCELA
1994 "La salud, el agua y los habitantes de la ciudad de México a fines del siglo XVIII", en: Regina Hernández, *La ciudad de México en la primera mitad del siglo XIX*, Instituto de Investigaciones Dr. José María Luis Mora, México, vol.II: 279-302.

DICCIONARIO PORRÚA

1986 *Diccionario Porrúa. Biografía y Geografía de México*, Porrúa, México, vol.II.

ENCICLOPEDIA DE MÉXICO

1987 *Enciclopedia de México*, Secretaría de Educación Pública, México, 14 vols.

FIGUEROA A., JESÚS

1963 "Historia sísmica y Estadística de temblores de la costa occidental de México", en: *Boletín Bibliográfico de Geofísica y Oceanografía Americanos,* III:103-134.

1975 *Sismicidad en Oaxaca,* Instituto de Ingeniería, UNAM, México.

FLORESCANO, ENRIQUE Y MARGARITA MENEGUS

2000 "La época de las Reformas Borbónicas y el crecimiento económico, 1750-1808", en: *Historia General de México*, El Colegio de México, México, 363-430

GALVÁN RIVERA, MARIANO

1950 *Colección de las Efemérides publicadas en el calendario del más antiguo Galván, desde su fundación hasta el 30 de junio de 1950,* Antigua Librería de Murguía, S.A., México.

GARCÍA ACOSTA, VIRGINIA

1989 *Las panaderías, sus dueños y trabajadores. Ciudad de México. Siglo XVIII,* Ediciones de la Casa Chata 24, CIESAS, México.

GARCÍA ACOSTA, VIRGINIA Y GERARDO SUÁREZ REYNOSO

1996 *Los sismos en la historia de México*, Fondo de Cultura Económica/ CIESAS/UNAM, México, vol. I.

GÓMEZ DE LA CORTINA, JOSÉ

1840 *Terremotos, Carta escrita a una señorita por el coronel D...*, Impresa por Ignacio Cumplido, México.

1859 "Observaciones sobre electromagnetismo", en: *Boletín de la Sociedad Mexicana de Geografía y Estadística*, 1a. época, VII: 53-60.

GONZALO ANGULO, JORGE

1978 "Los gremios de artesanos y la estructura urbana", en: *Ciudad de México: Ensayo de construcción de una historia,* Colección Científica 61, INAH, México, pp.25-37.

GONZALO ANGULO, JORGE Y YOLANDA TERÁN TRILLO

1976 *Planos de la ciudad de México. 1785, 1853 y 1896*, Colección Científica 4, INAH, México.

HERNÁNDEZ FRANYUTI, REGINA

1994 "Ideología, proyectos y urbanización en la ciudad de México, 1760-1850", en Regina Hernández, *La ciudad de México en la primera mitad del siglo XIX,* Instituto de Investigaciones Dr. José María Luis Mora, México,I: 116-160.

1997 *Ignacio de Castera. Arquitecto y urbanista de la Ciudad de México. 1777-1811,* Instituto de Investigaciones Dr. José María Luis Mora, México

HUMBOLDT, ALEJANDRO DE
1991 *Ensayo político sobre el Reino de la Nueva España*, Porrúa, S. A. México

IGLESIAS, M., M. BÁRCENA, Y J. I. MATUTE
1877 "Informe sobre los temblores de Jalisco y la erupción del volcán del Ceboruco, presentado al Ministerio de Fomento", en *Anales del Ministerios de Fomento*, I:115-204.

KLEIN, HERBERT
1985 "La economía de la Nueva España, 1680-1809: un análisis a partir de las cajas reales", *Historia Mexicana*, XXXIV: 4:561-609.

LIRA ANDRÉS
1983 *Comunidades indígenas frente a la ciudad de México*, El Colegio de México/El Colegio de Michoacán, México.

LOMBARDO DE RUIZ, SONIA
1978 "Ideas y proyectos urbanísticos de la ciudad de México. 1788-1850", en: *Ciudad de México: Ensayo de construcción de una historia,* Alejandra Moreno, comp., Colección Científica 61, INAH, México, pp. 169-189.

LÓPEZ DE VILLASEÑOR, PEDRO
1961 [1781] *Cartilla vieja de la nobilísima ciudad de Puebla,* Colección Estudios y Fuentes del Arte en México, Instituto de Investigaciones Estéticas, UNAM, México.

LÓPEZ MONJARDÍN, ADRIANA
1978 "El espacio de la producción: Ciudad de México, 1850", en: *Ciudad de México: Ensayo de construcción de una historia,* Colección Científica 61, INAH, México, pp. 56-70.

MARTÍNEZ GRACIDA, MANUEL
1890 "Catálogo de Terremotos desde 1507 hasta 1885", en: *Cuadro Sinóptico, Geográfico y Estadístico de Oaxaca*, s.p.i.

MOLINA DEL VILLAR, AMÉRICA
1990 *Junio de 1858: temblor, iglesia y Estado. Hacia una historia social de las catástrofes en la ciudad de México*, tesis de licenciatura en Etnohistoria, ENAH, México.

MORALES, MARÍA DOLORES
1978 "Estructura urbana y distribución de la propiedad en la ciudad de México, 1813", en: *Ciudad de México: Ensayo de construcción de una historia*, Colección Científica 61, INAH, México, pp. 71-97.

MORENO TOSCANO, ALEJANDRA
1978 "Introducción. Un ensayo de Historia Urbana", en *Ciudad de México. Ensayo de construcción de una historia,* Colección Científica núm. 61, INAH, México, pp. 2-24.

MURIEL, JOSEFINA
1960 *Hospitales de la Nueva España*, Ed. Jus, México, vol. II.

NACIF, JORGE

1986 *La Policía en la Historia de la ciudad de México (1524-1928)*, Socicultur, México.

OROZCO Y BERRA, MANUEL

1973 *Historia de la ciudad de México, desde su fundación hasta 1854*, Colección *Sepsetentas* núm. 112, México.

PAZ, IRENEO

1875 *Primer almanaque del padre Covos para 1875*, Imprenta "Padre Covos", México.

PAZOS, MARÍA LUISA JULIA

1981 *Guía de las Actas de Cabildo de la ciudad de México, 1765-1775*, Tesis de Historia, Universidad Iberoamericana, México.

PEREZNIETO CASTRO, FERNANDO

1972 *Apuntes de la ciudad de México*, presentación de Salvador Novo, cronista de la ciudad, Ed. Joaquín Mortíz, México.

SANTIAGO CRUZ, FRANCISCO

1959 *Los hospitales de México y la caridad de don Benito*, Editorial Jus, México.

SEDANO, FRANCISCO

1880 *Noticias de México, recogidas por... desde el año de 1756, coordinadas, escritas de nuevo, y puestas por orden alfabético en 1800*, vol. II, con notas y apéndices del Presbítero V. de P.A., Edición de la "Voz de México", Imprenta de J.R. Barbedillo y C.A., México.

SUÁREZ GERARDO Y ZENÓN JIMÉNEZ

1988 *Sismos en la ciudad de México y el terremoto del 19 de septiembre de 1985*, Cuadernos del Instituto de Geofísica 2, UNAM, México.

VASQUEZ MELENDEZ, MIGUEL ÁNGEL

1999 *Los espacios recreativos dentro de la reforma urbana de la ciudad de México, durante la segunda mitad del siglo XVIII*, tesis de doctorado en historia, El Colegio de México, México.

VIQUEIRA, JUAN PEDRO

1987 *¿Relajados o reprimidos? Diversiones públicas y vida social en la ciudad de México durante el siglo de las luces*, Fondo de Cultura Económica, México.

VIANA, FRANCISCO LEANDRO DE

1982 *Reglamento para precaver y extinguir en México los incendios de sus casas y edificios públicos*, Aseguradora Mexicana, S.A., México.

WAITZ, PAUL

1920 "El volcán del Jorullo (calendario de Momo y de Minerva para el año de 1859, México 1858)", en: *Memorias de la Sociedad Científica "Antonio Alzate"*, XXXVII(4-6):278-290. Geológico Mexicano, 19:83.

El sismo del 19 de junio de 1858

Dando la vuelta a la manzana entré en la residencia del Supremo Poder de la Nación. Sus numerosas grietas representaban muy bien las escisiones del cuerpo político de que es su símbolo.

El Siglo Diez y Nueve, 23 de junio de 1858

Glifo *tlalollin* o temblor de tierra. Año de 1537.

"Este año de seis casas y de 1537 se quisieron rebelar los negros en la Ciudad de México a los cuales ahorcaron los inventores de ello. Humeaba la estrella y hubo un temblor de tierra, el mayor que he visto, aunque he visto muchos por estas partes". (*Códice Telleriano-Remensis*, folio 45r).

Esta ilustración muestra el cuadrete cronológico seis casa y lazos gráficos que lo unen, por un lado, con la representación de un negro en la horca y, por otro, con un eclipse de luna que en la glosa se lee como una estrella humeante, y un *tlalollin* con el "ojo de la noche" al centro de *ollin*, que significa que el temblor fue nocturnos, y *tlalli* con dos franjas. Según Fuentes (1987: 188) la "lectura pictográfica sería: en el año 6 casa hubo un temblor de tierra durante la noche".

El sismo del 19 de junio de 1858[511]

América Molina del Villar

El sismo del 19 de junio de 1858 es considerado por los especialistas como uno de los más intensos que sufrió México durante el siglo XIX. Este sismo estremeció a una zona muy extensa del occidente del país y fue violento en su capital. Las interpretaciones científicas actuales sugieren que éste y el de 1845 fueron los sismos que afectaron más seriamente a la Ciudad de México en ese siglo. Según las estimaciones contemporáneas, basadas en la interpretación de las fuentes históricas, el sismo de 1858 alcanzó la magnitud de 8.0 grados en la escala de Richter.[512]

Documentos y fuentes consultadas

Para el estudio de ese sismo se dispone de un número significativo de fuentes que, de acuerdo a las características de la información que ofrecen, pueden agruparse en primarias y secundarias. La primaria proviene de documentos de archivo, hemeroteca y algunas fuentes impresas. En relación a la información de tipo secundario, sólo se cuenta con un libro de fines del siglo XIX, escrito por un estudioso de los sismos históricos. A continuación haremos mención de cada una de estas fuentes, y del tipo de referencias que aportaron material para nuestra investigación.

La consulta de algunos ramos del Archivo Histórico de la Ciudad de México (AHDF), como el de *Historia-Temblores*, *Fincas y edificios ruinosos* y *las Actas de Cabildo*, proporcionó datos sobre las acciones que llevaron a cabo las autoridades de gobierno de la ciudad para afrontar el estado de emergencia generado por el sismo. Así también a través del ramo *Historia-Temblores* pudieron reconstruirse las zonas con daños materiales. Las he-

[511] Este estudio de caso constituye una parte de la tesis de licenciatura en etnohistoria, presentada por la autora con el título de: "Junio de 1858: temblor, iglesia y estado. Hacia una historia de las catástrofes en la ciudad de México", Escuela Nacional de Antropología e Historia, México,1990. Agradezco a los compañeros del área de Etnohistoria del CIESAS que discutieron revisiones anteriores, particularmente a Juan Manuel Pérez Zevallos, Hildeberto Martínez, Carlos Paredes y Antonio Escobar, así como a los responsables y personal del Archivo Histórico "Manuel Castañeda Ramírez" y del Archivo Parroquial de Pátzcuaro.

[512] Bravo, Suárez y Zúñiga 1988:62.

merografías refieren a dos periódicos editados en la capital, *El Siglo Diez y Nueve*, y el *Diario Oficial*, que publicaron noticias sobre otras ciudades en virtud del sismo. Gracias a estas notas periodísticas se conoce la hora, dirección e intensidad en los distintos lugares donde se manifestó. Sin embargo, cabe señalar que la información no fue tan abundante y detallada como la disponible para la Ciudad de México.

Por lo que se refiere al resto del país, resultó de gran utilidad la consulta de archivos en las ciudades de Morelia y Pátzcuaro, lugares severamente afectadas por el sismo. En Morelia, las *Actas de Cabildo* de la ciudad, que se hallan en el Archivo Histórico Municipal de Morelia (AHMM), aportaron detalles sobre otros lugares dañados en el estado de Michoacán y que no fueron registrados por las fuentes hemerográficas e impresas. Asimismo, en el ramo *Negocios Diversos* del Archivo Histórico "Manuel Castañeda Ramírez" (AHMCR) ubicado en Morelia, fue posible encontrar más referencias sobre otros lugares afectados. En este caso, se trata de cartas que enviaron los párrocos al Dean del Cabildo Eclesiástico de Michoacán, en las que se menciona la destrucción de templos y parroquias en diversos pueblos del estado. Se consultó el *Libro de Composturas* de la Parroquia de Pátzcuaro del Archivo Parroquial (APP), en el que se alude a su ruina, así como a los gastos erogados en su reconstrucción.

Las fuentes impresas incluyen libros de científicos, historiadores y cronistas del siglo XIX. Con respecto a la bibliografía de carácter científico se cuenta con dos trabajos: el de Juan Adorno *Memoria acerca de los terremotos*, y el de José Gómez de la Cortina *Observaciones sobre el electromagnetismo*. Ambos autores determinaron las características del sismo, su hora y dirección con base en el comportamiento del agua y la utilización de un termómetro de mercurio. En cuanto a los cronistas e historiadores que escribieron sobre el sismo, debe mencionarse a Antonio García Cubas, José Ramón Malo, Manuel Rivera Cambas y José Guadalupe Romero.[513] Los primeros tres describieron al sismo en la Ciudad de México, su hora, dirección y los daños en edificios importantes. El último, José Guadalupe Romero, señaló que el sismo había ocasionado daños materiales en Pátzcuaro y Charo. Por lo que respecta al sismo en Michoacán también se dispone de un artículo denominado "El volcán del Jorullo (Calendario de Momo y de Minerva para el año de 1859)", cuya primera edición apareció en dicho calendario en 1858. Esta fuente, que constituye un testimonio relevante sobre la actividad del volcán del Jorullo, proporcionó datos sobre el número de muertos ocasionados por el terremoto estudiado en este trabajo.[514] La información secundaria proviene de un trabajo sobre la historia sísmica del país. El estudio al que nos referimos es el de Juan Orozco y Berra, quien en su famoso catálogo de "Efemérides seísmicas mexicanas" nos informó sobre la extensión geográfica del sismo de 1858, especificando

[513] Véase bibliografía al final de este capítulo.

[514] En 1920 este artículo fue publicado por Paul Waitz, en las *Memorias de la Sociedad Científica* Antonio Alzate, quien lo consideró un documento de interés sobre la erupción del volcán de Jorullo. Además al final del *Calendario* se incluye una lista de los principales terremotos entre 1800 y 1858 (véase Waitz 1920).

la hora, dirección e intensidad en cada uno de los lugares en donde se manifestó.

Al hacer un balance sobre la documentación disponible se encontró que el grueso de la información provino de fuentes primarias. A pesar de que la mayor parte de éstas se refieren a la Ciudad de México, la confrontación de fuentes hemerográficas y de archivos michoacanos permitieron enriquecer las primeras referencias sobre lo ocurrido en otros lugares del país.

Contexto histórico

Al ocurrir este sismo, el país y en particular la Ciudad de México, atravesaban por una crítica situación político-militar. A principios de 1858 dio inicio la Guerra de Reforma en la que dos grupos políticos antagónicos, liberales y conservadores, se disputaban el poder. En enero de ese año, los conservadores encabezados por el general Félix Zuloaga, obligaron a los liberales a abandonar la ciudad. Aquéllos se dieron a la tarea de acabar con el programa político del gobierno liberal, la Constitución de 1857. Los liberales derrotados se dirigieron a Veracruz, lugar en donde instalaron la silla presidencial. Hacia junio de 1858 había entonces no sólo una guerra civil en México, sino que coexistían dos gobiernos nacionales en el país, uno de carácter conservador en la capital y otro liberal en Veracruz.[515]

En la capital de México los estragos de la ocupación y la lucha militar dejaron sus huellas: el día 11 de enero de 1858 "amaneció en alarma la ciudad [...] Todas las familias que han podido abandonaron la ciudad, por temor a las granadas que se dispararon de una y otra parte". [516] Al temblor político sobrevino el temblor de tierra y la ciudad se vio amenazada y abatida.

Antes de describir los daños materiales y humanos ocasionados por el sismo y con el objeto de presentar una contextualización de la situación existente, conviene mencionar de manera somera algunas características demográficas, sociales y políticas de la Ciudad de México, las cuales se hicieron evidentes en la respuesta social generada en torno a este fenómeno.

La primera mitad del siglo XIX significó para la región un largo periodo de estancamiento físico y demográfico. A los acontecimientos políticos, como intervenciones militares y golpes de estado, se sumaron innumerables epidemias que mermaron el crecimiento natural de la población.[517] De 1821 a 1870 la población de la ciudad se mantendría en torno a los 200 mil habitantes, entre los cuales sólo un porcentaje muy pequeño lograba superar el umbral de los 50 años de edad.[518] Al nulo crecimiento demográfico, hay que agregar que sus límites geográficos en 1858, se circunscribían a una superficie muy pequeña: al norte la Garita de Santiago, al oriente la de San Lázaro, al sur San Antonio Abad y la Garita

[515] González 1982:11-57; Díaz 1981:819-872.
[516] Malo 1948, II:504-508.
[517] Sobre epidemias véase: Maldonado 1974:27-50;1978:148-153; Cooper 1980.
[518] Gayón 1988:15-19; Moreno 1981:310.

ÉPOCA 3ª–AÑO XV. México.—Sábado 3 de Abril de 1875. TOMO VIII.–Núm 27

La Orquesta

PERIÓDICO OMNISCIO Y DE BUEN HUMOR.
CON CARICATURAS.

CONDICIONES.
Este periódico se publica los miércoles y sábados de cada semana.
Se expende en México en la Librería de D. Ramon Cueva, calle del Seminario núm.
En los Estados reciben suscriciones los señores corresponsales del editor.

Editor y Director,
MANUEL C. DE VILLEGAS.
Redactor,
J. R. PEREZ.
Despacho y Redaccion,
Calle Tercera de San Juan N. 6.

PRECIO DE SUSCRICION.
En la Capital, CUATRO REALES adelantados. Números sueltos, MEDIO REAL.
En los Estados, SEIS REALES adelantados, franco de porte. Números sueltos, UN REAL.
En donde no hubiere corresponsal, bastará remitir el importe de la suscricion en órdenes á favor del editor.

PRELUDIOS.

VARIACIONES A TODA ORQUESTA.

La educacion, como muchas cosas, es algo de que todo el mundo habla y de la cual muy pocos tienen ideas.

Si se trata de educar á una mujer, se cree haber hecho lo bastante con enseñarle la lectura, y á escribir sus *garabatos* de forma *inglesa*, y á *zurcir* algo con la aguja, y á. . . . . etc., etc., etc.

Con esto, y un poco de Ripalda y Fleury por un lado, y saber unas cuantas frases en frances, y á sumar, restar, multiplicar y partir, y algo mas que por sabido se calla, ya tienen ustedes á una *fembra* hecha y *derecha*.

Suelen *salir* algunas «*magnificas*» con su tintura de doctrina cristiana: su tintura de moral teórica; sus *óleos* de erudicion civil, pagana, etc. . . .

Niñas conocemos, que jamas llegarán al mérito de sus *dechados*. . .

Que os ejecutarán una pieza de Roberto ó de *hugonotes* al piano y á las mil maravillas; pero que difícilmente llegarian á representar en el mundo real el papel de una Alicia.

Que brillarán dos ó tres horas en un salon, al lado de un piano ó de un calavera decente, pero que llegado el caso de brillar en el hogar doméstico, se verian en apuros.

La educacion actual, es como las vistas de los teatros: *tienen* todo su efecto hácia el espectador.

¡Pura apariencia!

Vayan ustedes á buscar fondo, y no habrá sonda que lo alcance.

Todo el mundo parece haber reñido con lo sólido.

Hoy se enseña y se aprende lo que se cree muy estrictamente necesario, no para tener mérito, sino para aparentarlo.

Una niña, lo que necesita, es: no precisamente tener mérito, sino aparentarlo.

En esta época *de transicion*, lo que todo el mundo busca, es, no precisamente valer, sino pasar.

Cuando una muchacha está *pasable*, ya no tiene otra cosa que *estar*.

Poco importa que se ignore todo, como de todo se tenga una ligera idea.

La moral y la virtud están hoy á disposicion del bello sexo, en pequeños catecismos y en pésimos ejemplos.

Por la mañana el sermon, por la noche el equívoco zarzuelero, etc.

¡Dos escenarios! Por la mañana, á llenar la fuente, y por la noche á agotarla.

En esto sentido, tienen ustedes á nuestra juventud femenina consagrada á la tarea de las Danaides.

Busquen ustedes algo sólido, y se encontrarán con líquidos y aun con *aeriformes*.

Entre un predicador y un tenor se forman hoy los sentimientos femeninos.

La aerostacion ha tenido una aplicacion felicísima á la moral.

La moral anda á muchos millares de toesas sobre el nivel de. . . . nuestro suelo.

La moral es hoy un aparato que nadie sabe adónde se aplica.

Se habla mucho bien y se hace mucho mal.

Estamos indigestos y hasta congestionados de puras teorías.

Todo el mundo quiere que todo el mundo sea un santo, y es un diablo todo el mundo.

¿No tienen ustedes por ahí una coleccion de modelos de honor y de virtud?

Hoy se habla largamente de virtud y de honor, de moderacion y de espartanismo, entre dos botellas y entre dos Cleopatras. . . .

La moral y la virtud, la circunspeccion y el honor, son un par de pares magníficos: un sublime cuaterno de IDEAS: la práctica, es muy difícil.

¡Predicar moral desde la desmoralizacion! ¡Hablar de honor desde la afrenta!

Tº 8º LA ORQUESTA Nº 27

PRESIDENCI
LA CONSTITUCION DE 1857
CONSTITUCION

—Ministerio: ¡Mirad como vienen hollando la Constitucion!
—Oposicion: "Lo tuyo me dices Pancho narices."

HEMEROTECA NACIONAL
MEXICO

"Caricatura de la Constitución de 1857" periódico *La Orquesta*, 3 de abril de 1875.

ÉPOCA 3ª—AÑO XV. ¡MÉXICO.—Sábado 9 de Enero de 1875. TOMO VIII.—Núm. 3.

PERIÓDICO OMNISCIO Y DE BUEN HUMOR.
CON CARICATURAS.

CONDICIONES.
Este periódico se publica los miércoles y sábados de cada semana.
Se expende en México en la Librería de D. Ramon Cueva, calle del Seminario núm 1
En los Estados reciben suscriciones los señores corresponsales del editor.

Editor y Director,
MANUEL C. DE VILLEGAS.
Redactor,
J. R. PEREZ.
Despacho y Redaccion,
Calle Tercera de San Juan N. 6.

PRECIO DE SUSCRICION.
En la Capital, CUATRO REALES adelantados. Números sueltos, MEDIO REAL.
En los Estados, SEIS REALES adelantados, franco de porte. Números sueltos, UN REAL.
En donde no hubiere corresponsal, bastará remitir el importe de la suscricion en órdenes á favor del editor.

PRELUDIOS.

LOS MISMOS PECADOS....

—

Tiempo hace que no tenemos el tremendo espectáculo de una ejecucion de justicia, y que nuestra sociedad no se conmueve con la efusion *legal* de sangre.

Demasiado se hace sentir, sin embargo, la necesidad de las ejecuciones de justicia, pues es preciso que la justicia ejecute *algo*.

Esta *raigada* virtud que consiste en dar á cada uno lo suyo, lleva tiempo entre nosotros de no dar su merécido á la gente, y la gente hace cuanto puede por no merecer precisamente caricias de la severa diosa.

El año pasado y antepasado, etc., tuvimos en esé sentido mucho malo.

Lo seguimos teniendo.

Poca policía, y mucho á que aplicarla.

Todo el mundo delinque, pero el castigo anda muy lejos.

¡*Santa Deidad, desciende desde el cielo!*

La necesitamos un poco menos *mytho*, y un poco mas realidad.

¡Ojalá que solo hubiera pequeños faltistas, y no positivos delincuentes á que aplicarla! . . .

Nos dariamos con una piedra en los dientes. Pero los grandes criminales de ayer, se quedarán sin castigo, al tiempo mismo que no se cuida de impedir que mañana haya nuevos grandes criminales.

La República mexicana está como Cristo: crucificada entre bandidos.

Si no fuese terriblemente desatinado, sería perfectamente exacto esto: que en la República mexicana es muy cómodo ser bandido.

El oficio se explota á las mil maravillas, y con pocos inconvenientes.

Se ve que la sociedad está perfectamente en jaque por los bandidos; pero estos no lo están mucho por la sociedad.

Esta, de dos á tres años á esta parte, guarda en ese *refugium peccatorum* que se llama *Cárcel*, á una multitud de criminales que la han ultrajado mortalmente, y si el simple hecho de secuestrarlos es una pena conforme y adecuada al delito, ó mas bien dicho, á los grandes delitos y crímenes, no lo sabiamos por cierto.

La prueba es clara: los crímenes y los criminales no cesan.

Tenemos mucha fuerza pública, pero ella no basta para ponernos á salvo de los bandidos *urbanos* y de los foragidos.

Nosotros nunca hemos querido y seguimos no queriendo la muerte del pecador sino que se convierta y viva; pero queremos mas bien que viva la sociedad, que se castigue al delincuente y que se estirpe el crímen.

Pero para no tener criminales, es preciso prevenirlos.

Y para ello es de todo punto necesario empezar por evitar el simple vicio, y de esto hay muy poco cuidado.

La República disfruta del espectáculo de un festin perpetuo.

En buena hora: gozar es compatible con todo, menos con sufrir.

Pero ya no solo se goza, sino que se vive en el vicio, y esa es otra cosa. Cuando hay grande indulgencia con los grandes viciosos, ya la habrá con los grandes criminales.

Y entre unos y otros empezamos el nuevo año de gracia.

La sociedad se ve hecha una víctima de algun bandolero. Se le persigue como se puede, y se le aprehende por fin.

T.º 8.º LA ORQUESTA. N.º 3.

Los presidentes

y los criados,

cambiándoles el nombre,

todos son iguales.

Caricatura alusiva a los presidentes Juárez - Lerdo, "cambiándoles el nombre", periódico *La Orquesta*, 9 de enero de 1875.

de la Piedad, y al poniente Bucareli y San Cosme. Éstos, que actualmente corresponden a la jurisdicción de la delegación Cuauhtémoc, eran exactamente los mismos de fines del siglo XVIII.[519] Las constantes epidemias que la asolaron y la inestabilidad política constituyeron tan sólo uno de los aspectos que provocaron que "el vivir cotidiano de la ciudad se convirtiera en un estado de emergencia".[520]

Las condiciones de vida y de trabajo eran extremadamente difíciles. Era palpable una gran desigualdad social. Por ejemplo, el total de propietarios de inmuebles urbanos representaba un poco más del 1% de los habitantes capitalinos [521] ; el 50% de la población en edad de trabajar carecía de empleo fijo, y del total de la población ocupada, el 30% se empleaba en el servicio doméstico.[522]

La inestabilidad política decimonónica repercutió en la sede de los poderes nacionales. Los constantes giros del gobierno y la escasez de capitales interrumpieron la realización material de los grandes proyectos urbanos y por ello, siguió conservando durante todo este tiempo sus características coloniales. El Ayuntamiento, en constante bancarrota, se limitaba a atender las obras más indispensables, como la reparación de acueductos, atarjeas y puentes.[523] No obstante, para los pensadores, urbanistas y gobernantes de la época, la traza colonial debía modificarse. Dicho cambio fue inspirado en las ideas neoclásicas del orden y funcionalidad, en las que el concepto de belleza era equivalente a lo ordenado, lo limpio, lo bien hecho y lo funcional. Los rasgos coloniales de la ciudad debían cambiar con el objeto de favorecer una buena administración de policía y gobierno que ofreciera a los vecinos los beneficios de la comodidad y buen servicio: agua potable, comercio ordenado, drenaje eficiente, limpieza eficaz, calles bien empedradas y casas bien construidas.[524]

Estas ideas estaban inspiradas en el pensamiento de los ilustrados del siglo XVIII. Desde fines de ese siglo, el gobierno de los Borbones intentó llevar a cabo una reforma que acabara con el orden corporativo y gremial, expresado en las características urbanas de la ciudad.[525] No solamente se trataba de transformar su aspecto físico, sino impulsar un proceso de secularización de la vida en el cual imperaran los poderes de la ciencia y del Estado por encima de la fe religiosa y la fidelidad a la Iglesia. Tal proceso se fue gestando desde fines del siglo XVI, pero se hizo más evidente a raíz de la implantación de las Reformas Borbónicas. En el siglo XIX, este pensamiento continuó en el trasfondo de las luchas y contiendas políticas.[526] Como se señalará más adelante, la respuesta social ante el sismo de 1858 se

[519] Morales 1974:73; Romero 1988:7.

[520] Gayón 1988:53.

[521] Aun cuando con las leyes de desamortización de 1857 se produce una gran transformación de la propiedad, al expropiar las fincas de corporaciones civiles y eclesiásticas, la concentración de la propiedad en unas cuantas manos continuó. Muchas de las propiedades urbanas de la Iglesia fueron adquiridas por un reducido grupo de comerciantes y prestamistas (véase Gayón 1988:30-34).

[522] Moreno 1981:312-326.

[523] Lombardo 1978:179.

[524] Lombardo 1978:171-172

[525] Véase el estudio de caso elaborado por Irene Márquez en este mismo volumen.

[526] Florescano y Gil 1976:473-589; Lombardo 1978:169-189; Lira, 1983.

dio en el marco de este proceso de secularización, que se reflejó en una mayor injerencia de las autoridades civiles y de la ciencia en el manejo de la emergencia, en comparación a otros sismos del periodo colonial.

NUM. 1. MEXICO.—SABADO 7 DE NOVIEMBRE DE 1868. TOM. I.

PRECIO DE SUSCRICION EN LA CAPITAL CUATRO REALES MENSUALES ADELANTADOS. Números sueltos medio real.

LA TARANTULA

HEMEROTECA NACIONAL MEXICO

PERIODICO JOCO-SERIO Y CON CARICATURAS

EN LOS ESTADOS SEIS REALES MENSUALES ADELANTADOS Franco de porte. Números sueltos un real.

Este periódico se publica los miércoles y sábados de cada semana.—Se despacha en la librería del Sr. Aguilar y Ortiz, 1.ª calle de Santo Domingo [illegible] Viejo frente al Teatro Principal.

Las personas que quieran suscribirse en los puntos donde no se halle corresponsal, podrán hacerlo mandando su importe en sellos del correo de á [illegible]

Toda correspondencia deberá dirigirse á los editores de la *Tarántula*.

LA TARANTULA,

PERIODICO JOCO-SERIO Y CON CARICATURAS.

Este bicho picante, mordaz y venenoso, escapado de una telaraña palaciega, sale á luz de entre los escombros y *tarantines* de la idea constitucional; y vivirá, seguramente, magüer las escobas y *garrochas* de todo bicho viviente que tenga un lado flaco y vulnerable.

Nuestro animalito sale á luz levantando sus dentadas antenas como quien saluda. Si alguna vez le hubiese por acaso ocurrido la idea de pasear sus negras y velludas formas por los efímeros altares hechos escombros por la barreta de la Reforma, entonces, como hoy, se hubiera solazado á su antojo picando el talon de Aquiles.

Hoy atacará principalmente á toda figura que sea un anacronismo, y no podrá la TARANTULA respetar á cuanto se oponga á la marcha *liber*, enteramente expedita de la época que representa.

La vereis, por tanto, poner sus patitas, ya sobre el *ad majorem Dei gloriam* de los hijos de Loyola, y ya sobre la auréola de santidad que rodéa la frente del susodicho santo de Palermo, etc., etc., etc. etc.

El artículo qué sé yo cuantos de la Constitucion la pone á salvo de sustos y escobazos, y si bien se sabe que antaño hubo un San Sebastian de Aparicio que sindiese á un toro furioso con el humilde cordon del franciscano, desenidad, desenidad, que nuestra moderna sabandija será brava y tenaz, á pesar de todos los Sebastianes de este mundo; y ni el ungüento Holloway, ni la pasta Murícida que despacha Izaguirre en un rincon de Palacio, ni las píldoras Zambrano, ni nada, nada bastará para curar sus mordeduras.

Nuestra TARANTULA á pesar de serlo, no dirá que si aunque le ofrezcan mándarla tejer sus telas en un ministerio que no entiende de razones como quincenas, ni de quincenas como razones.

Morderá todo lo mordible, y dejará una línea negra como una cicatriz, verdadera huella de su paso, sobre la frente de los que son escogidos y que no debieron ser ni llamados".....—PEPE SOLORZANO.

INTRODUCCION.

PRIMER PIQUETE

Pues Señor....

Decididamente somos unos animales....

¡Ya lo habeis visto!

Solo nos falta haceros ver que somos unos animales muy duros para esto de sincerar nuestra verdadera índole.

Y en esto nos parecemos nosotros, pobres sabandijas, á aquellas que brotan de las hendiduras durante el mal tiempo.

Tememos ser aplastados á nuestra aparicion, por otros animales.

Esto es, los que se llaman racionales.

Esto es, los hombres....

Pues que nuestros hombres y nuestras cosas se parecen mucho.

Por ejemplo, en que suelen venirse encima cuando no están bien puestas, y cualquiera fuerza las deja caer.

Y hay cosas que se caen *de su peso*.

La *cosa pública* es una de ellas.

Y si no, preguntadlo á quien lo sepa [illegible]

Sea, por ejemplo, á lo que nosotros, aunque animales, llamamos como todo el mundo:

La situacion.

Esta paz octaviana de que disfrutamos merced á *nuestras cosas*.

Y merced tambien á *nuestros hombres*....

Nuestros hombres, que dicen que nuestras *cosas van bien*, y nuestras cosas que marchan como si nuestros hombres no fueran [illegible]

Pues que, ya lo sabemos, la República se halla en su periodo de *reconstruccion*.

Pero la reconstruccion de la República lleva los mismos pasos que la obra de la Catedral de Mexico.

Nosotros pretendemos tomar *la cosa*, "empezando por el principio." Quiere decir, que la *Tarántula* va á ocuparse de lo que se ocupaba la *oposicion*, cuando la oposicion se ocupaba de algo.

Por ejemplo, de serlo.

La *Tarántula*, exediendose en silencio, astuta, pero sorda; venenosa, pero justiciera, abandonará los escombros del pasado, y sus antenas apuntarán hácia el porvenir, á sus hombres y á sus cosas.

Y... ¡guay! de aquellos á quienes tienda las complicadas redes de su baba!!!

Porque la "Tarántula" va á tender redes, en donde quedarán presas muchas moscas, por mas que en sus redes no quede gran cosa en materia de *mosca*.

Para aplicar un antídoto al veneno que despida nuestro *endemoniado* bicho, no será preciso ocurrir á los récipes de D. Matías.

Vivirá, y vivirá como vivió años y años bajo la amable férula de un *mansísimo* hijo de *Nuestro Padre Jesus*.

Cuando aquello se desplomó, la "Tarántula," parda con el polvo de la catástrofe, salió *de allí* mohina, venenosa y terrible, contra esos albañiles que hoy tienen á su cargo aquello de la susodicha *reconstruccion*.

Y hoy sale y dice:

¡Qué Babilonia esta....!

Pero en fin: quiera el cielo que el monstruo y absurdo edificio que lleva hasta aquí el nombre de Reconstruccion, no se desplome al fin, envolviendo en sus escombros aquellos hombres, aquellas cosas, y sobre todo, á nuestra pobre Tarántula!

Procuraremos, pues, que viva, y vivirá magüer todo.

Vivirá con su índole iracunda y biliosa, *saturada de constitucionalismo*, intransigente, severa, formidable, con cuanto hay [illegible] que no *fuela* á Constitucion de 57.

¡Qué quereis, es así!.... Y bastase [illegible] de introduccion.

Periódico *La Tarántula*, 7 de noviembre de 1868.

Características generales del sismo[527]

El sábado 19 de junio de 1858, entre las nueve y las nueve y media de la mañana, un fuerte temblor de tierra conmovió el centro, oriente y occidente del país. En atención al santoral de este día, los científicos y cronistas de la época lo denominaron "temblor de Santa Juliana". Las noticias disponibles nos indican que el sismo fue sentido en los estados de Michoacán, Puebla, Tlaxcala, Hidalgo, Guerrero, Oaxaca, Veracruz, San Luis Potosí, Jalisco, Colima, Querétaro, Guanajuato y el Estado de México, así como en el Valle de México (mapa núm. 1).[528] El macrosismo se manifestó principalmente en la zona central de Michoacán, en un buen número de localidades ubicadas en la sierra o en los límites de ésta. Los fuertes daños observados en esta parte del estado (Morelia, Charo, Pátzcuaro, entre otros) sugieren un epicentro cercano a dicha zona central (mapa núm. 2). El tipo de movimiento telúrico fue de carácter trepidatorio, con cambio a oscilatorio al final.[529]

Algunos periódicos de la capital, como el *Diario Oficial* y *El Siglo Diez y Nueve*, informaron a detalle sobre los efectos del sismo en otras ciudades y pueblos. A través de estas fuentes es posible conocer la hora, intensidad y duración del sismo en varios lugares. Por ejemplo, en Morelia el terremoto se sintió a las 9:05 de la mañana, duró minuto y medio y causó diversos daños materiales, mientras que en Córdoba fue sentido a las 9:16 horas, su duración fue de un minuto y no se registraron caídas de edificios o derrumbes.[530] Desgraciadamente, la mayoría de los registros no incluyeron tales datos. En algunas ciudades como Pachuca y Toluca se desconoce incluso la hora, duración e intensidad. Quizá la ausencia de este tipo de información obedezca a que en estos lugares no ocurrió nada de importancia, por lo que el sismo pasó inadvertido.

De acuerdo a estos informes, los lugares en donde el sismo causó un mayor número de daños materiales fueron, en orden de importancia, el estado de Michoacán, la Ciudad de México y el Estado de México. En el último, el sismo fue precedido por otros fenómenos naturales, pues un día antes:

[527] La información aquí referida sobre al temblor se encuentra en García Acosta y Suárez Reynoso 1996:304-318; sin embargo, citaremos las fuentes originales de donde se obtuvo la información.

[528] *Diario Oficial*, 27 de junio de 1858:2; *El Siglo Diez y Nueve*, 28 de junio de 1858:3.

[529] Romero 1972:73.

[530] *El Siglo Diez y Nueve*, 29 de junio de 1858:4; *Diario Oficial*, 29 de junio de 1858:1.

se oyó en esta ciudad [Texcoco], cosa de las cuatro de la mañana, un estruendo algo confuso a manera de estallido de un cañón a larga distancia, pero que calculábamos pudiera ser efecto del volcán de Tuspa; [...] siguieron dos estallidos después de media hora del primero, pero un poco más confusos que aquél [...]; en la tarde se entabló una llovizna repentinamente [...] y a los tres cuartos para las cuatro, se oyó perfectamente otro trueno, siendo éste bastante fuerte, pues se semejó al de un cañón de artillería [...][531]

Periódico *La Tarántula*, 7 de noviembre de 1868.

Para describir los estragos ocasionados por el sismo, a continuación se realizará en primer lugar, una breve descripción de los efectos del fenómeno fuera de la capital de la república, en especial en Michoacán, lugar en donde al parecer se localizó el epicentro. Posteriormente, se describirán los efectos en la Ciudad de México, situando espacialmente los daños materiales con la ayuda de un plano de la época.

[531] *El Siglo Diez y Nueve*, 25 de junio de 1858:4; Adorno 1864:98-99.

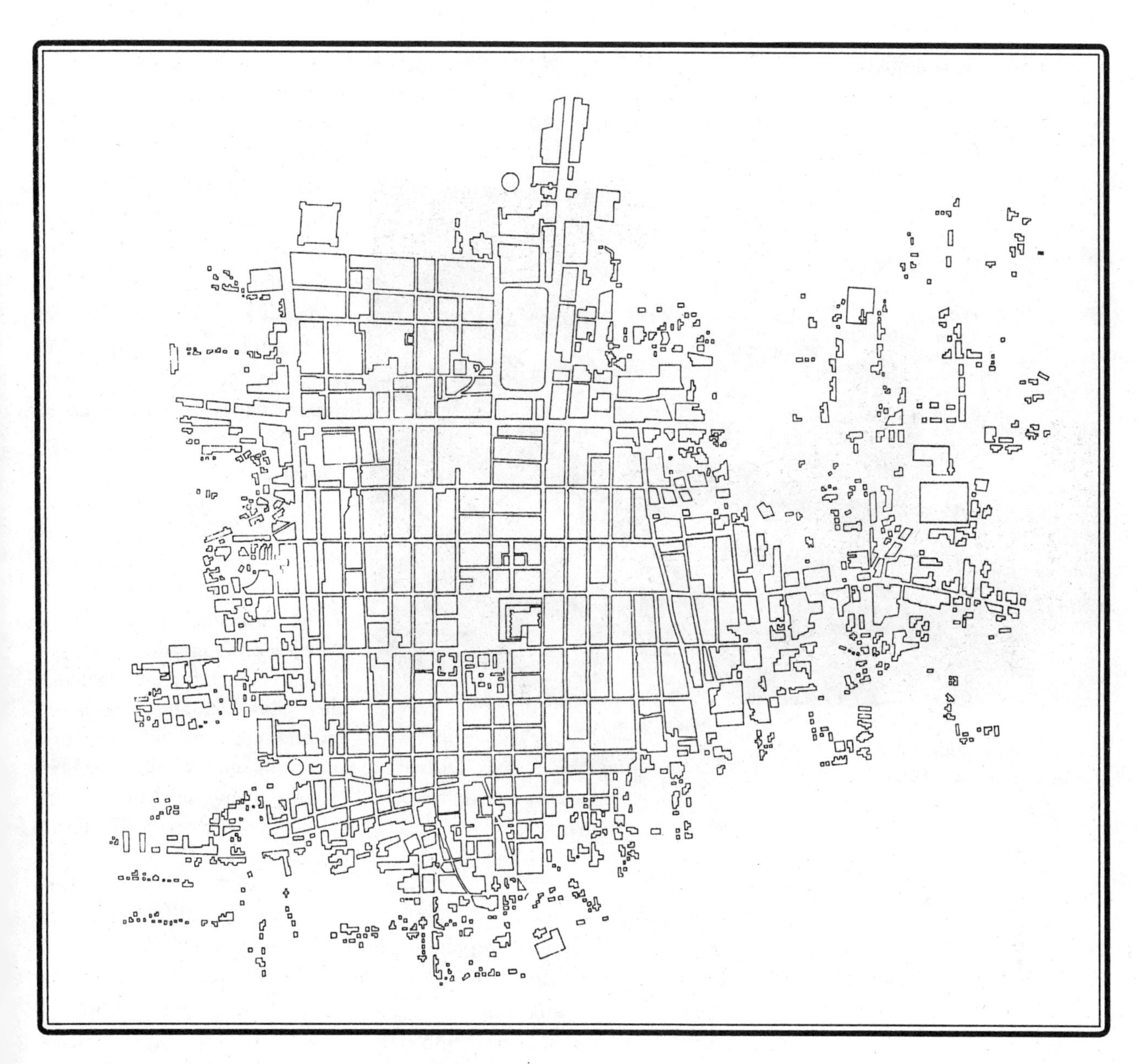

Plano núm 1.
Plano de la Ciudad de México 1853.

Los efectos del sismo al interior del país

Los diarios de la capital hicieron detalladas descripciones tanto de la reacción de los habitantes de otros lugares del país ante el sismo, como de los daños que éste causó. Por ejemplo, *El Siglo Diez y Nueve* informó que en Pátzcuaro, después de caerse la iglesia parroquial, "toda la gente corría como loca preguntando por sus deudos".[532]

Para obtener este tipo de noticias, los periódicos capitalinos se valían de cartas de lectores, informes de corresponsales y de la reproducción de noticias de diarios de distintas ciudades. Por ejemplo, gracias a una carta enviada por un lector a *El Siglo Diez y Nueve*, sabemos que en Jalapa el sismo tuvo gran intensidad y que se repitió al día siguiente "sin que ni en una ni en otra vez ocasione desgracias".[533]

[532] *El Siglo Diez y Nueve*, 29 de junio de 1858:4.
[533] *El Siglo Diez y Nueve*, 28 de junio de 1858:4.

Entre las ciudades y pueblos más afectados debe mencionarse a Morelia, Pátzcuaro, Indaparapeo, Pamatácuaro, Sicuicho y Tacáscuaro en Michoacán (mapa núm. 2 y relación I); Guadalajara, Jalisco; Chilpancingo, Guerrero; Tenango, Estado de México; Mineral del Monte, Hidalgo (mapa núm. 3 y relación II).[534] En estos lugares se reportaron caídas de templos, casas y edificios. En una carta enviada al obispo de Michoacán, Lic. don Clemente de Jesús Munguía, el párroco de Tingüindín informó lo siguiente:

Hacienda vista desde Tacubaya, óleo de Carlos Byre, 1854

> En el temblor que hubo el día 19 del pasado me tocó la desgracia de que se arruinacen las iglesias de Pamatuaro, Siumicho y Tacáscuaro; en la primera todo el frontispicio cayendo en fuerza, y lo demás de la fábrica bastante arruinado, y las otras dos casi la mitad de la fábrica, la última que es la de Tacáscuaro, como más cerca de ella ya está en disposición de hacerse uso, de las otras dos, en poniéndose el tiempo más regular iré a animar a aquellos habitantes, que sin duda no dejarán de mortificarme bastante.[535]

En Guadalajara fue sentido tan fuertemente "que era difícil tenerse en pie; y las puertas parecían impelidas por un fuerte huracán".[536]

Las referencias disponibles indican que en otros pueblos michoacanos, como Coahuayana, Huacana, Zirahuén y Quiroga (mapa núm. 2 y relación I), el sismo sólo ocasionó daños en artesonados, campanarios y frontispicios de sus respectivas iglesias.[537] De la misma manera en Temascalcingo, en el Estado de México, únicamente se reportaron perjuicios en el campanario y bóveda de una iglesia.[538]

Los lugares en donde se registraron daños ligeros, como caída de cercas o cuarteaduras en edificaciones, fueron Cuto en Michoacán (mapa núm. 2), Iguala (Guerrero), Toluca y Texcoco (Estado de México)[539] (mapa núm. 3 y relación II). En otras ciudades del país, como San Luis Potosí, Pachuca, Tulancingo, Córdoba, Jalapa, Querétaro, San Juan del Río,

[534] AHMCR, *Negocios Diversos*, leg.5; *El Siglo Diez y Nueve*, 25 de junio de 1858:3-4, 26 de junio de 1858:2, 28 de junio de 1858:4, 30 de junio de 1858:3,4,5 de julio de 1858:2; Orozco y Berra 1887:398; Romero 1860:470. Los listados citados aparecen al final del capítulo.

[535] AHMCR, *Negocios Diversos*, leg.5.

[536] Orozco y Berra 1887:398.

[537] AHMCR, *Negocios Diversos*, leg.3,6,7.

[538] Orozco y Berra 1887:397.

[539] AHMM, *Actas de Cabildo*, 7 de sept. 1858; *El Siglo Diez y Nueve*, 25 de junio de 1858:4, 28 de junio de 1858:3, 30 de junio de 1858:4.

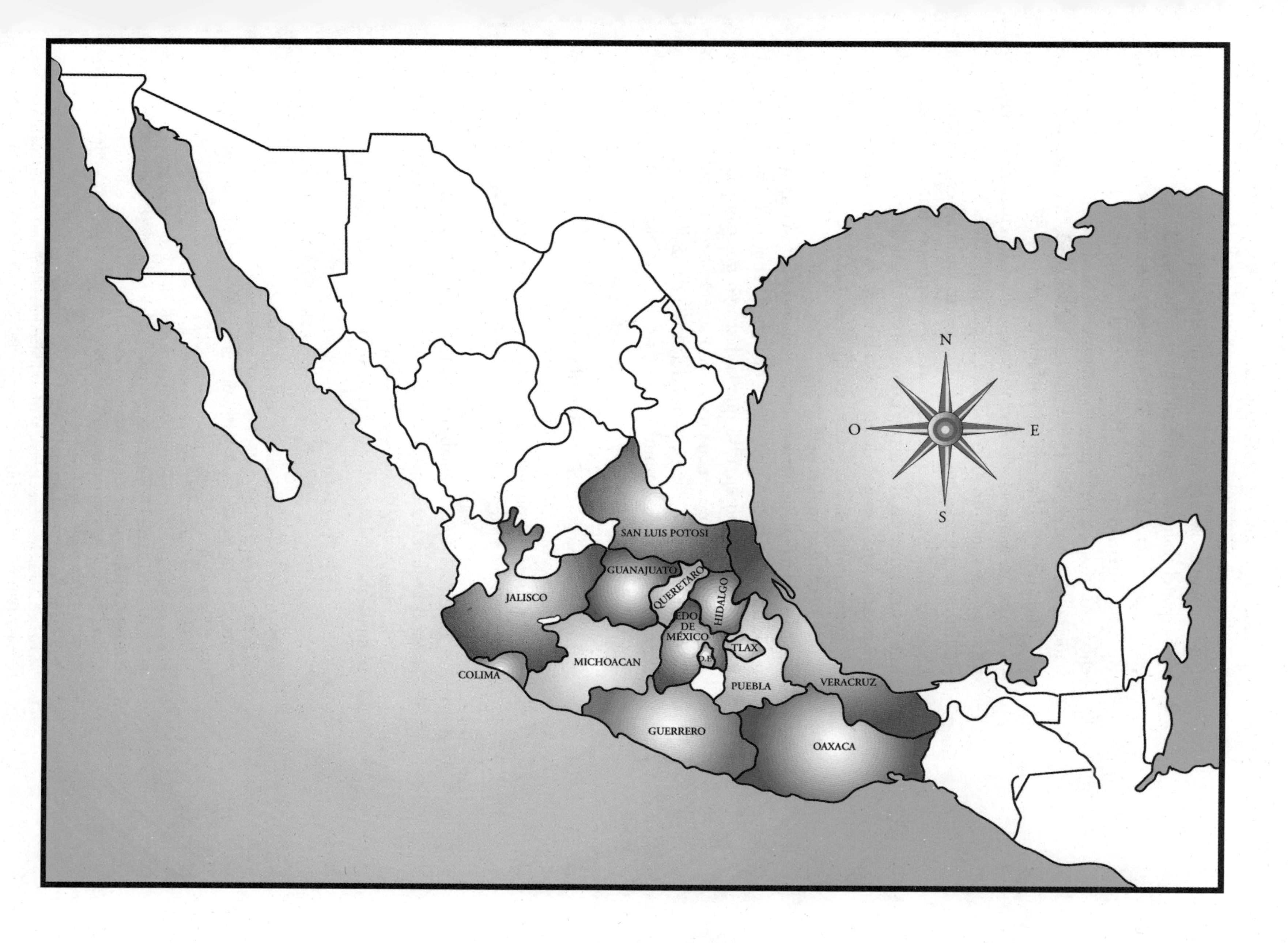

Mapa núm. 1. Estados de la República Mexicana afectados por el sismo del 19 de junio de 1858

León, Oaxaca, Tlaxcala y Lagos de Moreno, el movimiento telúrico se manifestó ligeramente y no causó daños materiales y humanos (mapa núm. 3 y relación II).[540]

Se cuenta con registros de otros lugares en los que solamente se menciona que el sismo se manifestó con gran fuerza, sin especificar la presencia de desperfectos materiales. Tales noticias provienen de Ario, Tacámbaro, Uruapan, Apatzingán, Los Reyes, Capula, Tacícuaro, Santa María (Michoacán) (mapa 2 y relación I); Acapulco, Huamuxtitlán (Guerrero); Tenancingo, Temoaya, San Pedro (Estado de México); Manzanillo (Colima) y la ciudad de Puebla (mapa 3 y relación II.[541]

Como ya se mencionó, en Michoacán los daños materiales fueron significativos y causaron gran alarma entre la población. En una noticia periodística se menciona que en Pátzcuaro los habitantes se alarmaron al observar que "los edificios crujieron arrebatados por una especie de remolino y sucumbieron al cabo de un minuto con horrible estrépito". La misma noticia señala que se destruyeron la mayoría de los edificios, y que de sus escombros se sacaron una multitud de cadáveres "pues sólo de unas ruinas se extrajeron dieciséis".[542]

La antigua iglesia parroquial de Pátzcuaro sufrió una vez más, los azotes de un terremoto. A pocos años de haberse construido su torre, sobrevino un fuerte sismo en 1758 que la destruyó por completo. Por si fuera poco, en 1845 de nueva cuenta, quedó severamente afectada por el sismo de "Santa Teresa". Un año antes del sismo de 1858 había sido objeto de reparación.[543] Unos minutos después del sismo el párroco de la iglesia, Agapito Ayala se lamentaba:

> La Hermosísima iglesia parroquial que fue colocada con universal regonjo con sus tres días de solemnísimas funciones el primero de enero de 1857, volvió a quedar inutilizada completamente; de manera que sólo sirvió un año, cinco meses, 18 días y unas cuantas horas.[544]

El mismo Ayala señalaba que todo el cuerpo de la torre, con su remate, se había venido abajo, así como el tejado y el artesón.[545] También el púlpito y el antiguo órgano quedaron completamente inutilizados. Lo más triste, en palabras del cura, fue que bajo los escombros quedaron cinco personas,

[540] *El Siglo Diez y Nueve,* 25 de junio de 1858:3 1 de julio de 1858:3, 5 de julio de 1858 :3; Orozco y Berra 1887:396-398; *Diario Oficial,* 22 de junio de 1858:2.

[541] AHMM, *Actas de Cabildo,* 7 sept. 1858; *El Siglo Diez y Nueve,* 30 de junio de 1858:4, 23 de junio de 1858:2; Orozco y Berra 1887:397-398.

[542] *El Siglo Diez y Nueve,* 29 de junio de 1858:4.

[543] En 1924 esta iglesia fue ascendida a la categoría de Basílica, y conjurada a la virgen de Nuestra Señora de la Salud (véase Ramírez 1986:126-128). La inscripción que actualmente se encuentra en el exterior de la iglesia, da cuenta de las visicitudes por las que ha pasado, entre otras, los temblores citados (véase la ilustración incluida en: García Acosta y Suárez Reynoso 1996:636).

[544] APP, *Libro de composturas.* f.52.

[545] El exvoto que sirvió como portada para el primer volumen de la serie *Los sismos en la historia de México* y que aparece en este capítulo, se refiere justamente a los daños en esta iglesia con motivo del sismo de 1858; aparece un malacate, señal de que estaba en proceso de reconstrucción cuando sobrevino el temblor y muestra la destrucción de las torres (véase García Acosta y Suárez Reynoso 1996).

Mapa núm. 2. Estado de Michoacán. Localidades en donde se manifestó el sismo del 19 de junio de 1858.

cuatro murieron y una se encontró gravemente herida.[546] Ante la desgracia general y por temor de que siguiera temblando, el Cabildo Eclesiástico de Michoacán dispuso que:

> Repitiéndose los terremotos con una frecuencia tan alarmante parece necesario que se dirijan a la misericordia divina las preces dispuestas por la Iglesia para estas circunstancias; en consecuencia con esta fecha se exhibe una circular para que en todas las misas, tanto solemnes como privadas que se celebren en el Obispado [...] se añada la oración *pro tempore terremotos* [...].[547]

En Michoacán, al igual que en la ciudad de México, el sismo se sumó a una serie de trastornos políticos-militares. En una descripción sobre la ruina de la iglesia de Pátzcuaro, ve cómo el sismo y la guerra habían sacudido violentamente los bienes materiales y el espíritu de la iglesia:

> Al ver tanta y tan cuantiosa pérdida y atravesar actualmente por una época de miseria general a consecuencia de la guerra civil de nuestra infortunada patria, el ánimo más intrépido retrocede porque se considera casi imposible volver a poner en todo de servicio un templo que además de ser hermoso hace tanta falta [...][548]

[546] APP, *Libro de composturas.* f.52.
[547] AHMCR, *Negocios Diversos*, leg.1.
[548] APP, *Libro de composturas.* f.52.

Los efectos del sismo en la ciudad de los palacios

Hacia 1858, la extensión de la ciudad de México era muy pequeña. Fue dividida en ocho secciones o cuarteles mayores, subdivididos a su vez en cuatro menores, dando un total de 32 cuarteles menores. Esta división fue hecha el 4 de diciembre de 1782 y perduró aún en 1858. La división de la ciudad en cuarteles fue el resultado de la reorganización espacial emprendida por los Borbones. Uno de los objetivos de esta reforma era el control político de la población. Cada cuartel ejercía autoridad a través de los alcaldes quienes procuraban el bienestar y la seguridad en la comunidad de su demarcación, por ejemplo, enviaron maestros y médicos a las escuelas y hospitales , vigilaban que todos los habitantes tuvieran vestido y sustento, evitaban la existencia de "holgazanes y vagos", e inspeccionaron el buen estado de las colonias.[549]

Las labores de los alcaldes eran muy diversas. Además de procurar el orden y tratar de satisfacer las necesidades de cada cuartel, participaban activamente en momentos de emergencia, como los ocasionados por sismos o epidemias. Al sobrevenir un sismo, cada alcalde debía informar al Ayuntamiento sobre los daños materiales ocurridos en su respectiva jurisdicción. Para ello, contaban con la colaboración de los arquitectos, regidores y jefes de manzana. Gracias a estos informes es posible localizar las zonas que resultaron más afectadas por los distintos sismos que conmovieron a la Ciudad de México durante el siglo XIX.

A continuación se abordará la información sobre los daños materiales que fueron registrados en los informes de los alcaldes,[550] complementados con algunas descripciones bibliográficas y notas periodísticas. Con base en la división por cuarteles, se señalarán los edificios de servicios públicos afectados, oficinas de gobierno, templos, conventos, hospitales, colegios, panteones y cárceles. Se presentarán las colonias o barrios que resultaron afectados, con una breve descripción de las condiciones económicas y sociales en las que vivían los habitantes que resultaron damnificados. Para la localización de los daños materiales el lector podrá recurrir al plano núm. 1, en el que aparece la división de la ciudad por cuarteles y en cada uno de ellos, las zonas que fueron consideradas como de desastre, así como los edificios de servicios públicos afectados. Para facilitar la ubicación de estos últimos en el referido plano, se agrega un cuadro en el que se señala el nombre del edificio y su número correspondiente en el plano (plano núm. 1 y relación III).

Cuartel mayor 1

Este cuartel, ubicado al oeste y noroeste de la catedral, abarcó zonas urbanizadas en las que se encontraban algunos comercios, como joyerías, cristalerías y droguerías. Era una de las zonas más "populosas" de la ciudad donde predominaban las casas de vecindad que albergaban hasta 200 per-

[549] Moreno 1978:18-19.
[550] Estos informes se encuentran en el Archivo Histórico de la Ciudad de México (AHCM), en el ramo *Historia-Temblores*, vol.2287, exp.23, fs.570-583.

EL SIGLO DIEZ Y NUEVE.

 Quinta época. Año décimo-octavo.  MÉXICO. LUNES 28 DE JUNIO DE 1858.  Tomo duodécimo.—N. 3.544.

LITERATURA

Y VARIEDADES.

Decima Esposicion de bellas artes en la Academia Nacional de San Carlos de Mexico.

(Continúa.)

Segunda sala de pinturas de los discípulos de la Academia.

EL TERREMOTO EN TOLUCA—Dice el *Porvenir*:

"En esta ciudad, por favor de la Providencia, no tenemos que lamentar desgracia alguna, ni mas estragos que pequeñas cuarteaduras en las paredes de algunas casas y en los frontispicios de los templos, particularmente el de San Juan de Dios, cuya torre en su parte superior, es la que mas ha sufrido. La autoridad política ha dictado y tomado las providencias necesarias para tales casos."

Periódico *El Siglo Diez y Nueve.*

Mapa núm. 3. Localidades de provincia en donde se manifestó el sismo del 19 de junio de 1858.

sonas. La parte norte incluía también zonas que carecían de servicios públicos y contó con algunos barrios, como el de Peralvillo y el del Carmen, donde había un gran número de casas y mesones en los que vivía la población más pobre de la ciudad.[551]

Los edificios averiados en este cuartel fueron el Hospital Real o de la Canoa, la Plazuela de la Concepción y el Templo de San Francisco. En ocasiones se cuenta con detalles acerca de los daños, pero en otras, la información es muy parca, indicándose datos superficiales. Tal es el caso del Hospital Real, cuya fuente únicamente menciona "que quedó muy maltratado" (plano núm. 1 y relación III).[552]

Algunos de los templos o edificios públicos de la ciudad dañados por el sismo del 19 de junio de 1858, fueron objeto de atención por parte de la Ley Lerdo en 1856 y 1861. Un ejemplo es el Convento de San Francisco, que Rivera Cambas menciona como uno de los más afectados,[553] y que en septiembre de 1856 fue suprimido por el gobierno liberal. Al respecto, un personaje de la época, al referirse a los estragos ocasionados por el sismo en el templo, comentó que "la destrucción que el atrabalismo del liberalismo consumó en 1856 por la parte sur del venerable monasterio de San Francisco, amenaza hoy por el norte en la Iglesia del Tercer Orden".[554]

Cuartel mayor 2

La zona de este cuartel se localizó hacia el suroeste de la catedral. Los edificios de servicios públicos dañados fueron los siguientes: convento de

[551] Maldonado 1974:32-33,35.
[552] *El Siglo Diez y Nueve*, 20 de junio de 1858:3.
[553] Rivera Cambas, 1882:141.
[554] *El Siglo Diez y Nueve*, 23 de junio de 1858:2.

San Jerónimo, iglesia de Regina, Colegio de las Vizcaínas, parroquia del Salto del Agua y Teatro Principal, así como casas habitación y establecimientos comerciales.

La iglesia de Regina y la parroquia del Salto del Agua fueron de los edificios más afectados por el sismo.[555] La segunda presentó cuarteaduras en su bóveda y el piso de su sacristía se hundió. El periódico oficial informó que a causa de los severos daños el Ayuntamiento determinó cerrarla.[556]

En relación al convento de San Jerónimo, el 23 de junio de 1858, el diario *El Siglo Diez y Nueve* informaba que debido al temblor "las religiosas de San Jerónimo se tienen que cambiar a otro convento".

Los peritos que llevaron a cabo la evaluación de los edificios dañados informaron al Cabildo que el Colegio de las Vizcaínas, al igual que el Teatro Principal, "habían sufrido interior y exteriormente".[557]

Este cuartel era uno de los que registró un incremento demográfico más significativo y constituía un nuevo polo de crecimiento de la ciudad.[558] Su composición social era muy heterogénea. La sección norte del cuartel, en donde vivían ricos comerciantes, contó con servicios públicos: limpieza, drenaje y agua potable. En cambio la parte sur, que incluía grandes extensiones suburbanas en las que vivían artesanos y habitantes más pobres, carecía de servicios.[559]

Como se observa en el plano núm. 1, los daños se ubicaron en el extremo poniente del cuartel mayor 2, en una larga franja que corre de norte a sur. En las primeras manzanas (núms. 61 y 62), que se encontraban al norte se señala que los edificios sufrieron cuarteaduras al interior y exterior y algunos amenazaban con venirse abajo.[560] Del mismo modo, algunas viviendas y accesorias de las manzanas centrales (núms. 63, 64, 65 y 66) estaban arruinadas.

Exvoto relacionado con el sismo del 19 de junio de 1858 en Pátzcuaro.

Hacia el sur del cuartel se reportaron daños en establecimientos comerciales tales como pastelerías, tocinerías, accesorias y mesones.[561] Algunos de estos comercios pertenecían a artesanos pobres que ocuparon el tipo de vivienda denominado "cuarto": un espacio pequeño, sin vista a la calle y muy probablemente, dentro de las vecindades.[562]

En la periferia del cuartel, según el *Diario Oficial* y en el barrio indígena de San Salvador mismo que registró un mayor número de habitantes en comparación con las manzanas más cercanas al centro, "los edificios han sufrido, muchos están en completa ruina y otros amenazándola".[563] Eran casas de adobe y jacales.

[555] *Diario Oficial*, 23 de junio de 1858:2.
[556] *Diario Oficial*, 22 de junio de 1858:2; AHDF, *Historia- Temblores*, vol.2287, exp.23, f.582.
[557] AHDF, *Historia-Temblores*, vol.2287, exp.23, f.580-581r.
[558] Morales 1974:75.
[559] López Monjardín 1985:164.
[560] AHCM, *Historia-Temblores*, vol.2287, exp.23, f.580-581.
[561] AHCM, *Historia-Temblores*, vol.2287, exp.23, f.580-581r.
[562] López Monjardín 1985:162-164.
[563] *Diario Oficial*, 22 de junio de 1858:2.

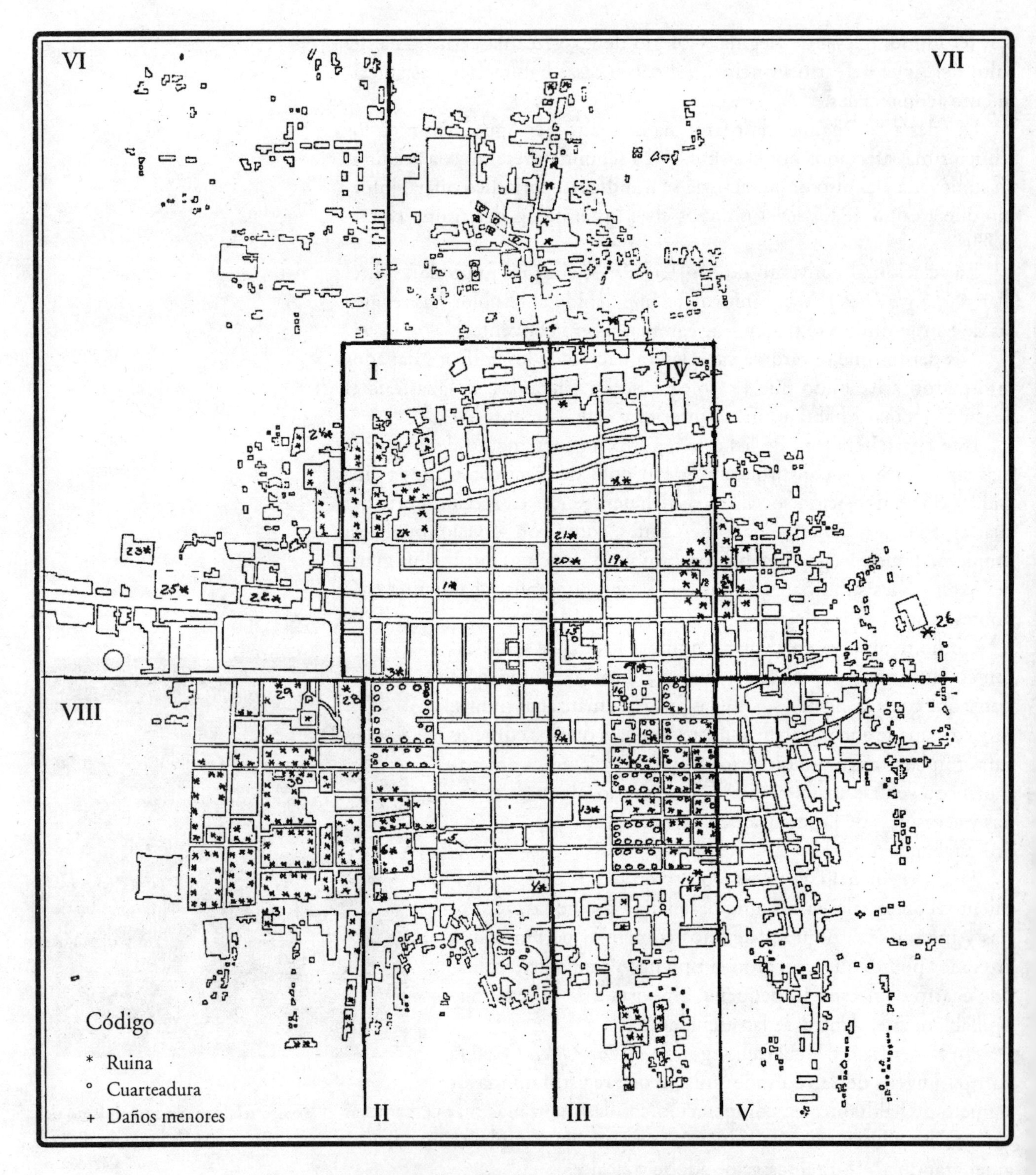

Plano núm. 2. Zonas afectadas por el sismo del 19 de junio de 1858. Incluye la división de la ciudad en ocho cuarteles mayores.

Este cuartel abarcó las manzanas al sur del Palacio Nacional y de la Catedral. Sobre esta sección, la Casa del Ayuntamiento, la Universidad, la Iglesia y Colegio de Porta Coeli, la Iglesia de Balvanera, el Templo y Hospital de Jesús Nazareno y el Hospital de San Pablo, quedaron afectados por el terremoto.

Este cuartel formó parte de la zona en la cual se concentraban las principales actividades comerciales, políticas y religiosas de la ciudad. Así, en este cuartel se encontraban los principales edificios públicos tales como oficinas de gobierno, iglesias, colegios y hospitales. Tal vez por ello los registros contienen un buen número de descripciones detalladas sobre los edificios afectados.

De las descripciones por edificios se sabe que la Casa del Ayuntamiento había "sufrido bastante", al igual que muchas casas de la Ciudad de México.[564]

Por lo que toca a la Universidad, una carta anónima, editada por *El Siglo Diez y Nueve*, menciona:

> La universidad que acababa de ponerse de gala por la tercera vez con el deseo y la esperanza de evitar el repudio, presentaba un cuadro melancólico y aterrador. La señal de la ruina se ve impresa por todas partes con hondas y alarmantes huellas.[565]

La iglesia de Balvanera, fundada por religiosas de la Concepción y que había sido reedificada en 1667,[566] sufrió cuarteaduras en su sacristía y celdas.[567] El Convento de Balvanera fue conocido en un principio con el nombre de Jesús de la Penitencia. Sobre el Templo y Hospital de Jesús Nazareno, fundado este último por Cortés, el *Diario Oficial* comunicó que estaban "muy lastimados".[568] En relación al Hospital de San Pablo, los peritos que llevaron a cabo su evaluación informaron al Cabildo:

> En el hospital de San Pablo hay un peligro inminente por hallarse completamente desprendida la pared de uno de sus costados de sus laterales que están desplomadas y cuarteadas; y en las que la crujía de fachadas hay también varias cuarteaduras de consideración.[569]

De igual modo, algunos establecimientos y casas de vecindad reportaron cuarteaduras, así como daños de mayor consideración que amenazaban seriamente la estabilidad física de estas propiedades.[570]

Como en el cuartel anterior, en el cuartel 3 la densidad demográfica era elevada y no existían grandes diferencias en el número de habitantes

564 *El Siglo Diez y Nueve*, 19 de junio de 1858:3.
565 *El Siglo Diez y Nueve*, 23 de junio de 1858:3.
566 Gortari y Hernández 1988:60.
567 AHDF, *Historia-Temblores*, vol.2287, exp.23, f.584-586.
568 *Diario Oficial*, 22 de junio de 1858:2. El Hospital de Jesús Nazareno en la actualidad "permanece casi íntegro, con sus patios del siglo XVI" (véase De la Maza 1985:57).
569 AHDF, *Historia-Temblores*, vol.2287, exp.23, f.589.
570 AHDF, *Historia-Temblores*, vol.2287, exp.23, f.584-586.

entre una manzana y otra.[571] Convivían grupos sociales distintos: ricos comerciantes, artesanos pobres e indígenas.[572] Se reportaron cuarteaduras en casas pertenecientes a artesanos de altos, medianos y bajos ingresos, al igual que en algunos corredores, corrales y casas de adobe localizados en las manzanas 91 a 114.[573] Estas propiedades formaban parte de los barrios indígenas de Santa Cruz Tultengo y San Esteban Huiyochica, en donde la principal actividad eran las labores agrícolas: la chinampa y los zacatales.[574]

Cuartel mayor 4

En este cuartel, que se encontraba hacia el norte de la Catedral, aparecieron un mayor número de registros sobre daños. Sin duda, obedece a la importancia de los edificios, entre los que se señala a la Catedral, el Sagrario, el Palacio Nacional, la Casa de Moneda, el Templo de San Pablo, el Templo de Santo Domingo, el edificio de la Inquisición, así como la Plazuela de Loreto.

En relación a la Catedral, *El Siglo Diez y Nueve*, en su edición del 23 de junio, escribió lo siguiente:

> Las bóvedas correspondientes a la puerta oriente de nuestra magnífica catedral, presentaban una ancha grieta: ¿es nueva? ¿es antigua? ¿recientemente abierta? En la nave central se ve otra de menor importancia; en la escalera del atrio hay también una que rajó los escalones en la dirección de Oriente a Poniente.

En igualdad de condiciones se encontró el Sagrario, cuyo frente presentaba una grieta que lo cruzó en toda su longitud.[575]

La descripción más detallada sobre la Catedral proviene de una carta anónima enviada al periódico por una persona que realizó un recorrido por la ciudad después del sismo. Cuando observó los daños en el Palacio Nacional, el autor hizo una reseña que deja ver entre otras cosas, el ambiente político que prevalecía en aquel entonces: "Dando la vuelta a la manzana entré en la residencia del Supremo Poder de la Nación. Sus numerosas grietas representaban muy bien las escisiones del cuerpo político de que es su símbolo".[576] Así también se refirió a la Casa de Moneda en los mismos términos: "(...) y la antigua Casa de Moneda estaba tan en quiebra como los fondos de su señor natural"; y mencionó que dos chimeneas del edificio cayeron sobre casas contiguas: "Partida en dos trozos [una de las chimeneas] con el golpe que dio en el pretil, el uno de ellos hundió el techo de la misma Casa de Moneda, y el otro derribó los techos y paredes medianeras de la vecina".[577]

[571] Véase Moreno 1978:14: Plano sobre Distribución de la población en la Ciudad de México en 1844.
[572] López Monjardín, 1985:161-162.
[573] AHDF, *Historia-Temblores,* vol.2287, exp.23, f. 583.
[574] Lira 1983:250.
[575] *Diario Oficial,* 22 de junio de 1858:1.
[576] *El Siglo Diez y Nueve,* 23 de junio de 1858:2.
[577] *El Siglo Diez y Nueve,* 23 de junio de 1858:3.

EL SIGLO DIEZ Y NUEVE.

Quinta época. Año décimo-octavo. — MÉXICO. MIERCOLES 23 DE JUNIO DE 1858. — Tomo duodécimo.—N. 3.530.

LITERATURA

Y VARIEDADES.

DUMAS HIJO.

De *El Proscenio*, acreditado periódico de teatros, tomamos los siguientes curiosos apuntes biográficos relativos al célebre autor de *La dama de las camelias*.

Alejandro Dumas (hijo,) es tal vez el único hombre en Paris que no se queje de su propietario.

Verdad es que este propietario es tambien escritor dramático, Mr. Melesville. Hace tres años que Alejandro Dumas (hijo) ha alquilado la casa que habita en 1,200 frs.; y no ha sufrido aún aumento alguno en el precio.

¡Qué poseedor de inmuebles tan raro, y qué ejemplo para sus colegas los propietarios!

La casa que habita Alejandro Dumas (hijo), á quien sus amigos continúan llamando *Dumas el pequeño*, está situada en la calle de Bolonia, uno de los barrios mas limpios, elegantes y sobre todo, mas tranquilos de Paris. Dicha casa se compone de un pabellon con solo un piso, y un jardincito detrás de este pabellon. — Un verdadero jardin en el que podria haber muchas flores, pero que solo contiene mucha yerba, algunas acacias, algunas lilas, y un emparrado soberbio que ...

... Sevres y de Sajonia, esparcidas aquí y allí, porque seria cuento de no acabar.

Los muebles del salon se componen de un enorme canapé-divan, sillas y butacas de roble esculpido. Hay tambien un magnífico piano y dos sillones de damasco de seda y lana.

—¿Por qué no mandais quitar, le decia yo un dia, esos dos sillones que tanto desdicen en esta sala?

—Son amigos de la infancia, me respondió, eron son los primeros muebles que he poseido.

Su gabinete de estudio está todo forrado de antiguas tapicerías del tiempo de Luis XVI. Solo se vé una mesa donde están esparcidos folletos manuscritos, dos sillas y una libreria. Por todo adorno no hay mas que un espejo de Venecia, en medio del cual está pegada una nota manuscrita, que dice así:

"En el mes de Diciembre cedí mis derechos de autor de la *Dama de las Camelias* á Mile, Farguil y á Mr. Lagrange en una representacion á su beneficio. No habiéndose dignado ninguno de los dos darme las gracias, ni enviarme siquiera una tarjeta, me desquito y escribo esto, á fin de no olvidar jamas el compromiso que me impongo de no ceder de hoy en adelante mis derechos de autor á nadie

"2 de Enero de 1856.—*Alejandro Dumas.*"

Cada vez que algun actor ó actriz viene á pedirle la cesion de sus derechos de autor, Dumas (hijo) le conduce ante el espejo del gabinete y le ...

...

UN PASEO DESPUES DEL TEMBLOR.

—Leemos en la *Sociedad*:

"Un amigo nuestro nos envía el siguiente artículo:

"Despues de echar una última y triste mirada sobre mi viejo tugurio, con el desconsuelo de no haber podido contar sus cuarteaduras, salí á recorrer la ciudad para tranquilizarme con las esperanzas de mis convecinos.

"La calle del Puente del Correo Mayor no estaba para dar aliento. El cuartel de Inválidos convenia perfectamente á sus desventurados moradores, y la antigua casa de Moneda estaba tan en quiebra como los fondos de su señor natural. Allí está el palacio de la justicia.

"Dando vuelta á la manzana entré á la residencia del supremo poder de la nacion. Sus numerosas grietas representaban muy bien las escisiones del cuerpo político de que es símbolo. Una escalera quedó inutilizada y el barandal de un balcon arrancó de un pilar el trozo de piedra que lo mantenia. En mi casa, donde no hay pared sin lacra, quedaron intactos todos los tabiques; á la inversa en el ministerio de fomento, se veian destrozados todos los de la secretaría, sufriendo algo las paredes maestras. Como el edificio me causó miedo, aun en buena salud, me salí luego, viéndolo tan delicado.

"La Universidad, que acababa de ponerse de gala por tercera vez con el deseo y la esperanza de evitar el repudio, presentaba un cuadro melancólico y aterrador. La señal de la ruina se ve impresa por todas partes con hondas y alarmantes huellas. La pared maestra que forma el general y la biblioteca está partida de arriba abajo en cuatro lienzos. Una bóveda de la hermosa escalera está estrellada. Veíase una cisura en la tierra que corria de la escalera al zaguan (de O. á P.) y otra que comenzaba en la primera puerta

Periódico *El Siglo Diez y Nueve*.

El Templo de San Pablo, edificado en 1603, que perteneció a los jesuitas y que en tiempos del Segundo Conde de Revillagigedo se destinaba a enterramientos, sufrió, al decir del cronista de la época, "los efectos del funesto movimiento".[578]

Entre los edificios más dañados por el sismo, García Cubas menciona también al templo de Santo Domingo, el cual tuvo que ser cerrado debido a la amenaza de ruina que presentaba.[579]

Es importante señalar que en ese tiempo la mayoría de los templos, conventos y casas de gobierno de la ciudad eran edificaciones del siglo XVI, algunas de las cuales habían sido objeto de constantes remodelaciones y reconstrucciones. Por ejemplo, el templo de Santo Domingo se edificó en 1592, bajo la dirección del arquitecto Diego de Aguilera (quien fuera maestro mayor de la Catedral de México), y al parecer fue concluido en 1599. Manuel Rivera Cambas cuenta que este claustro "era notable por la solidez de sus muros".[580] El sismo significó un augurio para la suerte que tendría el claustro de Santo Domingo, ya que tres años después, en 1861, fue destruido para abrir una calle y para fraccionar y vender el terreno, en el marco de la exclaustración decretada por las Leyes de Reforma.[581]

El edificio de la Inquisición también resultó afectado por el sismo. Un científico de la época escribió lo siguiente: "El señor don José Ignacio Durán cree que el temblor de este día fue más fuerte que el del 7 de abril de 1845, y se apoya en que aquél dejó intacto el edificio de la Inquisición, y en éste se cuartearon sus bóvedas".[582]

Como se puede apreciar en la cita anterior, los estudiosos del siglo XIX ya medían la intensidad de un sismo en términos cualitativos. En este caso, se tiende a comparar el sismo de 1858 con el más fuerte sentido anteriormente, el de 1845, sosteniendo que el primero había sido más intenso, porque aquél sí afectó el edificio de la Inquisición: "un solo factor para aseverar mayor intensidad".[583]

Para este cuartel no se localizó información en el AHDF referente al sismo, sólo a través del *Diario Oficial* sabemos que se arruinaron algunas casas en el barrio de Loreto, la calle de Arsinas, Tenexpa y el Callejón de Granaditas,[584] es decir, hacia la parte norte de este cuartel donde a mediados del siglo XIX se localizaba un gran número de viviendas de artesanos pobres.[585] El barrio de Loreto, en particular, era un sector de casas viejas con una elevada densidad demográfica y rodeado de callejones estrechos, además se encontraba cruzado por canales "infectos" que arrastraban todo género de inmundicias (plano núm. 1 y relación III).[586]

[578] García Cubas 1904:35.
[579] García Cubas 1904:35.
[580] Fernández 1987:39-40.
[581] Fernández 1987:39.
[582] Romero 1860:7. Sobre el sismo de 1845 existe abundante información: véase García Acosta y Suárez Reynoso 1996:235-287.
[583] García Acosta, *et al*,. 1988:416.
[584] *Diario Oficial*, 22 de junio de 1858:4.
[585] López Monjardín 1985:162-164.
[586] Morales 1974:75.

Catedral de México. J. Phillips y A. Rider, 1848.

Cuartel mayor 5

El quinto cuartel mayor, ubicado en el extremo sur-oriente de la Catedral, registraba una elevada densidad demográfica.[587] En este cuartel vivía un gran número de familias que se dedicaban al comercio de legumbres, frutas y flores, o bien tenían tocinerías, peluquerías, carbonerías. Muy cerca de este barrio había zonas en las que vivía gente muy pobre, por lo que "presentaban un triste aspecto".[588]

Para este cuartel sólo se registraron averías en puentes y garitas o compuertas. Por ejemplo, se notificó que el Puente de la Alhóndiga y el de Santiaguito, al igual que la Compuertita de Santo Tomás, resultaron seriamente deteriorados.[589]

Cuartel mayor 6

Los límites del cuartel, aunque imprecisos, quedaban circunscritos en la zona norte de la Alameda Central. Se extendía más allá de los límites de la ciudad, en donde había barrios que permanecían en "constante abandono y suciedad".[590] Era una zona de baja densidad demográfica,[591] en la que se encontraban algunos barrios indígenas, como Comulca, Tlatilco y los Ángeles.[592]

De los edificios públicos averiados deben mencionarse el Hospital de San Juan de Dios, el Templo de San Fernando, el Panteón de Santa Paula y el Hospital de San Hipólito (plano núm. 1 y relación III).

En relación al Hospital de San Juan de Dios, y a otros igualmente dañados en otros cuarteles, el Ayuntamiento notificó que:

[587] Moreno 1978:15.
[588] Maldonado 1978:33-34.
[589] AHDF, *Historia-Temblores*, vol.2287, exp.23, f.606.
[590] Maldonado 1974:35.
[591] Moreno 1978:15.
[592] Orozco y Berra 1973:100; Ávila 1974:156.

Tenemos muy lastimados los hospitales de San Pablo, San Hipólito, San Lázaro, San Juan de Dios y Jesús Nazareno. Si bien respecto de los tres últimos que pertenecen al Exmo. Ayuntamiento, el señor presidente de éste, con un celo y actividad que le honra, y no obstante los escaso de sus fondos, ha mandado en el acto que se proceda a su reparación.[593]

En su edición del 21 de junio, el *Diario Oficial* insertó la siguiente noticia con respecto al Templo de San Fernando: "Pocos han de ser los edificios públicos y particulares que no hayan resentido algún daño...[como] el templo de San Fernando que quedó en estado lamentable".[594]

Por el rumbo de Santa María la Redonda, perteneciente al barrio indígena de Santa María Cuepopan, el Panteón de Santa Paula resultó muy afectado. Se sabe que su capilla fue semidestruida.[595] En relación al mismo panteón, el *Diario Oficial* publicó:

El Panteón de Santa Paula, que hace tiempo se disputaba su estado, ayer el terremoto descubrió el verdadero que tenía, pues un lienzo entero vino abajo por la parte interior. Mal que inmediatamente se atendió a remediar, oido el Consejo de Salubridad, a quien en el acto oficié para que pasase a practicar una vista de ojos, la que verificó con el mejor celo y actividad.[596]

Una descripción sobre este panteón de mediados del siglo XIX menciona su deplorable condición de insalubridad. No es remoto que el sismo lo haya agravado aún más. Se encontraba cerca de una acequia "sucia y pestilente". Los muertos de los pobres sólo eran cubiertos con una tranca de madera, que únicamente "se levantaba para dar entrada a espantosa hondura a un nuevo cadáver, el cual apenas cubierto con un puñado de tierra se confundía con los demás".[597] Sin duda, esta circunstancia explica la intervención del Consejo de Salubridad en la evaluación de los daños que ocasionó el sismo en el panteón.

El Panteón de Santa Paula se encontraba contiguo al barrio de Santa María, el cual reportó un gran número de edificaciones averiadas por el sismo.[598] Este barrio, ubicado en el extremo norte de la Alameda, era uno de los lugares más pobres de la ciudad, con una baja densidad demográfica.[599] Muy cerca de Santa María había un suburbio en donde las cosas eran muy distintas. Fue un lugar de reciente urbanización, en el que se esteblecieron grupos sociales de medianos ingresos;[600] es el barrio de San Cosme que resultó afectado por el sismo. Este barrio no aparece en el plano núm. 1, ya que se localizaba más allá del extremo oeste de la Alameda.

Sobre el Hospital de San Hipólito, construido en el siglo XVIII, abundan diversos detalles. Por ejemplo, en los informes enviados por los peri-

[593] *Diario Oficial,* 22 de junio de 1858:3.
[594] *Diario Oficial,* 21 de junio de 1858:3.
[595] *Diccionario Porrúa,* 1986,III:2193.
[596] *Diario Oficial,* 22 de junio de 1858:2.
[597] Gayón 1988:29-30.
[598] *Diario Oficial,* 22 de junio de 1858:4.
[599] Gayón 1988:16.
[600] Morales 1974:76-77.

tos al Ayuntamiento se señala minuciosamente que sufrió daños en sus siete arcos, en puertas, en la escalera de la bóveda que conduce al entresuelo, en el cubo del común y en las paredes. Asimismo, se dice que la reparación de todos estos desperfectos tendría un costo aproximado de nueve mil pesos.[601]

Cuartel mayor 7

Ubicado en el extremo norte, noroeste y oeste de la Catedral, incluía dentro de su jurisdicción zonas suburbanas que carecían de servicios públicos y en donde la concentración de la población era muy baja (plano núm. 1 y relación III). En una descripción sobre esta zona se comentó:

> Más allá [...] por las regiones desconocidas [...] la salvajería, la desnudez, las casas infectas en que se aglomera una población escuálida y muerta de hambre, familias enteras de enfermos y de pordioseros y el proletarismo en su más repugnante expresión.[602]

Se dispone de datos históricos sobre daños en los siguientes edificios: el Hospital de San Lázaro y la Iglesia antigua de San Gregorio. El primero fue afectado de la siguiente manera: la escalera de la bóveda resultó averiada, así como una pared, la despensa, los comunes de las enfermerías, el techo de la escalera de las mujeres y un arco en un tránsito.[603] Los desperfectos del inmueble preocuparon al Ayuntamiento, que declaró:

> Es de urgente reparación: la enfermería de hombres, una pared de adobe, una plancha y dos techos en la enfermería de mujeres. Es también de urgencia derrumbar las antiguas ruinas de la Iglesia que está amenazando caer. Haciendo una economía de las reparaciones y restituyendo a la escalera de la bóveda otra de madera, importarán aproximadamente tres mil pesos.[604]

En la iglesia de San Gregorio, ubicada en la Plazuela de Loreto, la piedra del dintel se desprendió y se rompió. En la misma plazuela eran visibles las grietas que corrían principalmente de norte a sur.[605]

La zona de desastre correspondió a uno de los sitios de menor concentración demográfica de la ciudad y también en donde el valor de la propiedad era uno de los más bajos. A dicha zona pertenecían los barrios indígenas de la parcialidad de Santiago Tlatelolco: Santa Lucía, Telpochcantitlán, Concepción Tequipeuhca, Santa Ana y San Antonio Tepito.[606]

En los reportes del Ayuntamiento se hizo mención de que algunas casas de la garita del Peralvillo se encontraban "con notables cuarteaduras y descascaradas sus paredes".[607] Además de estas propiedades afectadas, se

[601] AHDF, *Historia-Temblores*, vol.2287, exp.23, f.596-596v.

[602] Ignacio Manuel Altamirano, *Paisajes, Leyendas, Tradiciones y Costumbres de México*, 1884, citado en: Maldonado 1974:35.

[603] AHDF, *Historia-Temblores*, vol.2287, exp.23, f.596-596v.

[604] AHCM, *Historia-Temblores*, vol.2287, exp.23, f.596-596v.

[605] *El Siglo Diez y Nueve*, 23 de junio de 1858:3.

[606] Ávila 1974:168-169.

[607] AHDF, *Historia-Temblores*, vol.2287, exp.23, f.570.

registraron averías en fincas, corrales y huertos, situados en las calles de Peralvillo y Guadalupe.[608] Como se mencionó, las propiedades ubicadas en este sector formaban parte de la parcialidad de Santiago, cuyos terrenos fueron adjudicados a particulares en 1857. De esta manera, muchos de los predios dañados eran propiedad de empresarios o industriales, quienes compraron algunas tierras de la parcialidad, como las de San Antonio Tepito, la Concepción Tequipeuhca y San Andrés Alcahuacatongo.[609] En relación este último, las fuentes disponibles refirieron:

> Los techos de la iglesia del barrio de San Andrés de la parcialidad de habituales se vinieron abajo, notándose además que la pared de mampostería de su frente tiene notables cuarteaduras que demandan nueva y pronta reparación. Las imágenes de la misma han quedado bajo los techos desplomados. Las demás iglesias, fincas nuevas y antiguas que hay en el expresado cuartel, no amenazan ruina.[610]

Vale la pena decir que a pesar de que en este cuartel se localizaban algunos barrios indígenas, en los documentos de archivo consultados no se hace referencia a lo ocurrido con los indios en virtud del sismo. La única excepción fue el informe del alcalde del cuartel número siete, en el que se mencionan daños en el barrio de San Andrés. Quizá ello obedezca a que dicho cuartel incluía una parte importante de la parcialidad indígena de Santiago Tlatelolco.

Cuartel mayor 8

El último cuartel se localizaba al sur de la Alameda. Manuel Orozco y Berra, menciona que para mediados de ese siglo, este sector era uno de los más transformados en su extensión y configuración urbana, debido al incremento de la población.[611]

El autor estaba en lo cierto ya que el cambio más importante registrado en la ciudad entre 1811 y 1848, fue la remodelación de la zona suroeste de la ciudad, con la formación del primer fraccionamiento denominado Colonia Francesa o Barrio de Nuevo México. En este sitio se fundaron varias fábricas de hilados y tejidos y algunas plomerías y carrocerías que atrajeron la atención de obreros franceses e ingleses que fueron estableciéndose allí.[612] Los informes de los alcaldes de cuartel y del periódico señalan a esta zona como una de las más afectadas por el sismo (plano núm. 1 y relación III). Dos días después del temblor, el *Diario Oficial* publicaba la siguiente noticia:

[608] AHDF, *Historia-Temblores*, vol.2287, exp.23, f.570.

[609] En 1857 algunos terrenos, pertenecientes a la parcialidad de Santiago, fueron adjudicados a José María Marroquí a un precio de 4,800 pesos. Más adelante, otros terrenos de la misma parcialidad formaron parte de una copropiedad integrada por los hermanos Martínez del Río, Manuel Campero y por el mismo Marroquí. Estas tierras comprendían la línea de sur a norte, desde la zanja de la Garita de Peralvillo hasta Vallejo (véase Beato 1987:91-92).

[610] AHDF, *Historia-Temblores*, vol.2287, exp.23, f.572-572v.

[611] Orozco y Berra 1973:101.

[612] Morales 1974:73-74.

> Casi todos los edificios han sufrido, muchos están en completa ruina y otros amenazándola, especialmente en los barrios de [...] Nuevo México, por donde han caído telones de paredes enteras y además se han advertido en todos los barrios y calles grandes abras en distintas direcciones, muy prolongadas algunas.

En este barrio también resultaron afectados los siguientes edificios públicos: la iglesia de Santa Brígida, el Teatro de Nuevo México, el Templo de San José y la iglesia de Belem. A cinco años del sismo, el gobierno constitucional vendió el inmueble y en su lugar se abrió la calle de San Juan de Letrán.[613] Con este acto se destruyó la única iglesia novohispana de planta oval que existía en aquel entonces.[614]

Por su parte, el Teatro de Nuevo México, que se encontraba en el barrio de ese mismo nombre (en la esquina del actual Callejón de Dolores con la calle de Artículo 123), "sufrió tanto interior como exteriormente".[615]

El Templo de San José, ubicado al sur de la Alameda, construido en el siglo XVII, era propiedad del convento de San José de Gracia. Este templo, al decir de los especialistas, constituye un ejemplo del enriquecimiento que se llevó a cabo entre 1630 y 1680 aplicado a la fisonomía de algunas construcciones, a pesar de la crisis económica novohispana.[616] En este edificio, el sismo provocó que "una de las puertas del atrio de la parroquia de San José [se viniera] al suelo, y todas las tapias del mismo atrio quedaron cuarteadas".[617]

El Colegio de Belem, como muchos de aquel entonces, poseía una iglesia, y fue ésta la que precisamente resultó dañada con el sismo: "Entre los edificios lastimados por el temblor se cuenta [...] la iglesia de Belem de las niñas."[618]

De lo anterior se puede concluir que las zonas de la ciudad más afectadas por el terremoto fueron en gran medida los sectores suroeste y sureste; y en menor medida, los sectores norte, este y oeste. El suroeste correspondía a uno de los lugares de crecimiento demográfico más significativo. Esta zona incluía, en su mayor parte, extensiones urbanizadas, pero también secciones suburbanas, que carecían de servicios públicos. La composición social del sector sur era, además de numerosa, muy heterogénea, ya que en él los indígenas, los artesanos y los ricos comerciantes, en general, compartían el mismo espacio urbano. En cambio, hacia el norte de la ciudad, donde aparecieron menos daños, la población no era tan numerosa y el número de edificaciones era menor. En dicha zona, el conjunto social fue homogéneo, predominaban las colonias más populares y pobres de la ciudad, aún cuando hacia 1858 ya constituía un polo de atracción para algunos hombres ricos.

[613] Bazant 1977:233.
[614] Instituto Nacional de Antropología, ed., 1967:s.p.
[615] *Diario Oficial*, 22 de junio de 1858:2; AHCM, *Historia-Temblores*, vol.2287, exp.23, f.579.
[616] Fernández 1987:74.
[617] *Diario Oficial*, 21 de junio de 1858:1.
[618] *Diario Oficial*, 22 de junio de 1858:3.

Resulta difícil responder por qué algunos cuarteles reportaron mayor cantidad de daños. Es probable que el número de daños esté en relación con la densidad demográfica, y por ende, con el número de edificaciones de la zona pues, como se mencionó, la sección sur que fue cuantitativamente la más dañada constituía una de las zonas más pobladas de la ciudad.

La menor cantidad e incluso la ausencia de desperfectos registrados en los sectores norte, oriente y poniente de la ciudad, se debe tal vez, a una falta de cuidado en los reportes de inspección o a la pérdida de éstos. Otra hipótesis puede estar relacionada con las características de esos lugares hacia mediados del siglo XIX. En esos años, estas zonas se fueron poblando con grupos de escasos recursos económicos, y muchas de ellas no contaban con servicios públicos. De tal modo, puede pensarse que la falta de reportes es un indicador de la nula o escasa asistencia municipal en esos lugares, que se refleja con la desatención con motivo del sismo.

Para finalizar con la descripción y mapeo de daños, se debe mencionar que el movimiento telúrico también causó perjuicios en algunos acueductos de la ciudad, como el de San Cósme y Salto del Agua, al igual que en cañerías. Como consecuencia, la población de la ciudad sufrió escasez de agua potable. Un día después del sismo, el periódico informaba que: "los acueductos sufrieron mucho daño, lo mismo que las cañerías y se experimenta ya falta de agua".[619]

En cuanto al número de víctimas ocasionado por el fenómeno en la Ciudad de México, se dispone de una noticia emitida por el periódico oficial: "Se sabe que en diversos puntos de la ciudad se recogieron diez y nueve cadáveres, que se encontraban en varias ruinas".[620]

Respuesta social e intervención de las autoridades civiles y religiosas

En relación a la respuesta social inmediata ante el sismo en la Ciudad de México, cabe mencionar que las fuentes disponibles en su mayoría, hacen referencia a las acciones emprendidas por las autoridades de gobierno, sin mostrarnos el comportamiento del conjunto de la sociedad. Los únicos indicios que se encontraron al respecto mencionan lo siguiente: "La gente salía de las casas y se arrodillaba en ellas pidiendo a Dios misericordia. Gran parte de la población se ha salido a las inmediaciones de la capital temiendo la repetición del temblor".[621]

Quizás para los habitantes de la Ciudad de México el sismo pudo ser un castigo divino ocasionado por el agitado panorama político que prevalecía en aquel entonces. Lo que sí fue una realidad, sin duda, es el hecho de que el sismo agravó la situación prevaleciente. Algunas referencias relacio-

[619] *El Siglo Diez y Nueve,* 20 de junio de 1858:3.
[620] *Diario Oficial,* 21 de junio de 1858:1. Posteriormente, esta información sobre el número de muertos apareció en un artículo de Paul Waitz que se refiere al volcán de Jorullo (véase Waitz 1920:178).
[621] *Diario Oficial,* 21 de junio de 1858:1.

nan al sismo con un estado de caos y crisis general: "Oriente a Poniente. Esta ha sido la dirección primera y más prolongada del movimiento de esta tierra inquieta, muy propio y digno pedestal de sus hijos bulliciosos y levantiscos". [622]

Y no era para menos. En ese tiempo el país y en particular la ciudad, no sólo fue el escenario de intervenciones militares de los distintos grupos políticos que se disputaron el poder en 1858, sino que ahora debía hacer frente a un terremoto. Las acciones emprendidas en la reconstrucción por cada una de las instancias de gobierno revelaron, en cierta medida, las posiciones mantenidas por éstas con respecto al conjunto de la sociedad. Como se ha visto, los cuarteles con daños materiales albergaban un conglomerado social muy heterogéneo. Empero, los perjuicios ocasionados por los desastres siempre han sido más severos para la gente más pobre, y así lo informó el periódico:

> El Supremo Gobierno ha sabido con sentimiento, que muchas familias pobres han tenido grandes pérdidas y desgracias con motivo del terremoto de la mañana de hoy, y no pudiendo ser indiferente a estos males, y deseando remediarlos en lo que fuere posible, ha dispuesto que por conducto de este Ministerio le dé V. E. parte circunstanciada de las desgracias que han ocurrido en las familias pobres, expresando quienes sean, para que por cuenta del erario se les ministre algunos auxilios.[623]

La respuesta del gobierno y de la Iglesia no podría explicarse sin considerar el escenario histórico en 1858. Por ejemplo, sorprende el hecho que el gobierno de Zuloaga manifestara su intención de ayudar a los necesitados, toda vez que el erario público era escaso. Al parecer, el sismo constituyó un buen pretexto para el nuevo régimen, que trató de sumar votos a su favor. La existencia de otro gobierno general en el interior ponía en tela de juicio su legitimidad.

Después del sismo, el presidente Zuloaga distrajo su atención de las cuestiones de alta política y personalmente realizó un recorrido por las calles de la ciudad.[624] Asimismo, el Ejecutivo envió algunas providencias al Ayuntamiento, en las que había resuelto determinar la suspensión de todos los pagos que tuvieran que hacerse por orden judicial con el objeto de remediar "los males". Por otro lado, incrementó los presupuestos municipales con el propósito de reponer los acueductos. Y por si fuera poco, abrió una suscripción en favor de las comunidades necesitadas "que no cuentan con un centavo para reponer sus conventos, y de las familias pobres que han sufrido desgracias causadas por el temblor".[625]

La posición de la Iglesia en el estado de emergencia también estuvo determinada por el momento histórico. El sostenimiento del gobierno conservador en la capital fue un peso al cual tuvo que hacer frente. Unos meses antes del sismo, en enero de 1858, el gobierno solicitó un préstamo

[622] *El Siglo Diez y Nueve*, 23 de junio de 1858:3.
[623] *Diario Oficial*, 20 de junio de 1858:1.
[624] *Diario Oficial*, 20 de junio de 1858:1.
[625] AHCM, *Actas de Cabildo Originales*, vol.180-A, f.244.

de un millón y medio de pesos.[626] La penuria económica de la nueva administración fue causa de profunda preocupación para la Iglesia, ya que en caso de un triunfo liberal, sus propiedades serían confiscadas conforme a la Ley Lerdo de 1856. De esta manera, la Iglesia se encontraba "entre dos fuegos": por un lado sus enemigos, el grupo de Juárez; y por otro, sus amigos, el gobierno de Zuloaga, que mermaba sus riquezas.[627]

En este momento la Iglesia dependió más que nunca del gobierno. De cierta manera, la debilidad del clero se reflejó en su respuesta al sismo. Las fuentes documentales denotan una escasa participación de la Iglesia en la reconstrucción material y sobre todo, un comportamiento tímido en las manifestaciones religiosas efectuadas después del temblor. Los únicos indicios documentales se refieren al envío, por parte del Arzobispo, de circulares para que los canceles de los templos se mantuvieran abiertos "durante los divinos oficios, mientras exista el temor de que se repita el temblor, con el fin de que los concurrentes tengan la libertad para salir y se eviten las desgracias".[628]

Tal como puede apreciarse, la disposición del arzobispo no comprometía a la Iglesia con la sociedad damnificada. Se trata de una medida práctica sin mayores consecuencias. En relación a las procesiones religiosas que eran tan frecuentes y concurridas en épocas previas y a través de las cuales podríamos apreciar el poder espiritual ejercido por la Iglesia, no se encontraron evidencias directas que permitan evaluar su importancia. Sabemos que las hubo, pero seguramente fueron bien controladas por las autoridades civiles. Así lo demuestra una noticia periodística editada unos días después del sismo:

> El batallón primero ligero permanente, nombrará un capitán, un subalterno y cuarenta hombres, que a las tres y media de la tarde de mañana, se hallarán en la parroquia de la Soledad de Santa Cruz, para marchar tras la procesión, retirándose a su cuartel cuando concluya.[629]

Los aspectos mencionados en la cita anterior son el resultado, por un lado, de la vulnerabilidad del clero hacia 1858 y en otro sentido, del proceso de secularización que experimentó la sociedad mexicana desde fines del siglo XVIII. Las autoridades gubernamentales intentaban eliminar o bien normar las populosas manifestaciones religiosas de la vida colonial para dar lugar a un nuevo orden social.[630]

Al estudiar las respuestas sociales ante el sismo de 1858 se observan ciertos elementos que podrían interpretarse a la luz de este proceso de secularización. Tales aspectos son evidentes en la información sobre sismos provenientes de fines del siglo XVIII y principalmente en el siglo XIX, mismos que no se han encontrado para épocas anteriores. Por ejemplo, es a partir de las postrimerías del siglo XVIII y sobre todo en el siglo posterior,

[626] Bazant 1977:147.
[627] Knowlton 1985:85.
[628] AHDF *Historia-Temblores*, vol.2287, exp.23, f.590.
[629] *Diario Oficial*, 20 de junio de 1858:1.
[630] Lira 1983:13; López Monjardín 1985:87-89.

que encontramos referencias de colectas pro-damnificados, la apertura por parte del gobierno de albergues públicos y la evaluación técnica de los daños. Estos aspectos, así como la creciente importancia de las explicaciones científicas sobre los fenómenos sísmicos, son más visibles conforme transcurre el siglo XIX. Estos elementos se sobreponen y desplazan a las antiguas manifestaciones de índole religiosa que se generaban a consecuencia de estos fenómenos, aunque ello no significara su total desaparición.

Con relación a este tipo de aspectos, sabemos que después del sismo de 1858 el Ayuntamiento abrió las puertas de la Alameda "por las noches para dar albergue a los que abandonaron sus hogares que amenzaban ruina".[631] De igual modo, dicho organismo gubernamental circuló varias órdenes al administrador de paseos para que no pusiera ninguna clase de obstáculo al tránsito de carruajes por la Alameda.[632] Al parecer, la Alameda fungió también como lugar de acopio de víveres.

El Ayuntamiento, además, nombró una comisión para recoger fondos y auxiliar a los damnificados, o bien apoyar la reconstrucción:

> Se solicita el nombramiento de una comisión para que recojan de la población las cantidades con que voluntariamente quisieren contribuir para socorrer a las familias pobres que a causa del terremoto acaecido el día 19 del presente han sufrido pérdidas y desgracias; así como para subvenir a los gastos de reparación de los templos lastimados y de las comunidades religiosas que viven de la caridad.[633]

Los especialistas facultados para evaluar los edificios afectados por el sismo, así como aquellos a quienes se les encomendaba su reparación, debían ser profesionales con título otorgado por la Academia de San Carlos. De este modo, en la sesión del cabildo ordinario celebrada unos días después del sismo, se informó:

> Se presentó un oficio del Gobierno del Distrito, acompañando una lista de arquitectos, ingenieros y maestros de obras titulados por la Academia de San Carlos, a la comisión de obras públicas.[634]

A través de los ejemplos anteriores podemos apreciar la importante participación del Ayuntamiento en las obras de reconstrucción social y material. El Ayuntamiento fue el gran organizador de la sociedad ante la desgracia ocasionada por el movimiento telúrico. Como se ha mostrado, nombró comisiones para la evaluación de los edificios afectados, creó y coordinó las colectas en ayuda a los damnificados, legisló en materia de reconstrucción, restableció el orden de la ciudad, trató de evitar los abusos de quienes trataron de aprovecharse de la situación, llevó a cabo la reconstrucción de hospitales, acueductos y puentes. En fin, resolvió de una manera práctica, muchos de los problemas suscitados a raíz del sismo.

[631] García Cubas 1904:35.
[632] AHDF, *Historia-Temblores*, vol.2287, exp.23, f.587.
[633] AHDF, *Historia-Temblores*, vol.2287, exp.23 , f.588.
[634] AHCM, *Actas de Cabildo*, vol.180-A, f.265-266.

Cabe mencionar que al parecer todos los reglamentos municipales decretados con motivo del sismo fueron aprobados en primera instancia por el gobierno del Distrito. En algunos casos, éste emitió bandos al respecto:

> Se suspende, hasta nueva orden, el uso de todo carruaje, bajo la multa de cien pesos, interin los arquitectos de la Ciudad reconocen los estragos que haya ocasionado el movimiento de tierra habido el día de hoy. Sólo el coche del Divínisimo recorrerá libremente la ciudad.[635]

El paseo. J. Phillips y A. Rider, 1848.

De igual modo, dicha autoridad comunicaba al Ayuntamiento las decisiones de las autoridades superiores, y este último se encargaba de hacerlas realidad y de que la comunidad obedeciera tales estipulaciones. Con respecto a la reconstrucción, el Gobierno del Distrito dictaminó, de acuerdo con el Ayuntamiento, la siguiente medida:

> no obstante lo escaso de los fondos municipales, y en consideración a lo mucho que han padecido las fincas, y en obsequio de los dueños de ellas, ha dipuesto [el Ayuntamiento] que por término de quince días no se pague por ninguna licencia de obras, y sólo se presentará por escrito en la secretaría municipal un aviso en que conste la casa y calle en que está ubicada, la parte de aquella que va a componerse, el nombre del arquitecto o maestro de obras, para que sea reconocido por los arquitectos de la ciudad, bajo el concepto de que no se cobrará por estos reconocimientos. Igualmente se advierte al público que para evitar los abusos de los corredores de cal, se prohibe absolutamente salir fuera de las garitas a contratar aquel efecto, castigándose a los contraventores con las penas establecidas en los bandos de policía contra los regatones.[636]

Al Ayuntamiento le correspondió la obligación de hacer efectiva la reconstrucción. Dada su pobreza financiera, cabe preguntarnos sobre el origen de los recursos económicos destinados a las actividades señaladas, pues el monto erogado en la reconstrucción fue elevado: "Los daños causados por el terremoto, no pueden bajar de cinco o seis millones de pesos".[637]

[635] *Diario Oficial*, 20 de junio de 1858:1; Rivera Cambas 1882,I:141.
[636] AHDF, *Historia-Temblores*, vol.2287, exp.23, f.567; *El Siglo Diez y Nueve*, 22 de junio de 1858:3.
[637] *Diario Oficial*, 22 de junio de 1858:2; *El Siglo Diez y Nueve*, 22 de junio de 1858:2. Para tener una idea comparativa de la cifra mencionada, podemos decir que esta cantidad significaba entre el 50 y el 60% de lo que México recibió de Estados Unidos a cambio de la Mesilla en 1853 (*Diccionario Porrúa* 1986,II:1845).

Ante esta situación, el Ayuntamiento se vio obligado a decretar ciertas medidas coercitivas para atraer dinero al fondo de reconstrucción. Por ejemplo, apeló a un decreto santannista de 1853, en el cual se estipulaba la contribución mensual o eventual para los carruajes de dos o cuatro ruedas, haciendo extensiva esta medida a las diligencias que corrían desde la capital hacia algunos pueblos de la periferia, tales como Tlálpan, Azcapotzalco y Guadalupe.[638] Tal medida, muy necesaria en vista de las circunstancias en las que se encontraban las arcas municipales, aportaría al Ayuntamiento 500 pesos mensuales.[639]

Al parecer, el Ayuntamiento también recurrió a la ayuda de prestamistas. Tres meses después del sismo, en sesión de cabildo ordinario se aprobó un oficio presentado por el Señor Germán Landa, en el que se ofrecía prestar 500 pesos para la compostura del puente de Solano, que se encontraba arruinado a causa del sismo.[640] La condición impuesta por el prestamista para entregar el dinero consistía en la exoneración del impuesto que debía pagar por la posesión de cinco fincas, e incluso del pago de una merced de agua.[641]

Reflexiones finales

Para finalizar, es importante mencionar que los estudios históricos sobre desastres permiten comprender mejor a nuestra sociedad en el pasado. Como se muestra, las condiciones históricas determinan las características de la respuesta social en torno a estos fenómenos. Así, se intentó ver cómo la información disponible sobre la respuesta de las autoridades de gobierno ante el sismo de 1858 parece tener sentido si se le analiza en el marco del proceso de secularización que vivía la sociedad decimonónica. En dicho proceso, los desastres asociados con fenómenos naturales estaban dejando atrás el mundo de la religión y pasaban, poco a poco, al reino de las explicaciones científicas. Así también este trabajo permitió conocer a la ciudad de México a mediados del siglo XIX. El recorrido por cada uno de los cuarteles y reparar en las acciones emprendidas por las autoridades fue otra forma de acercarnos a la configuración urbana y a la sociedad de la capital, que más de un vez resintió y respondió ante desgracias como la vivida el 19 de junio de 1858.

[638] AHDF, *Historia-Temblores*, vol.2287, exp.23, f.617.
[639] AHDF, *Actas de Cabildo*, vol.180-A, f.248.
[640] AHDF, *Actas de Cabildo*, vol.180-A, f.340-391.
[641] AHDF, *Actas de Cabildo*, vol.180-A, f.380. Cabe mencionar que poco antes, el referido Germán Landa había sido incluido en una Junta de Propietarios para resolver el problema del desagüe de la ciudad (Ministerio de Fomento 1857:26).

I: Relación de pueblos y ciudades afectados en Michoacán por el sismo de 1858 (pueblos y ciudades localizados en el mapa núm. 2)

1. Morelia
2. Pátzcuaro
3. Charo
4. Ario
5. Tacámbaro
6. Uruapan
7. Apatzingán
8. Los Reyes
9. Coahuayana
10. Huacana
11. Quiroga
12. Zirahuén
13. Indaparapeo
14. Tancítaro
15. Capula
16. Cuto
17. Santa María
18. Pamatácuaro
19. Tacáscuaro
20. Sicuicho

II: Relación de ciudades del interior donde se manifestó el sismo de 1858 (incluye ciudades localizadas y no localizadas en el mapa núm. 3)

1. Guadalajara
2. Lagos de Moreno
3. Morelia
4. Chilpancingo
5. Acapulco
6. Huamuxtitlán
7. Toluca
7* Temascalcingo
8. Tenancingo
8* San Pedro
9. Tenango
10. Temoaya
11. San Luis Potosí
12. Pachuca
13. Mineral del Monte
14. Córdoba
15. Jalapa
16. Colima
17. Manzanillo
18. Querétaro
19. San Juan del Río
20. Léon
21. Oaxaca
22. Puebla
23. Tlaxcala
24. D.F.
25. Texcoco
26. Tulancingo

* Lugares que no se localizaron en el mapa núm. 3

III: Relación de edificios públicos averiados por el sismo de 1858 (incluye edificios localizados en el plano núm. 1, en cada uno de los cuarteles mayores de la ciudad)

CUARTEL MAYOR I
1. Hospital Real
2. Plazuela de la Concepción
3. Templo de San Francisco

CUARTEL MAYOR II
4. Convento de San Jerónimo
5. Iglesia de Regina
6. Colegio de las Vizcaínas
7. Parroquia del Salto del Agua
8. Teatro Principal

CUARTEL MAYOR III
9. Casa del Ayuntamiento
10. Universidad
11. Iglesia y Colegio de Porta Coeli
12. Iglesia de Balvanera
13. Templo y hospital de Jesús Nazareno
14. Hospital de San Pablo

CUARTEL MAYOR IV
15. Catedral y Sagrario
16. Palacio Nacional
17. Casa de Moneda
18. Plazuela de Loreto
19. Templo de San Pablo
20 Templo de Santo Domingo
21. Edificio de la Inquisición

CUARTEL MAYOR V
Puente de la Alhóndiga *
Puente de Santiaguito *
Compuertita de Santo Tomás *

CUARTEL MAYOR VI
22. Hospital de San Juan de Dios
23. Templo de San Fernando
24. Panteón de Santa Paula
25. Hospital de San Hipólito

CUARTEL MAYOR VII
26. Hospital de San Lázaro
27. Iglesia de San Gregorio

CUARTEL MAYOR VIII
28. Iglesia de Santa Brígida
29. Teatro de Nuevo México
30. Templo de San José
31. Iglesia de Belém

* No localizados en el plano núm. 1

Fuentes y bibliografía

Fondos documentales:

Archivo Histórico de la Ciudad de México (AHCM)
Historia. Temblores 1768-1858
Actas de Cabildo Originales de Sesiones Ordinarias 1858-1860
Fincas, edificios ruinosos
Archivo Histórico "Manuel Castañeda Ramírez", Morelia, Mich. (AHMCR)
Negocios Diversos
Archivo Histórico Municipal de Morelia (AHMM)
Actas de Cabildo (1858)
Libro de Subprefectura de Quiroga, Pátzcuaro y Zinapécuaro
Archivo Parroquial de Pátzcuaro (APP)
Libro de Composturas de la Parroquia (1845-1858)

Fuentes hemerográficas:

Diario Oficial, 1858
El Siglo Diez y Nueve, 1858

Fuentes impresas y bibliografía:

ADORNO, JUAN
1864 *Memoria acerca de los terremotos en México escrita en octubre de 1864 por...,* Ediciones de "El Pájaro Verde", Imprenta de Mariano Villanueva, México.

ÁVILA, AGUSTÍN
1974 "Antiguos barrios indígenas en la ciudad de México, siglo XIX", en *Investigaciones sobre la historia de la ciudad de México (I),* pp. 155-182, Colección Científica núm. 4, INAH, México.

BAZANT, JAN
1977 *Los bienes de la Iglesia en México (1856-1875); aspectos económicos y sociales de la revolución liberal,* El Colegio de México, México.

BEATO, GUILLERMO
1987 "La casa Martínez del Río: del comercio colonial a la industria fabril. 1829-1864", en *Formación y desarrollo de la burguesía en México. Siglo XIX,* pp.57-107, Ed. Siglo XIX, México

BRAVO H., G. SUÁREZ Y E. ZUÑIGA
1988 "Potencial sísmico en México", en *Estudios sobre sismicidad en el valle de México,* pp. 1-31, Departamento del Distrito Federal/ Programa de las Naciones Unidas para el Desarrollo, México.

COOPER, DONALD
1980 *Las epidemias en la ciudad de México 1761-1813*, Colección Salud y Seguridad Social. Serie Historia, IMSS, México.

DÍAZ, LILIA
1981 "El liberalismo militante", en *Historia General de México*, II:819-872, El Colegio de México, México.

DICCIONARIO PORRÚA
1986 *Diccionario Porrúa. Historia, biografía y geografía de México*, 3 vols, Porrúa, México.

FERNÁNDEZ, MARTHA
1987 *La ciudad de México. De gran Tenochtitlan a mancha urbana*, Colección Distrito Federal núm. 14, Departamento del Distrito Federal, México.

FLORESCANO, ENRIQUE E ISABEL GIL SÁNCHEZ
1976 "La época de las reformas Borbónicas y el crecimiento económico, 1750-1808", en *Historia General de México*, I:473-589, El Colegio de México, México.

GARCÍA ACOSTA, VIRGINIA, *ET AL.*
1988 "Cronología de los sismos en la Cuenca del Valle de México", en *Estudios sobre sismicidad en el Valle de México*, pp. 409-427, Departamento del Distrito Federal/Programa de las Naciones Unidas para el Desarrollo-HABITAT, México.

GARCÍA ACOSTA, VIRGINIA Y GERARDO SUÁREZ REYNOSO
1996 *Los sismos en la historia de México*, vol.I, UNAM/CIESAS/Fondo de Cultura Económica, México.

GARCÍA CUBAS, ANTONIO
1904 *El libro de mis recuerdos; narraciones históricas, anécdotas y de costumbres mexicanas anteriores al actual estado social; ilustradas con más de trescientos fotograbados*, Imprenta de Arturo García Cubas Hermanos Sucesores, México.

GAYÓN, MARÍA
1988 *Condiciones de vida y de trabajo en la ciudad de México en el siglo XIX*, Cuaderno de Trabajo núm. 53, INAH, México.

GÓMEZ DE LA CORTINA, JOSÉ
1859 "Observaciones sobre el electromagnetismo", en *Boletín de la Sociedad Mexicana de Geografía y Estadística*, 1a. época, v. VII, pp. 53-60.

GONZÁLEZ, LUIS
1982 "La era de Juárez", en *La economía mexicana en la época de Juárez*, pp. 11-57, Colección Sepsetentas núm. 236, México.

GORTARI, HIRA DE Y REGINA HERNÁNDEZ comps.
1988 *Memorias y encuentros. La ciudad de México y el Distrito Federal 1824-1928*, 2 vols., Departamento del Distrito Federal-Instituto de Investigaciones José Ma. Luis Mora, México.

INSTITUTO NACIONAL DE ANTROPOLOGÍA E HISTORIA, ed.
1967 *México pintoresco. Colección de las principales iglesias y de los edificios notables de la ciudad. Paisaje de los suburbios 1853*, México.

KNOWLTON, ROBERT
1985 *Los bienes del clero y la Reforma mexicana, 1856-1910*, Fondo de Cultura Económica, México.

LIRA, ANDRÉS
1983 *Comunidades indígenas frente a la ciudad de México*, El Colegio de México/El Colegio de Michoacjn, México.

LOMBARDO DE RUIZ, SONIA
1978 "Ideas y proyectos urbanísticos de la ciudad de México hasta el siglo XIX", en *Ciudad de México. Ensayo de construcción de una historia*, Alejandra Moreno (comp.), pp. 169-189, Colección Científica núm. 61, INAH, México.

LÓPEZ MONJARDÍN, ADRIANA
1985 *Hacia la ciudad del capital; México 1790-1870*, Colección Científica núm. 46, INAH, México.

MALDONADO, CELIA
1974 "El cólera de 1850 en la ciudad de México", *en Investigaciones sobre la historia de la ciudad de México*, pp. 27-50, Colección Científica núm. 4, INAH, México.
1978 "El control de las epidemias: modificaciones en la estructura urbana", en *Ciudad de México. Ensayo de construcción de una historia*, Colección Científica núm. 61, INAH, México, pp. 148-153.

MALO, JOSÉ RAMÓN
1948 *Diario de sucesos notables (1832-1864)*, 2 vols, Patria, México.

MAZA, FRANCISCO DE LA
1985 *La ciudad de México en el siglo XVII*, Lecturas Mexicanas núm. 95, SEP, México.

MINISTERIO DE FOMENTO, COLONIZACIÓN, INDUSTRIA Y COMERCIO
1857 *Memorias del Ministerio de Fomento, Colonización, Industria y Comercio de la República Mexicana, escrita por el Ministro del Ramo C. Manuel Siliceo*, Imp. de Vicente García Torres, México.

MORENO TOSCANO, ALEJANDRA
1978 "Introducción. Un ensayo de historia urbana", en *Ciudad de México. Ensayo de construcción de una historia*, Colección Científica núm. 61, INAH, México, pp. 2-24.
1981 "Los trabajadores y el proyecto de industrialización, 1810-1867", en *De la colonia al Imperio*, Colección "La clase obrera en la historia de México", vol. I, Ed. Siglo XXI-UNAM, México.

MORALES, MARÍA DOLORES
1974 "La expansión de la ciudad de México en el siglo XIX: el caso de los fraccionamientos", *en Investigaciones sobre la Historia de la Ciudad de México I*, Colección Científica núm. 4, INAH, México, pp. 71-105.

OROZCO Y BERRA, JUAN

1887 "Efemérides seísmicas mexicanas", en *Memorias de la Sociedad Científica "Antonio Alzate"*, pp. 303-541, Imprenta del Gobierno en el Ex-Arzobispado, México.

OROZCO Y BERRA, MANUEL

1973 *Historia de la ciudad de México, desde su fundación hasta 1854*, Colección *Sepsetentas* núm. 112, México.

RAMÍREZ, MINA

1986 *La catedral de Vasco de Quiroga*, El Colegio de Michoacán, México

RIVERA CAMPAS, MANUEL

1882 *México pintoresco, artístico y monumental*, 3 vols, Imprenta La Reforma, México.

ROMERO, JOSÉ GUADALUPE

1860 "Noticia de los terremotos que se han sentido en la República Mexicana, desde la conquista hasta nuestros días", *en Boletín de la Sociedad Mexicana de Geografía y Estadística*, 1a. época, v. VIII, pp.468-470,

1972 *Michoacán y Guanajuato en 1860. Noticias para formar la historia y la estadística del Obispado de Michoacán*, Fimax Publicistas, México.

ROMERO, HÉCTOR MANUEL

1988 *Cuauhtémoc. Crónica Histórica de la Delegación Cuauhtémoc*, Colección de Delegaciones Políticas 6, Departamento del Distrito Federal, México.

WAITZ, PAUL

1920 "El volcán de Jorullo (calendario de Momo y de Minerva para el año de 1859)", en *Memorias de la Sociedad Científica "Antonio Alzate"*, XXXVII (4-6):278-290, México.

Anexo

Resultados de las investigaciones sobre desastres históricos en México elaborados por investigadores, estudiantes y/o becarios del CIESAS[642]

Libros publicados

GARCÍA ACOSTA VIRGINIA, coord.

1992 *Estudios históricos sobre desastres naturales en México*, CIESAS, México (reimpreso en 1994 y en 2000).

1996 *Historia y Desastres en América Latina*, vol. I, LA RED/CIESAS, Tercer mundo editores, Bogotá.

1997 *Historia y Desastres en América Latina*, vol. II, LA RED/CIESAS/CIESAS/ITDG, Lima.

GARCÍA ACOSTA, VIRGINIA Y GERARDO SUÁREZ REYNOSO

1996 *Los sismos en la historia de México*, vol. I, Universidad Nacional Autónoma de México/CIESAS/Fondo de Cultura Económica, México.

MOLINA DEL VILLAR, AMÉRICA

1996 *Por voluntad divina: escasez, epidemias y otras calamidades en la Ciudad de México, 1700-1762*, CIESAS, México.

ROJAS RABIELA, TERESA, JUAN MANUEL PÉREZ ZEVALLOS Y VIRGINIA GARCÍA ACOSTA, COORDS.

1987 *Y volvió a temblar... Cronología de los sismos en México (de 1 pedernal a 1821)*, Cuadernos de la Casa Chata núm. 135, CIESAS, México.

ROSENBLUETH, EMILIO, VIRGINIA GARCÍA ACOSTA, TERESA ROJAS RABIELA, FRANCISCO NÚÑEZ DE LA PEÑA, JESÚS OROZCO CASTELLANOS

1992 *Macrosismos. Aspectos físicos, sociales, económicos y políticos*, CIESAS/Centro de Investigación Sísmica de la Fundación Javier Barros Sierra, México. (reimpreso en 1994).

[642] Este anexo cubre de 1987 hasta mayo del 2000.

Libros en prensa y/o preparación

ESCOBAR OHMSTEDE, ANTONIO

2000 *Desastres agrícolas en México. Catálogo histórico. vol. II: 1822-1900*, CIESAS, México.

GARCÍA ACOSTA, VIRGINIA, JUAN MANUEL PÉREZ ZEVALLOS Y AMÉRICA MOLINA DEL VILLAR

2000 *Desastres agrícolas en México. Catálogo histórico. vol. I: Época prehispánica-1822*, CIESAS, México.

MOLINA DEL VILLAR, AMÉRICA

1999 *La Nueva España y el matlazahuatl de 1736-1739*, CIESAS, México.

Artículos publicados

ABOITES, LUIS Y GLORIA CAMACHO PICHARDO

1996 "Aproximación al estudio de una sequía en México. El caso de Chapala-Guadalajara (1949-1958)", en: V. García Acosta, coord., *Historia y Desastres en América Latina, op. cit.*, vol. I: 259-291.

ESCOBAR OHMSTEDE, ANTONIO

1992 "Desastres naturales del siglo XIX: avances de una investigación", en: V. García Acosta, coord., *Estudios históricos sobre desastres naturales en México, op. cit.*, pp.53-62.

1997 "Las 'sequías' y sus impactos en las sociedades del México decimonónico, 1856-1900", en: V. García Acosta, coord., *Historia y Desastres en América Latina, op. cit.*, vol. II: 219-257.

GARCÍA ACOSTA

1989 "El registro sísmico en las épocas prehispánica y colonial", en: *Memorias del I Congreso de Historia de la Ciencia y de la Tecnología*, Sociedad Mexicana de Historia de la Ciencia y de la Tecnología, México, vol. II: 509-515.

1992 "Sismos en la frontera sur: fenómenos sin frontera", en: *Cultura Sur*, julio-agosto, núm. 20: 3-7.

1992 "Reacción social y memoria histórica", en: *Quórum*, agosto, núm. 5: 19-23.

1992 "Enfoques teóricos para el estudio histórico de los 'desastres naturales'", en: V. García Acosta, coord., *Estudios históricos sobre desastres naturales en México*, pp. 19-32.

1993 "Las sequías históricas de México", en *Desastres & Sociedad* (Bogotá), julio-diciembre, 1:83-97.

1993 Reedición de: "Enfoques teóricos para el estudio histórico de los 'desastres naturales'", en: Andrew Maskrey, comp., *Los desastres no son naturales*, LA RED/ITDG, Tercer Mundo Editores, Bogotá, 1993, pp. 155-166.

1994 "Las catástrofes agrícolas y sus efectos en la alimentación. Escasez y carestía de maíz, trigo y carne en el México Central a fines de la Epoca Colonial", en: Shoko Doode y Emma Paulina Pérez, comps., *Sociedad, Economía y Cultura Alimentaria*, Centro de Investigación en Alimentación y Desarrollo/CIESAS, Hermosillo, México, pp.347-365.

1995 "Desastres 'naturales': un nuevo campo de estudio en México", en: Esteban Krotz, dir., *Anuario de la revista Alteridades*, Departamento de Antropología, Universidad Autónoma Metropolitana Unidad Iztapalapa, México, I: 77-92

1996 "Introducción. El estudio histórico de los desastres", en: V. García Acosta, coord., *Historia y Desastres en América Latina*, vol.I:15-37.

1997 "Introducción", en: V. García Acosta, coord., *Historia y Desastres en América Latina*, vol.II:15-30.

1997 "Las ciencias sociales y el estudio de los desastres", en: *Umbral XXI* (Universidad Iberoamericana), 24:8-13.

2000 "De los Altos de Jalisco al estudio de los desastres" en V. García Acosta, coord., *La diversidad intelectual. Ángel Palerm in memoriam*, CIESAS, México, pp. 223-228.

GARCÍA ACOSTA, VIRGINIA, ANTONIO ESCOBAR O. Y JUAN MANUEL PÉREZ ZEVALLOS

1993 "Historical Droughts in Mexico Studied", en: *Drought Network News*, 5(2):16-18.

GARCÍA ACOSTA, VIRGINIA, ROCÍO HERNÁNDEZ, IRENE MÁRQUEZ, AMÉRICA MOLINA, JUAN MANUEL PÉREZ, TERESA ROJAS Y CRISTINA SACRISTÁN

1988 "Cronología de los sismos en la cuenca del Valle de México", en: *Estudios sobre sismicidad en el Valle de México*, Departamento del Distrito Federal/Programa de las Naciones Unidas para el Desarrollo, México, pp. 409-498.

GARCÍA ACOSTA, VIRGINIA Y ANTONIO ESCOBAR O.

1992 "Introducción", en: V. García Acosta, coord., *Estudios históricos sobre desastres naturales en México*, pp. 9-15.

GARCÍA ACOSTA, VIRGINIA Y TERESA ROJAS RABIELA

1992 "Los sismos como fenómeno social: una visión histórica", en: Emilio Rosenblueth, Virginia García Acosta, Teresa Rojas Rabiela, Francisco Núñez de la Peña, Jesús Orozco Castellanos, *Macrosismos. Aspectos físicos, sociales, económicos y políticos*, CIESAS/Centro de Investigación Sísmica de la Fundación Javier Barros Sierra, México, pp. 25-36 (reimpreso en 1994).

GARCÍA HERNÁNDEZ, ALMA

1997 "Alternativas ante las sequías de 1789-1810 en la villa de Saltillo", en: V. García Acosta, coord., *Historia y Desastres en América Latina*, vol. II: 191-216.

LAGOS PREISSER, PATRICIA Y ANTONIO ESCOBAR OHMSTEDE

1996 "La inundación de San Luis Potosí en 1887: una respuesta organizada", en: V. García Acosta, coord., *Historia y Desastres en América Latina*, *op. cit.*, vol. I: 325-372.

MOLINA DEL VILLAR, AMÉRICA

1991 "Cronología de los sismos en el noroeste de México, siglos XVIII y XIX", en: *XV Simposio de Historia y Antropología de Sonora. Memorias*, Hermosillo, México, vol.I: 253-262.

1992 "Aproximación histórica al estudio de los desastres naturales. Siglos XVIII y XIX", en: V. García Acosta, coord., *Estudios históricos sobre desastres naturales en México*, pp. 45-52.

1996 "Impacto de epidemias y crisis agrícolas en comunidades indígenas y haciendas del México colonial (1737.1742)", en: V. García Acosta, coord., *Historia y Desastres en América Latina*, vol.I:195-220.

1996 "El papel del gobierno y la sociedad en la prevención de desastres del México colonial", en: Elizabeth Mansilla, ed., *Desastres, modelo para armar. Colección de piezas de un rompecabezas*, LA RED, Lima, pp. 299-308.

1997 "Crisis, agricultura y alimentación en el obispado de Michoacán (1785-1786)", en: Carlos Paredes Martínez, coord., *Historia y Sociedad. Ensayos del Seminario de Historia Colonial de Michoacán*, Universidad Michoacana de San Nicolás de Hidalgo/CIESAS, México, pp.183-223.

1999 "Modelos y patrones de propagación del matlazahuatl de 1737-1739", en: Sonia Pérez Toledo, René Elizalde Salazar y Luis Pérez Cruz, eds., *Las ciudades y sus estructuras. Población, espacio y cultura en México, siglos VIII y XIX,* Universidad Autónoma de Tlaxcala/Universidad Autónoma Metropolitana-Iztapalapa, México, pp. 25-32.

SUÁREZ, G., V. GARCÍA ACOSTA, T. MONFRET Y R. GAULON

1991 "Evidence of active crustal deformation of the northern Colima graben in the western part of the Mexican volcanic belt", en: *EOS, Trans. Am. Geophysical Union,* 72:346.

SUÁREZ, GERARDO, VIRGINIA GARCÍA ACOSTA Y ROLAND GAULON

1994 "Active crustal deformation in the Jalisco block, Mexico: evidence for a great historical earthquake in the 16th century", en: *Tectonophysics,* 234:117-127.

Títulos de divulgación

GARCÍA ACOSTA, VIRGINIA, AMÉRICA MOLINA DEL VILLAR, ANTONIO ESCOBAR OHMSTEDE Y JUAN MANUEL PÉREZ ZEVALLOS

1996 *Análisis histórico de desastres*, Diplomado en gestión de la protección civil, CIESAS/Sistema Estatal de protección Civil, México.

GARCÍA ACOSTA, VIRGINIA

1997 "El catálogo sísmico histórico", en: R. Zúñiga, G. Suárez, M. Ordaz y V. García Acosta, *Peligro sísmico en Latinoamérica y el Caribe*, Capítulo 2: México, Instituto Panamericano de Geografía e Historia/Centro Internacional de Investigaciones para el Desarrollo, Ottawa, pp.9-28.

GARCÍA ACOSTA, VIRGINIA Y MARIO CONTRERAS

1999 En: Andrés Velásquez y Cristina Rosales, *Escudriñando en los desastres a todas las escalas. Concepción, metodología y análisis de desastres en América Latina utilizando Desinventar,* OSSO/LA RED/ITDG, Cali.

Tesis presentadas

BASAY VEGA, SONIA

1996 *Historia de un desastre: deterioro ambiental en la Mixteca Alta,* Maestría en Antropología Social, CIESAS, México, D.F.

García Acosta, Virginia

1995 *Análisis histórico-social de los sismos en México. Desastres y sociedad en las épocas prehispánica y colonial*, Doctorado en Historia, Universidad Nacional Autónoma de México, México.

García Hernández, Alma

1995 *Una ventana hacia Saltillo colonial: la tierra y el agua*, Licenciatura en Etnohistoria, Escuela Nacional de Antropología e Historia, México.

González Meza, María Rocío

1998 *Desastres en la Provincia de Chiapa, 1520-1790. Otra manera de percibir la realidad colonial*, Licenciatura en Etnohistoria, Escuela Nacional de Antropología e Historia, México.

León García, María del Carmen

1996 *La distinción alimentaria de Toluca. Segunda mitad del siglo XVIII*, Maestría en Antropología Social, CIESAS, México.

Molina del Villar América

1990 *Junio de 1858. Temblor, Iglesia y Estado. Hacia una historia social de las catástrofes en la ciudad de México*, Licenciatura en Etnohistoria, Escuela Nacional de Antropología e Historia, México.

1998 *La propagación del matlazahuatl. Espacio y Sociedad en la Nueva España, 1735-1746*, Doctorado en Historia, El Colegio de México, México.

Pérez Meléndez, Ma. de la Luz

1995 *La crisis agrícola de 1891-1892*, Licenciatura en Etnohistoria, Escuela Nacional de Antropología e Historia, México.

Salazar Exaire, Celia

1993 *La crisis poblana de 1770-1771*, Maestría en Historia, Universidad Autónoma de Puebla, Puebla.

Ponencias presentadas

Campos Goenaga, Isabel

1994 "Cuando los dioses se enojan. El huracán de 1561: vulnerabilidad ideológica y prevención en la sociedad maya yucateca", en: *Memorias del Seminario Internacional Sociedad y Prevención de Desastres*, Comité Mexicano de Ciencias Sociales/Universidad Nacional Autónoma de México/LA RED, México, D.F., febrero.

1994 "Landa, Lizana y Cogolludo: Crónicas en el estudio de los desastres", en: *XXIII Mesa Redonda de la Sociedad Mexicana de Antropología: Antropología e Interdisciplina*, Villahermosa, México, agosto.

Escobar Ohmstede, Antonio

1994 "Las sequías en el México decimonónico, 1856-1900", en: *Reunión Anual de la Society for Applied Anthropology*, Cancún, México, abril.

Escobar Ohmstede, Antonio y Viviana Kuri

1994 "Las sequías en el norte mexicano (1848-1853)", en: *XXIII Mesa Redonda de la Sociedad Mexicana de Antropología: Antropología e Interdisciplina*, Villahermosa, México, agosto.

FÁJER, PATRICIA

1994 "El avance científico para el análisis de los fenómenos naturales durante el siglo XIX: el Boletín de la Sociedad Mexicana de Geografía y Estadística", en: *XXIII Mesa Redonda de la Sociedad Mexicana de Antropología: Antropología e Interdisciplina*, Villahermosa, México, agosto.

GARCÍA ACOSTA, VIRGINIA

1988 "El registro sísmico en las épocas prehispánica y colonial", en: *I Congreso Mexicano de Historia de la Ciencia y la Tecnología*, Comité Mexicano de Historia de la Ciencia y de la Tecnología, México, D.F. septiembre.

1990 "Los sismos de Jalisco durante 1875", en: *Mesa Redonda: El subsuelo de la cuenca del valle de México y su relación con la Ingeniería de cimentaciones a cinco años del sismo*, Sociedad Mexicana de Mecánica de Suelos, México D.F.

1991 "Earthquakes in Mexico during 450 years of history", en: *UCLA International Conference on the Impact of Natural Disasters,* UCLA, Los Ángeles, julio.

1991 "Enfoques teóricos para el estudio histórico de los desastres naturales", en: *Balance y perspectivas en los estudios sobre desastres naturales,* CIESAS, México, D.F., noviembre.

1992 "La importancia del método histórico en la detección y estudio de los fenómenos geofísicos", en: *Seminario Desastres Naturales, Sociedad y Protección Civil,* Comité Mexicano de Ciencias Sociales/Coordinación de la Investigación Científica de la Universidad Nacional Autónoma de México, México, D.F., febrero.

1992 "Respuesta histórica ante los sismos", en: *Seminario sobre aprovechamiento del sistema de alerta sísmica*, Fundación Javier Barros Sierra, México, D.F., febrero.

1992 "The Documents from the Archivo General de Indias in the Mexican Historical Earthquakes Catalogue: Methodology and Critical Routes", en: *Second Workshop. Seismic Hazard Project*, Instituto Panamericano de Geografía e Historia/International Development and Research Center, Melbourne, Florida, abril.

1993 "Escasez y carestía de alimentos básicos en México: maíz, trigo y carne en el siglo XVIII", en: *Primer coloquio sobre alimentación, sociedad y desarrollo,* Centro de Investigación en Alimentación y Desarrollo, Hermosillo, México, marzo.

1993 "Historical Droughts in Mexico", en: *Drought Management and Planning Training Seminar,* International Drought Information Center/UNEP/WMO/NOAA/OEA, Montevideo, marzo.

1993 "Nuevas líneas de investigación: los desastres naturales en perspectiva histórica", en: *Líneas de investigación actuales y futuras, y estrategias de difusión en las disciplinas antropológicas*, Escuela Nacional de Antropología e Historia, México, D.F., mayo.

1993 "La historia de la alimentación y los desastres", en: Presentación de la revista *Antropológicas*, núm. 7, Instituto de Investigaciones Antropológicas- Universidad Nacional Autónoma de México, México, D.F., junio.

1994 "Prevención de desastres en la historia", en: *Seminario Internacional Sociedad y Prevención de Desastres,* Comité Mexicano de Ciencias Sociales/ Universidad Nacional Autónoma de México/LA RED, México, D.F., febrero.

1994	"Respuestas, toma de decisiones y estrategias adaptativas de la sociedad colonial mexicana ante los sismos", en: *Reunión Anual de la Society for Applied Anthropology*, Cancún, México, abril.
1995	"Cultura del desastre", en: *Seminario sobre desastres*, Benemérita Universidad Autónoma de Puebla/Centro Universitario para la Prevención de Desastres Regionales, Puebla, México, mayo.
1995	"Teoría de desastres", en: *Contribuciones Teóricas en Desastres*, Benemérita Universidad Autónoma de Puebla/Centro Universitario para la Prevención de Desastres Regionales, Puebla, México, julio.
1995	"Desastres e História das Secas: Mexico e o Nordeste do Brasil", en: *Simpósio sobre Meio-Ambiente, Degradaçao e Gerenciamiento de Desastres*, Universidad Federal de Paraíba (Unidade de Pesquisa de Calamidades)/Universidad de Manitoba (Disaster Research Institute), Campina Grande, Brasil, diciembre.
1995	"La historiografía mexicana y el estudio de las sequías", en: *Taller sobre sequías históricas*, Red de Estudios sociales en prevención de desastres en América Latina/Universidad Federal de Paraíba (Unidade de Pesquisa de Calamidades), Joao Pessoa, Brasil, diciembre.
1996	"Vinculación investigación-trabajo de campo en los estudios históricos y contemporáneos sobre desastres", en: *Taller sobre trabajo comunitario para la prevención de desastres*, CUPREDER/CIESAS/LA RED, Puebla, México, julio.
1996	"Los sismos de 1985 en México: ¿parteaguas en la prevención y mitigación de desastres?, en: *Hemispheric Congress on Disaster Reduction and Sustainable Development*, International Hurricane Center de la Florida International University/LA RED, Miami, septiembre-octubre.
1996	"Los desastres no sólo son naturales: desinformación e incomunicación", en: *ICAROS'96 Seminar*, Union Internationale des Associations et Organismes Tecniques (Francia), FUNVISIS (Venezuela), Puerto La Cruz, Venezuela, noviembre.
1997	"Anthropology of Disaster: A Historical Perspective Based on Mexican Cases", en: *96 Reunión Anual de la American Anthropological Association*, Washington, D.C., noviembre.
1998	"Disaster, Cultural Continuity and Change", en: *1998 Joint Conference Canadian Association for Social and Cultural Anthropology/American Ethnological Association*, University of Toronto, Toronto, mayo.
1999	"Las ideas ilustradas sobre el origen de los sismos", en: *Coloquio Internacional El II Conde de Revillagigedo*, Instituto Mora/El Colegio de México, México, D.F., mayo.
1999	"Anthropological and Historical Disaster Research", en: *Conférence annuelle de la Société Suisse d Ethnologie: Ordre, risque et menace*, Société Suisse d' Ethnologie/Université de Berne, Berna, octubre.
2000	"Societal Practices and Responses to Disasters", en: *LASA 2000. XXII International Congress: Hands across the Hemisphere in the New Millenium*, Latin American Studies Association/Florida International University, Miami, marzo.
2000	"Modelos teóricos, métodos y conceptos en el estudio del riesgo y desastre", en: *Congreso Nacional por la Prevención de Desastres*, CIESAS/Centro Universitario para la Prevención de los Desastres Regionales/Dirección General de Protección Civil, México, D.F., marzo.
2000	"En busca de El Niño en la historia de México", en: *Simposio los efectos del fenómeno de El Niño en México*, Consejo Nacional de Ciencia y Tecnología, México, D.F., mayo.

2000 "Antecedentes históricos de la sequía en México", en: *Münchener Rückversicherungs-Gesellschaft*, México, D.F., mayo.

2000 "El niño en México", en Primer Taller Internacional "Gestión de Riesgos de Desastre ENSO en América Latina", LA RED/ Universidad de Piura/GTZ/Diario *El Tiempo*, Piura, Perú, julio.

2000 "Perspectiva histórica de los desastres y de su impacto en el Valle de México", en Simposio Internacional Riesgos Geológicos y ambientales en la Ciudad de México, UNAM/Gobierno del Distrito Federal/Instituto Mexicano del Petróleo/CENAPRED/Instituto Mexicano de Tecnología del Agua, México, D.F., octubre.

GARCÍA ACOSTA, VIRGINIA, TERESA ROJAS RABIELA Y AMÉRICA MOLINA DEL VILLAR

1990 "Temblores históricos", en: *Ingeniería sísmica 1990. Emilio Rosenblueth*, El Colegio Nacional, México, D.F., septiembre.

GARCÍA ACOSTA, VIRGINIA, TERESA ROJAS RABIELA

1988 "Los sismos en la historia de México", en: *Mesa redonda: Mitigación del riesgo sísmico en la ciudad de México,* Departamento del Distrito Federal, México, D.F., septiembre.

1989 "Los sismos como fenómeno social: Una visión histórica", en: *Mesa redonda: Los macrosismos como convergencia de hechos físicos, sociales, económicos y políticos,* Centro de Investigaciones Sísmicas de la Fundación Javier Barros Sierra, México, D.F.., septiembre.

GARCÍA ARÉVILA, NORMA

1994 "Fuentes para el estudio de las catástrofes agrícolas a través de las 'Relaciones de los favorables tiempos y cosechas en la Nueva España (1790-1799)'", en: *XXIII Mesa Redonda de la Sociedad Mexicana de Antropología: Antropología e Interdisciplina*, Villahermosa, México, agosto.

GARCÍA HERNÁNDEZ, ALMA

1994 "El estudio histórico de los desastres naturales en el noreste de la Nueva España. Un caso local. La sequía de 1784-1786 en la provincia de Coahuila, efectos y respuestas", en: *XXIII Mesa Redonda de la Sociedad Mexicana de Antropología: Antropología e Interdisciplina*, Villahermosa, México, agosto.

MACÍAS MEDRANO, JESÚS MANUEL

1994 "Efectos sociales de los fenómenos desastrosos del siglo XX en la región de Colima", en: *Reunión Anual de la Society for Applied Anthropology*, Cancún, México, 1994.

MAZABEL, DAVISON

1994 "Elementos para el estudio de los desastres agrícolas en Puebla-Tlaxcala durante la época colonial", en: *XXIII Mesa Redonda de la Sociedad Mexicana de Antropología: Antropología e Interdisciplina,* Villahermosa, México, agosto.

MOLINA DEL VILLAR, AMÉRICA

1994 "La participación del gobierno y la sociedad colonial en la prevención de desastres", en: *Seminario Internacional Sociedad y Prevención de Desastres,* Comité Mexicano de Ciencias Sociales/Universidad Nacional Autónoma de México/LA RED, México, D.F., febrero.

1994 — "Epidemia y crisis agrícola en la región de Toluca, 1736-1740", en: *Reunión Anual de la Society for Applied Anthropology*, Cancún, México, abril.

1995 — "Crisis de abastecimiento en la ciudad de México, 1700-1750", en: *Taller sobre sequías históricas*, Red de Estudios sociales en prevención de desastres en América Latina/Universidad Federal de Paraíba (Unidade de Pesquisa de Calamidades), Joao Pessoa, Brasil, diciembre.

1996 — "Política sanitaria y manifestaciones públicas durante epidemias y otras calamidades en la ciudad de México, 1736-1742", en: *Coloquio Estructura interna, sociedad y población. Las ciudades mexicanas en la colonia y el siglo XIX*, Universidad Autónoma Metropolitana/Instituto Mora/Universidad Veracruzana, Guanajuato, México, noviembre.

1997 — "Pueblos de indios y recaudación tributaria durante periodos de epidemias y crisis agrícolas, 1736-1740", en: *LASA XX Internacional Congress*, Guadalajara, México, abril.

1997 — "Expansión y patrones de propagación del matlazahuatl de 1737-1739 en el norte de la Nueva España", en: *tercera Reunión de Antropología Médica y Medicina Tradicional del Norte de México*, Ciudad Juárez, México, octubre.

1997 — "Modelos y patrones de propagación del matlazahuatl de 1737-1739 en Nueva España", en: *Coloquio Las ciudades y sus estructuras. Población, espacio y cultura en México, siglos XVIII-XIX*, Universidad Autónoma de Tlaxcala/Universidad Autónoma Metropolitana-Iztapalapa, Tlaxcala, México, noviembre.

1997 — "El matlazahuatl de 1736-1739 en Nueva España", en: *Seminario de Demografía Histórica-Taller de Estudios sobre la muerte*, Instituto Nacional de Antropología e Historia, México, D.F., diciembre.

1998 — "Epidemias en la ciudad de México en la época colonial", en: *Seminario Permanente Salud-Enfermedad de la prehistoria al siglo XX*, Dirección de Etnología y Antropología Social del Instituto Nacional de Antropología e Historia, México, D.F., septiembre.

1999 — "Los manuales médicos, la política preventiva y sanitaria ante el matlazahuatl de 1737", en: *X Reunión de Historiadores Mexicanos y Norteamericanos,* Dallas-Forth Worth, noviembre.

1999 — "Tasación y crisis en el centro de Nueva España", en: *X Reunión de Historiadores Mexicanos y Norteamericanos*, Dallas-Forth Worth, noviembre.

PÉREZ MELÉNDEZ, MARÍA DE LA LUZ

1993 — "La presencia de fenómenos naturales destructivos y sus efectos en la producción y abasto de alimentos. México, siglo XIX", en: *Primer coloquio sobre alimentación, sociedad y desarrollo*, Centro de Investigación en Alimentación y Desarrollo, Hermosillo, México, marzo.

PÉREZ ZEVALLOS, JUAN MANUEL

1994 — "Desastres naturales y movimientos de población. Nueva España, siglo XVI", en: *Reunión Anual de la Society for Applied Anthropology*, Cancún, México, abril.

PLÁ, SEBASTIÁN

1994 — "Una ruptura. La sequía de 1450 en el valle de México", en: *XXIII Mesa Redonda de la Sociedad Mexicana de Antropología: Antropología e Interdisciplina,* Villahermosa, México, agosto.

ROJAS RABIELA, TERESA Y VIRGINIA GARCÍA ACOSTA
1988 "Los sismos en la historia de México", en: *Mesa Redonda: Mitigación del riesgo sísmico en la ciudad de México*, Departamento del Distrito Federal, México, D.F., septiembre.

SALAZAR EXAIRE, CELIA
1994 "La problemática de las fuentes históricas y el estudio de los desastres naturales en la época colonial. El caso poblano", en: *XXIII Mesa Redonda de la Sociedad Mexicana de Antropología: Antropología e Interdisciplina*, Villahermosa, México, agosto.

SUÁREZ REYNOSO, GERARDO Y VIRGINIA GARCÍA ACOSTA
1991 "Evidence of active crustal deformation of the northern Colima graben in the western part of the Mexican volcanic belt", en: *Reunión de otoño de la US Geophysical Society*, San Francisco, Cal., diciembre.

Índice de ilustraciones

Índice general

Este libro se terminó de imprimir y encuadernar en los talleres de
Impresora y Encuadernadora Progreso, S.A. (IEPSA),
calzada de San Lorenzo 244, 09830 México, D.F.,
en el mes de noviembre de 2001.
En su composición se usaron tipos AGaramond de
12:14 y 10:11 puntos de pica

Se tiraron 3000 ejemplares.

Tipografía y formación: *Homero Buenrostro Trujillo*
de Arte Gráfico y Sonoro.

Corrección de pruebas: *Diego García del Gállego,*
Ana Ivonne Díaz y Homero Buenrostro T.
a cuyo cuidado estuvo la edición, con
la asesoría de *Axel Retiff.*

Ediciones Científicas Universitarias es una coedición
de la Universidad Nacional Autónoma de México,
El Centro de Investigaciones y Estudios Superiores
en Antopología Social y el Fondo de Cultura Económica
coordinada editorialmente por *María del Carmen Farías.*

LOS SISMOS EN LA HISTORIA DE MÉXICO

Virginia García Acosta ◆ *Gerardo Suárez Reynoso*

EDICIONES CIENTÍFICAS UNIVERSITARIAS
TEXTO CIENTÍFICO UNIVERSITARIO